室内环境空气污染物分析与净化治理技术

邓细贵 主 编
林 琳 朱仁义 修光利 徐小威 副主编

Analysis and
Purification Technology
of Indoor Air Pollutants

化学工业出版社
·北京·

内容简介

《室内环境空气污染物分析与净化治理技术》共9章。第1章介绍室内环境空气污染物的来源、类型、特征和相关的政策法规；第2章介绍室内环境空气净化治理及行业发展状况；第3章主要介绍各类空气污染物检测；第4章介绍室内环境空气污染物控制技术；第5章介绍室内环境空气污染物净化治理技术；第6章介绍室内空气净化；第7章介绍室内环境空气污染物治理方案；第8章介绍室内环境空气污染物净化治理规范；第9章介绍办公楼宇、酒店等代表性建筑的室内环境空气污染净化治理与应用案例。给广大读者提供了室内环境空气治理的可参考的资料与技术方案。

《室内环境空气污染物分析与净化治理技术》既可供从事室内环境空气治理（包括空调净化行业）的专业人员、管理人员用作技术上的参考；也可供卫生监督部门、企事业管理层阅读了解。

图书在版编目（CIP）数据

室内环境空气污染物分析与净化治理技术／邓细贵主编；林琳等副主编．— 北京：化学工业出版社，2025．2．— ISBN 978-7-122-47290-8

Ⅰ．X51

中国国家版本馆 CIP 数据核字第 2025JU0360 号

责任编辑：汪 靓　宋林青　　装帧设计：史利平
责任校对：宋 玮

出版发行：化学工业出版社
　　　　　（北京市东城区青年湖南街13号　邮政编码100011）
印　　装：河北鑫兆源印刷有限公司
787mm×1092mm　1/16　印张15½　字数376千字
2025年2月北京第1版第1次印刷

购书咨询：010-64518888　　　　售后服务：010-64518899
网　　址：http://www.cip.com.cn

凡购买本书，如有缺损质量问题，本社销售中心负责调换。

定　　价：108.00元　　　　　　　　版权所有　违者必究

《室内环境空气污染物分析与净化治理技术》
编写人员名单

主　　编：邓细贵

副 主 编：林　琳、朱仁义、修光利、徐小威

主　　审：何丹农

编写人员：邓细贵、林　琳、朱仁义、修光利、徐小威、冷培恩、
史伟勤、李忠阳、周冠迎、王　彬、唐　俐、王中军、
唐雨薇、潘琳玲、徐祝辉、禹成香、范俊华、季晓帆、
张玉成、黄绿斓、田　靓、张　巍、林明月、杨雪瑞、
宋道平、李光耀、胡慧中、沈　涛、刘小进、顾騄瑶、
张天慜

邓细贵： 上海腾灵建设集团有限公司董事长、总经理、多家行业协会副会长，主要从事公司的经营与管理。带领公司获得相关经营内容的安全生产许可证和 ISO 9001 质量管理认证证书；组织研发环境净化核心技术、开发环境净化材料和消杀系列产品，申请相关内容的国家发明专利 10 多项，建立环境与生物技术创新中心；主编与经营内容关联的专著《空气调节原理设备与经典案例》；多次被评为"中国企业创新优秀人物"，曾获"诚信湖南""爱心湘商"等荣誉。

林琳： 上海应用技术大学化学与环境工程学院教授，主要从事纳米功能材料的制备技术、控释技术和应用技术的研究，以及纳米材料在环境和衣食住行等领域的应用及相关产品的开发；入选上海市优秀技术带头人计划、上海市青年科技启明星计划、上海市人才发展计划，以及上海市领军人才后备队计划；获得国际发明展览会金奖、银奖各 1 项，获得上海市科技进步奖二等奖 1 项、上海市科技发明三等奖 1 项，获得闵行区十大创新团队荣誉 2 次；发表各类论文 30 余篇，授权国家专利 30 多项。

朱仁义： 上海市疾病预防控制中心传染病防治所消毒与感染控制科主任、主任医师，主要从事消毒与感染控制研究；主编或参与《新发呼吸道传染病消毒与感染控制》《学校消毒隔离操作图解》《医院感染防控与管理实训》《消毒方法与应用》《公共场所卫生消毒操作技术指南》等多部论著的编写；主持或参与国家及地方性标准起草 10 多项，任国家消毒标准专业委员会委员、中华预防医学会消毒分会常务委员、中国卫生有害生物防制协会专家委员会委员、上海市预防医学会消毒专委会主任委员、上海市医院协会医院感染管理专委会副主任委员等；曾 3 次获得上海市标准化优秀技术成果奖三等奖，获得 2020 年上海市首届医德楷模抗疫特别奖。

修光利： 华东理工大学资源与环境工程学院党委书记、教授、博导，主要研究方向为环境空气化学与污染控制，环境政策与标准，环境风险评价与控制；现任中国环境科学学会挥发性有机物污染防治专委会副主任委员、中华环保联合会 VOC 污染防治专委会副主任委员、上海市环保产业协会大气专委会主任、上海市化学化工学会环境科学与工程专委会主任；主持发表国家环保标准 4 项、长三角一体化标准 1 项和地方标准 6 项；获得省部级科技进步二等奖 2 项，发表论文近 100 篇。

徐小威： 上海应用技术大学材料科学与工程学院副教授，主要从事纳米功能材料的设计与制备及其在新能源、环境领域的应用研究；主持中国博士后科学基金 1 项，上海市自然科学基金 1 项；获中国（上海）国际发明创新展览会金奖 1 项，上海市产学研合作优秀项目奖一等奖 1 项，中国发明协会发明创业创新奖一等奖 1 项，发表 SCI 论文 30 余篇，授权国家发明专利 13 项。

序言

随着中国经济快速发展,人民生活水平迅速提高,人们日益希望拥有一个舒适、安全、实用的室内环境。室内空气净化治理是人们主要关注点之一,它包括对有机污染物、无机污染物、微生物污染物等的检测、净化、治理方案,及治理体系的建立和治理规范的制定。

2019年发生的新型冠状病毒肺炎疫情造成的危害使各大洲的国家和人民充分认识到对室内外病毒消杀的重要性,同时也积累了许多方法和经验。《室内环境空气污染物分析与净化治理技术》一书的出版也因此正逢其时,本书从专业和科普的角度给广大读者提供了室内环境空气治理的可参考的资料与技术方案,使人们了解室内空气污染对人体健康的危害及掌握室内空气治理的基本知识。书中提到的对室内污染物的净化方法包括甲醛净化治理和用于有害微生物的化学净化,对光催化剂的种类和光催化净化技术进行了介绍,并讨论了不同场所的净化方案,具有较强的针对性、实用性。

本书既适用于从事室内环境空气治理(包括空调净化行业)的专业人员、管理人员用作技术上的参考;也可供卫生监督部门、企事业管理层阅读了解。

此外,本书的作者邓细贵先生等制订的环境清洁企业愿景及科学经营,将创新注入企业发展的各个阶段,从而助力企业再添新绩。

该团队撰写的第一本书《空气调节原理、设备与经典案例》于2021年12月由中国劳动社会保障出版社正式出版。在此基础上,本书将前些年从事的空调工程项目进行了总结,从而极大地促进了该类业务的发展。

环境空气污染物的消杀和清洁又是空调工程中不可或缺的重要一环,相信本书的出版对企业、对人们的健康都会起到重要的促进作用。

非常高兴为《室内环境空气污染物分析与净化治理技术》一书作序。

衷心期盼邓细贵先生领导的腾灵团队得到更大、更好、更快的发展。

林国强
中国科学院院士
2024年8月

前言

现代社会中，人的一生有超过 80% 的时间在室内（包括建筑和交通工具等内部空间）度过，空气是人类赖以生存的基础，因此，室内环境空气质量对人的健康、生活及工作有重要的影响。近年来，室内环境空气净化技术在世界各地特别是我国，得到了长足的发展，创造优良的室内环境是人类文明的共同追求。

随着经济的发展、城市化进程的加快和生活水平的提高，人们的生活环境和生活方式都发生了巨大的变化，大家希望拥有一个集舒适性、安全性、实用性于一体的室内环境。党的十八大以来，党和国家提出新发展理念，而良好的生态环境既是高质量发展的目标，又是高质量发展的基础。党的二十大报告阐述了中国式现代化的特征和本质要求，其中之一就是人与自然和谐的现代化。人们向往的美好生活离不开优质的室内环境。

当今世界，许多疾病并非"病从口入"，如肺癌、白血病、哮喘、慢性阻塞性肺疾病等就被发现和室内环境中大量使用的新型复合化学材料释放的化学污染物相关，因此室内环境空气污染是人类健康的重要威胁。随着认知水平的提升，室内环境空气污染物也变得越来越复杂，目前主要包括有机污染物、无机污染物、微生物污染物和其他污染物。室内环境空气净化治理早已提到人们的议事日程上，空气净化喷剂、空气净化器等产品已经越来越得到公众的青睐，但是市场产品混杂，室内环境空气质量评价标准也不断变化，室内环境空气品质提升已经成为规范室内环境空气净化产品、提升公众环境健康的重要保障。

本书采用"以全局统局部，以应用带基础，以合作求发展"的思路，介绍了酒店、商场、医院、学校等多个场景的治理方案，给广大读者提供了室内环境空气治理的可参考的资料与技术方案。本书对人们了解室内环境空气污染及其对人们健康的危害，掌握室内环境空气治理的基本知识具有较强的针对性、实用性。

本书由邓细贵主编并修改定稿。参与本书编写的人员有修光利、朱仁义、林琳、冷培恩、徐小威等。在本书的编写过程中，各团队的部分博士和硕士研究生在资料收集、整理和校稿检查、修改等方面给予了大力帮助。李忠阳、周冠迎、王彬承担了各章节的审稿工作。上海交通大学何丹农教授对本书的选题、内容设计和编写给予了悉心指导，并审阅了全书。林国强院士给予了非常多的关心、鼓励和支持。谨在本书出版之际，一并表示由衷的感谢。

本书作为一本全面阐述室内环境空气污染与治理的书籍，可供从事室内空气污染治理相关工作的工程技术、管理和科研人员，以及其他关注室内空气污染与控制的人员参考，也可作为环境科学与工程、建筑环境与设备工程、公共卫生、人机环境工程等相关领域的人员参考。

由于室内环境空气污染与治理涉及面广，加之编者水平有限，书中难免存在疏漏和不足之处，恳请广大读者批评指正。

编者

2024 年 8 月

目录

第1章 室内环境空气污染概述 　　1

1.1 封闭空间空气污染问题 / 1
1.1.1 封闭空间空气污染的定义 / 1
1.1.2 封闭空间空气污染的来源 / 2
1.1.3 封闭空间空气污染的分类 / 2
1.1.4 封闭空间空气污染的特征 / 3
1.1.5 封闭空间典型污染物 / 4

1.2 半封闭空间空气污染问题 / 5
1.2.1 地下车库空气污染 / 5
1.2.2 商用地下建筑空气污染 / 6

1.3 室内空气污染物治理的重要意义 / 6
1.3.1 落实国家健康规划纲要及相关文件，推进健康中国行动 / 6
1.3.2 预防疾病，为市民拥有健康的体质护航 / 7
1.3.3 环境与品质生活 / 9

第2章 室内环境空气净化治理发展状况　　12

2.1 室内环境空气污染物标准和规范 / 12
2.1.1 国内室内环境空气质量标准 / 12
2.1.2 国外室内环境空气质量标准 / 19
2.1.3 我国室内环境空气质量标准与国外标准的比较 / 22

2.2 室内环境空气净化治理行业的历史与发展现状 / 25
2.2.1 人文活动推动室内环境保护行业发展 / 27
2.2.2 经济进步推动室内环境保护行业发展 / 28
2.2.3 国家相关政策发展历程 / 29

2.3 室内环境空气净化治理行业的发展历程及展望 / 30
2.3.1 室内环境法律体系的建立 / 30
2.3.2 室内环境空气净化治理行业的发展 / 32
2.3.3 产学研用助力室内环境空气污染控制行业的健康发展 / 32
2.3.4 室内环境净化治理行业发展展望 / 33

第3章　室内环境空气污染物检测　　36

3.1　有机污染物检测　/36
　　3.1.1　挥发性有机污染物　/36
　　3.1.2　半挥发性有机污染物　/46
3.2　无机污染物检测　/49
　　3.2.1　无机污染物检测方法　/49
　　3.2.2　颗粒物组分分析　/60
　　3.2.3　颗粒物检测方法　/69
3.3　微生物污染物检测　/73
　　3.3.1　细菌采样和检测方法　/73
　　3.3.2　病毒采样和检测方法　/74
3.4　其他污染物检测　/74
　　3.4.1　物理性污染物检测方法　/74
　　3.4.2　放射性污染物质检测方法　/75

第4章　室内环境空气污染物控制技术　　77

4.1　自然通风　/77
　　4.1.1　自然通风原理　/77
　　4.1.2　影响自然通风的建筑因素　/78
　　4.1.3　自然通风在建筑中的应用案例　/79
4.2　空调通风　/80
　　4.2.1　空调系统　/80
　　4.2.2　空调系统对室内空气质量的影响　/81
　　4.2.3　中央空调通风系统污染物传播　/83
　　4.2.4　中央空调通风系统污染控制方法　/83
　　4.2.5　家用空调污染与控制　/86
4.3　新风净化技术　/87
　　4.3.1　大气污染与新风净化　/87
　　4.3.2　新风净化系统分类与构成　/87
　　4.3.3　新风净化、热回收和热湿处理　/88
　　4.3.4　新风净化系统的运行管理　/89
　　4.3.5　新风净化系统调控技术　/89

第5章　室内环境空气污染物净化治理技术　　91

5.1　有机污染物净化治理　/91
　　5.1.1　吸附净化技术　/91
　　5.1.2　催化净化技术　/95

5.1.3　其他净化技术　/ 97
　　5.1.4　室内甲醛的净化治理　/ 98
5.2　无机污染物净化治理　/ 100
　　5.2.1　纤维过滤技术　/ 100
　　5.2.2　静电除尘技术　/ 104
　　5.2.3　其他无机污染物的净化治理　/ 106
5.3　有毒有害微生物净化治理　/ 108
　　5.3.1　物理法净化技术　/ 109
　　5.3.2　化学法净化技术　/ 111
　　5.3.3　生物法净化技术　/ 114
5.4　室内环境空气净化产品性能评价　/ 114

第6章　室内环境空气净化　116

6.1　室内环境空气净化材料　/ 116
6.2　光催化技术　/ 117
　　6.2.1　光催化原理　/ 117
　　6.2.2　光催化基本过程　/ 118
　　6.2.3　光催化剂的特点和改性策略　/ 119
6.3　光催化剂的种类　/ 120
　　6.3.1　TiO_2光催化剂　/ 120
　　6.3.2　$g-C_3N_4$光催化剂　/ 125
　　6.3.3　钙钛矿类光催化剂　/ 130
　　6.3.4　碳量子点　/ 133
　　6.3.5　其他新型环境净化光催化材料　/ 136

第7章　室内环境空气污染物治理方案　137

7.1　室内环境空气污染物检测方案的制订原则　/ 137
　　7.1.1　室内空气采样原则　/ 137
　　7.1.2　污染物检测要求　/ 140
　　7.1.3　空气污染物来源分析　/ 140
　　7.1.4　净化治理技术选择　/ 142
7.2　室内环境空气污染物净化治理方案编制程序　/ 142
　　7.2.1　污染源调查　/ 143
　　7.2.2　室内环境检测和评估　/ 143
7.3　室内环境空气污染物净化治理产品的选择　/ 144
　　7.3.1　空气净化治理产品选择的原则　/ 144
　　7.3.2　主要净化治理产品类型与技术特点　/ 146
　　7.3.3　新风系统　/ 148

第8章 室内环境空气污染物净化治理规范　　150

8.1 室内环境空气污染物净化治理国家及行业标准　/ 150
- 8.1.1 室内环境空气污染物的环境标准　/ 150
- 8.1.2 我国室内环境空气污染物净化治理标准发展历程　/ 155
- 8.1.3 建立和健全室内环境污染控制标准的重要性　/ 157

8.2 室内空气污染物净化治理规范　/ 158
- 8.2.1 资质要求　/ 158
- 8.2.2 治理规范　/ 160
- 8.2.3 注意事项　/ 160

第9章 室内环境空气污染治理案例　　162

9.1 封闭空间室内空气污染治理　/ 162
- 9.1.1 酒店宾馆　/ 163
- 9.1.2 医院　/ 178
- 9.1.3 学校　/ 190
- 9.1.4 办公楼宇　/ 201
- 9.1.5 居家环境　/ 203

9.2 半封闭空间室内空气污染治理　/ 206
- 9.2.1 地下商场　/ 206
- 9.2.2 地下停车库　/ 214
- 9.2.3 地铁　/ 223
- 9.2.4 楼梯走道和电梯　/ 228
- 9.2.5 农贸市场　/ 229
- 9.2.6 其他环境　/ 230

第1章 室内环境空气污染概述

1.1 封闭空间空气污染问题

随着科技的快速发展、生活水平的显著提高,人们对居室及工作环境在美观上的要求也随之提高。然而,在追求居室美观与功能兼具的同时,室内空气污染这一"隐形杀手"正在危害人们的健康,多数人平均每天有60%~90%的时间处于室内空间,因此室内的空气质量是否过关受到了广泛讨论。目前在室内空气中已检测出的挥发性有机物多达500余种,其中有致癌物质20余种,致病物质200余种。

从室内空气污染物的种类数量、致癌风险、经济损失数额和疾病死亡率等数据来看,室内空气污染是严重威胁人们健康的"隐形杀手",必须引起公众的关注与重视。

1.1.1 封闭空间空气污染的定义

封闭空间环境是指用限定性较高的围护实体包围起来,在视觉、听觉等方面具有很强隔离性的空间,是由外界的开阔环境相对分割而成的小环境。封闭空间环境与人类生存的关系最为密切,主要指居室内,从广义上讲也包含写字楼、办公场所、文化娱乐场所、医院病房、学校教室、图书馆、酒店、候车室等一般公共场所和歌舞厅、音乐厅、美容场所、理发店等特殊公共场所以及飞机、汽车、火车、地铁等交通工具。

空气污染分为室外大气污染与室内空气污染。室外大气污染是指由于人类活动或自然过程引起某些物质进入大气中,经过一段时间后达到足够的浓度,从而对大气环境产生危害,影响人类的生活、身体健康和生存环境。第一次工业技术革命诞生的蒸汽机,推动了煤炭工业的发展;第二次工业技术革命诞生了内燃机和发电机,推动了石油工业的发展。虽然这两次技术革命推动了全球经济的快速发展,但也产生了包含世界八大公害在内的严重污染问题。大气环境污染的不断加剧导致了诸如全球气候变暖、臭氧层空洞、酸雨、城市光化学烟雾等污染现象,对人体健康产生了比较大的威胁。大气污染既危害人体健康,又影响动植物的生长,破坏经济资源。关注大气环境保护,积极采取大气污染治理措施一直是世界各国的首要任务。我国的空气污染治理始于20世纪70年代,经历了从单一污染治理到复合污染治理、从线性机制到非线性机制的发展历程。早期的大气污染治理主要围绕着工业污染源进行,之后逐渐发展到交通等移动源和汽修、干洗等生活源的治理。我国制定了《中华人民共和国大气污染防治法》等法规政策和《环境空气质量标准》(GB 3095—2012)等标准规范;地方政府紧随国家相关法规、政策,加大对治理环境空气污染的投入。环境空气质量逐渐得到改善,人民群众的幸福感和满足感不断提高。

随着室外环境空气质量的改善,人们对室内环境空气质量的标准再次提升。实际上,室内（封闭空间）空气污染往往比室外大气污染的危害更为严重。封闭空间环境中有害的化学性因子、物理性因子和（或）生物性因子，会不断地损害人的身体健康，对长期处于封闭空间环境的人来说，其危害性极大。

因此，封闭空间空气污染可以定义为：由于封闭空间引入能释放有害物质的污染源或封闭空间通风不佳，导致空气中的有害物质无论是从数量上还是种类上均不断累积增长，并且浓度已经超过国家标准，达到足以伤害人体健康的程度，并引起人体产生一系列不适症状，对人们的健康造成损害。

1.1.2 封闭空间空气污染的来源

封闭空间空气污染来源分为封闭空间内和封闭空间外两部分。

封闭空间内环境空气污染来源主要包括建筑和装修材料、日用消费品和化学品的作用以及人类活动和人体自身新陈代谢产生的废物，如图1-1所示。

序号	区域	污染源
1	木制家具表面、漆面	释放甲醛、TVOC
2	木制家具的裸面、打孔处、接缝处、抽屉内部和背板	释放甲醛、TVOC、苯；打孔处破坏了材料本体，释放甲醛
3	地毯	化纤地毯释放TVOC、甲醛
4	墙体涂料	涂料释放苯、甲醛
5	布艺沙发、床、皮革	布艺、皮革释放TVOC、甲醛

图1-1 封闭空间环境空气污染来源

封闭空间外空气污染来源主要有：室外空气中的各种污染物，包括工业废气和汽车尾气通过门窗、孔隙等进入室内；人为带入室内的污染物，如干洗后带回家的衣物可释放出四氯乙烯等挥发性有机化合物，染发后回到家中会将染发剂中的对苯二胺带入室内，将工作服带回家会使工作环境中的细菌等有毒有害物质进入住所，新买的衣服等纺织物也会将化学助剂、添加剂带入室内等。

1.1.3 封闭空间空气污染的分类

封闭空间空气的污染因素一般分为三类，即化学性污染、生物性污染、物理性污染，也有将放射性污染单独作为一类，下面分别予以介绍。

（1）化学性污染

封闭空间空气中各种化学物质种类繁多，其污染及对健康的影响是当前的研究热点。按照其来源特点，可将封闭空间环境化学污染物分为燃烧型污染物和装修型污染物两大类。如燃煤、燃油、燃气等产生的 CO、CO_2、SO_2、SO_3、NO_x 等，以及建筑材料和装饰材料所含甲醛、苯系物、氨、氯乙烯、重金属等化合物。

(2) 生物性污染

封闭空间空气生物污染对人类的健康有着很大危害，能引起各种疾病，包括各种呼吸道传染病、哮喘、建筑物综合征等。室内空气生物污染的来源具有多样性，主要包括细菌、真菌（包括真菌孢子）、花粉、病毒、生物体有机成分等。

(3) 物理性污染

除温度、湿度、噪声和振动外，各种家用电器如冰箱、电视机、计算机、微波炉、电磁炉、电热毯、组合音响、洗衣机、手机等的使用，会产生不同频率的电磁波，当电磁波辐射的强度超过人体或室内环境所能承受的限度时，就会造成污染。若使用大理石等材料，还可能存在放射性污染的问题，比如释放放射性元素氡。

1.1.4 封闭空间空气污染的特征

由于所处的环境不同，封闭空间环境与大气中的空气污染特征也不一样。封闭空间环境空气污染具有如下特征。

(1) 普遍性

无论是住宅还是写字楼、医院、商场等室内空间，作为人们的主要活动场所，都需要进行装饰和美化，因此对建筑材料和装修材料的要求越来越高。然而，相当一部分建筑装饰材料的抽检结果显示仍含有甲醛、苯和TVOC（总挥发性有机物），甚至严重超标。但由于这类材料具有价格低廉的优势，仍在建筑装饰市场占有较大份额；而环保型的装饰材料受价格高昂的限制，难以被大众接受。

(2) 累积性

由于封闭空间的特殊性，室内的建筑装饰材料、生活起居释放的污染物以及外来的污染物进入室内后很难排出室外，它们将在室内逐渐积累，浓度逐渐增大，从而对人体造成危害。

(3) 复杂性

封闭空间环境空气污染物的复杂性既包括污染物种类的复杂性，又包括封闭空间内污染物来源的复杂性。封闭空间空气污染物种类繁多，包括生物性污染物、化学性污染物等；同时污染物的来源既有室外污染源，又有室内污染源。

(4) 持久性

封闭空间空气污染如果由建筑装饰材料所引起，其影响通常是长期的和连续的。据报道，新装修或新建筑物完工之后的6个月内，室内空气污染物的含量比室外空气中的污染物含量高10～200倍，并且污染物的持续释放时间可长达5～8年，特别是甲醛的释放期可长达15年。调查表明，大多数人的大部分时间处于室内环境，即使是浓度很低的污染物，在长期作用于人体后，也会影响人们的身体健康。因此，持久性也是封闭空间空气污染的重要特征之一。

(5) 严重性

封闭空间空气污染对人体的呼吸系统、神经系统、血液循环系统、生殖系统、心血管系统等都会产生严重损害。室内空气中可检测出 500 多种挥发性有机物，其中有 20 余种为致癌物或致突变物。如封闭空间环境中的甲醛会增大患上鼻窦癌的可能性；致敏原或刺激物会引起过敏性鼻炎和过敏性哮喘；可吸入颗粒物中的重金属成分被孕妇吸入体内，会影响胎儿的成长发育，如果长期暴露在受污染的环境中，可能会导致儿童发育滞缓、胎儿神经系统障碍、胎儿肥胖超重等问题；另外，空气污染还会引起老年人气管炎、咽喉炎、肺炎等呼吸道疾病，进而诱发高血压、心血管疾病、脑出血等。

1.1.5 封闭空间典型污染物

封闭空间空气污染物种类繁多，一般分为颗粒物（气溶胶）、气态污染物（有害气体）、有毒有害微生物和放射性污染物；根据其性质不同可分为有机污染物（甲醛等有害气体）、无机污染物、微生物污染物和其他污染物，其中前三类污染源涉及面广、构成复杂，是关注的重点。

（1）有机污染物

气态有机污染物根据挥发性，可分为易挥发性有机污染物（VVOC）、挥发性有机污染物（VOCs）和半挥发性有机污染物（SVOC）。封闭空间内以甲醛和苯系物等 VOCs 为主的装饰装修型空气污染在我国具有普遍性和严重性等特点。甲醛主要来源于装修材料、家具、合成织物、生活日用品及其他来源。含有甲醛成分的物质，能长时期持续释放甲醛气体污染空气。甲醛极易溶于水，当室内湿度较大时，甲醛易溶于水雾中而滞留室内。除甲醛外，苯、甲苯、三氯甲烷、三氯乙烯等污染物主要来源于个人化妆品、绘画颜料和室内装修过程使用的装修物品，包括装饰材料、胶黏剂、涂料以及空气清新剂等。

（2）无机污染物

无机污染物根据相态可分为气态污染物如碳氧化物（CO、CO_2）、氮氧化物（NO、NO_2）、氧化剂（O_3）、硫氧化物（SO_2）、氨气（NH_3），以及各类空气悬浮微粒（气溶胶状污染物），如尘土、矿物质、无机纤维等。碳氧化物是在采暖及烹饪过程中燃烧产生的，厨房是碳氧化物重污染可能性最大的地方，若通风不良，容易造成室内一氧化碳和二氧化碳大量累积。家用电器如电视机、打印机、吸尘器和除臭器，在使用过程中会产生臭氧（O_3）。建筑混凝土中普遍存在的氨类物质外加剂，在一定的温度、湿度等外界环境条件下，会还原成氨气从墙体中缓慢释放出来，造成室内空气污染；室内空气中的氨也可来自装饰材料，比如装饰涂料中使用的添加剂和增白剂含有氨基团；加工成型的木制板材在压制过程中使用的黏合剂，在室温下会释放出甲醛和氨。空气悬浮颗粒物主要来自室内吸烟、人体代谢产生的皮屑、碎发、口鼻排泄物及人在室内活动时扬起沉积在地面上的颗粒物等。

（3）微生物污染物

空气中的微生物种类繁多，包括细菌、病毒、真菌、放线菌、螺旋体、支原体、衣原体以及一些小型的原生动物等生物群体。有毒有害微生物是指危害人体健康的微生物，也称致病微生物。致病微生物可通过空气或饮用水在室内传播而引起疾病，如流行性感冒、流行性腮腺炎、麻疹、百日咳、白喉及肺结核等。室内微生物主要来源于室内人员生活起居、室内空调的使用和室外空气微生物随气流的渗入等。空调系统、冷湿蒸发器、喷雾器、抽水马桶、冰箱、地毯等则是微生物污染物的滋生地，其内部及周围湿度高的空气环境，为微生物的滋生提供了有利条件，微生物在此栖息并大量繁殖，进而飞散到空间环境中。如在空调系统中产生阿米巴、细菌和霉菌等，其中军团菌为革兰氏染色阴性杆菌，广泛存在于空调制冷装置中。人们可能会从空调、供水系统、雾化吸入污染的水源而引起感染，出现肺炎伴全身性毒血症，严重者可出现呼吸衰竭，病死率可达15%~20%。尘螨普遍存在于人类的生活和工作环境中，易在室温为20~30℃、空气湿度为75%~85%或空气不流通处滋生，尤其在床褥及纯毛地毯下更为严重，会引起荨麻疹、过敏性哮喘、过敏性鼻炎、过敏性皮炎等症状。

(4) 其他污染物

其他种类的污染物主要包括物理污染物和放射性污染物。物理污染一般是指由物理因素引起的环境污染，如辐射、噪声、温湿度、光污染等。放射性污染指的是某些元素能够自动发生衰变，并放射出肉眼看不见的射线，对人体产生危害，这些元素统称为放射性元素或放射性物质。

1.2 半封闭空间空气污染问题

随着社会经济的快速发展，城市土地资源日趋紧张，城市土地资源寸土寸金，海绵城市地下空间的开发日益受到重视。地下建筑（封闭或半封闭空间）如地下旅馆、地下商场、地下娱乐场所、地下医院、地下车库等，如雨后春笋般涌现，成为城市建设的热点。地下建筑被土壤或岩石包围，其自然条件包括温度、湿度和通风情况等与地面建筑存在差异。尤其是地下建筑自然通风不足或者缺少的情况下，易造成污染物浓度累积。若生活或工作在这种地下建筑内，容易出现头痛、嗜睡、过敏、眼睛和上呼吸道感染等病态建筑综合征症状，严重时还会引发健康安全事故。由于地下建筑与工作、生活的关系越来越密切，地下空间的空气质量如何、对人们的生活和身体健康有何影响、如何控制地下空间的空气质量等问题越来越受到重视。

1.2.1 地下车库空气污染

城市中汽车的数量越来越多，地上停车位供不应求，地下车库成为高层和多层建筑物的必需品。道路隧道和地下停车库有一至两个车辆出入口用于机动车通行或临时停放，是典型的半封闭空间。道路隧道、地下停车场等半封闭空间中的空气污染物主要为机动车排放尾气中的CO、NO_x和碳氢化合物等有害气体，污染物不易扩散，难以排出，环境污染尤为严重。

地下车库最主要的污染源是汽车尾气和油漆等挥发性有机物，与之相关的污染物主要包括CO、氮氧化物、挥发性有机化合物（VOCs）和总烃。其中，CO具有稳定、易检测等特征，通常作为地下停车场的指示性污染物被加以研究，其浓度主要受地下停车场通风换气量或者通风系统运行维护可靠度的影响。地下停车场中颗粒物的主要来源是车辆尾气、轮胎磨损以及地面和墙壁的尘土。这些颗粒物可能对健康产生负面影响。地下停车场中可能存在的微生物污染物包括细菌、病毒、霉菌等，这些微生物污染物主要来自空气中的湿度和温度变化，以及车辆和人员的带入。

1.2.2 商用地下建筑空气污染

商用地下建筑包括地下商场、地下旅馆、地下娱乐场所、地下餐厅等。与地面建筑物相比，地下建筑密闭程度更高，因而对环境空气污染更加敏感。

商用地下建筑主要空气污染物是霉菌等微生物、氡、二氧化碳、可吸入性颗粒物、挥发性有机化合物、甲醛和氨等。通过对具有代表性的北京、南京、成都、西安、哈尔滨、大连等地的商用地下建筑进行空气污染物检测，得出如下结论：①较多商用地下建筑的湿度大，尤其是夏季和黄梅天，湿度大多在80%左右；②CO_2的浓度可维持在0.10%左右；③尘埃和细菌污染较严重，含尘浓度普遍超过容许浓度，甚至超标数十倍，细菌总数也大大高于标准；④采用树脂泡沫塑料、胶合板和胶黏剂等材料装修，甲醛超标，挥发性有机物浓度较高，会造成人员出现头昏、疲倦、嗅觉异味等症状；⑤放射性危害普遍高于地面。

1.3 室内空气污染物治理的重要意义

1.3.1 落实国家健康规划纲要及相关文件，推进健康中国行动

2016年中共中央、国务院印发了《"健康中国2030"规划纲要》，强调"健康是促进人的全面发展的必然要求，是经济社会发展的基础条件"，提出"以提高人民健康水平为核心，以体制机制改革创新为动力，以普及健康生活、优化健康服务、完善健康保障、建设健康环境、发展健康产业为重点"，把健康融入城乡规划、建设、治理的全过程，促进城市与人民健康协调发展。在《"健康中国2030"规划纲要》中多处强调了环境空气的改善要求，与室内空气质量（IAQ）改善密切相关。

指导思想中首先明确了政治方向，即"要高举中国特色社会主义伟大旗帜，全面贯彻党的十八大和十八届三中、四中、五中全会精神，要以马克思列宁主义、毛泽东思想、邓小平理论、'三个代表'重要思想、科学发展观为指导，深入学习贯彻习近平总书记系列重要讲话精神"。其次，提出"紧紧围绕统筹推进'五位一体'总体布局和协调推进'四个全面'战略布局"，"坚持以人民为中心的发展思想，牢固树立和贯彻落实新发展理念"，新发展理念的一个重要内容是"绿色"，绿色发展的目标是生态环境高质量。最后，强调了"以普及健康生活、优化健康服务、完善健康保障、建设健康环境、发展健康产业为重点"，室内环境质量品质的提高是健康生活的重要保障。

战略主题中指出了重点"针对生活行为方式、生产生活环境以及医疗卫生服务等健康影响因素"，"推行健康生活方式"；提出了"要推动健康服务供给侧结构性改革，卫生计生、体育等行业要主动适应人民健康需求，深化体制机制改革，优化要素配置和服务供给，补齐发展短板，推动健康产业转型升级，满足人民群众不断增长的健康需求"。根据中国室内装饰协会前瞻产业研究院整理，我国空气净化器的普及率为2%，远远低于韩国的70%、日本的34%、欧洲的40%和美国的28%，需要加强优秀的室内空气净化器的供应。

战略目标中提出要"建立起体系完整、结构优化的健康产业体系，形成一批具有较强创新能力和国际竞争力的大型企业，成为国民经济支柱性产业"。室内空气净化器的市场很大，但是净化器的技术参差不齐，国内外的技术竞争性差异不明显，因此不仅需要技术创新，而

且还需要市场的动力。

在开展控烟限酒行动中，要求"积极推进无烟环境建设，强化公共场所控烟监督执法。推进公共场所禁烟工作，逐步实现室内公共场所全面禁烟"。截至目前，我国北京、上海、杭州、深圳等多座城市通过了室内禁烟立法。但是仍有很多城市仅仅为公共场所禁烟，尚未实现全面室内禁烟。在《健康中国行动（2019—2030年）》中，提出到2030年要实现"把各级党政机关建设成无烟机关，逐步在全国范围内实现室内公共场所、室内工作场所和公共交通工具全面禁烟"。鼓励企业、单位出台室内全面无烟规定，为员工营造无烟工作环境，为员工戒烟提供必要的支持。

虽然《"健康中国2030"规划纲要》未明确室内环境空气的具体要求，但在《健康中国行动（2019—2030年）》"健康环境促进行动"章节中，明确提出了"防治室内空气污染，提倡简约绿色装饰，做好室内油烟排风，提高家居环境水平"；特别提到关注室（车）内空气污染，并提出了从源头到末端的全过程控制要求，比如"尽量购买带有绿色标志的装饰装修材料、家具及节能标识的家电产品""烹饪、取暖等提倡使用清洁能源（如气体燃料和电等）""购买和使用符合有害物质限量标准的家用化学品""购适宜排量的汽车，不进行非必要的车内装饰"等源头控制措施，还提出了"新装修的房间定期通风换气，降低装饰装修材料造成的室内空气污染""烹饪过程中提倡使用排气扇、抽油烟机等设备""重污染天气时应关闭门窗，减少室外空气污染物进入室内，有条件的建议开启空气净化装置或新风系统"等措施。国务院办公厅2022年4月印发《"十四五"国民健康规划》（国办发〔2022〕11号），提出了加强环境健康管理，"开展新污染物健康危害识别和风险评估。强化公共场所及室内环境健康风险评价。完善环境健康风险评估技术方法、监测体系和标准体系，逐步建立国家环境与健康监测、调查和风险评估制度"。室内环境健康风险评价的提出，既需要考虑污染物的监测和检测，又需要有科学的评估方法技术作为体系支撑。

1.3.2 预防疾病，为市民拥有健康的体质护航

室内空气质量直接影响着人们的身体健康，也是一个长期受到人类关注的问题。室内空气质量差可能会对人体健康产生各种负面影响，其一般是由室内空气污染引起的。室内空气污染会造成许多健康问题，包括呼吸和心血管疾病、过敏甚至癌症，甚至能够对全身的健康状况造成严重影响，这一问题正日益引人关注。

现代生活中人们花费大量时间在室内活动，例如居住、工作、学习等。根据美国国家环境保护局（USEPA）估计，人有将近90%的时间都是在室内度过的。对于那些长期在室内工作、生活或学习的人来说，室内空气中的污染物会对身体造成长期的损伤。

室内空气污染可能产生短期和长期的健康影响。短期影响包括鼻子、喉咙和眼睛的刺激以及头痛、头晕和疲劳等。而长期接触室内空气污染物可能导致呼吸系统疾病、心血管疾病甚至癌症等。儿童、老年人和有病史等人群特别容易受到影响。儿童由于身体免疫和呼吸系统的发育以及在室内环境中的活动水平增加，更容易受到室内空气污染的影响。室内空气污染还可能影响胎儿的发育，孕妇需加以注意。

在室内空气污染中短期暴露的影响是指呼吸室内污染空气后立即或暂时发生的健康影响。这些影响可能包括刺激眼睛、鼻子和喉咙，出现头痛、头晕、疲劳和恶心等症状，严重程度和持续时间可能因个人、污染物种类和空气中污染物的浓度而异。这些影响是暂时性的，不一定会导致严重或长期的健康后果。然而，长期暴露于室内污染的空气中可能引起慢

性健康问题，如呼吸系统疾病、心脏病和癌症。

室内空气污染与许多健康问题有关，有超过 3000 种可能影响人体健康的污染物。室内空气污染会对人类健康产生多种影响，其中主要包括以下方面：

1.3.2.1 人体过敏

过敏是指人体免疫系统对一些普通而无害的物质产生异常反应，导致各种过敏症状的发生。常见的过敏原包括花粉、食物、药品、宠物、尘螨等。由室内空气污染物中可能引起过敏的主要包括尘螨、霉菌、宠物皮屑、甲醛等。

（1）尘螨过敏

尘螨是常见的室内过敏原。其飞散的粪便、死皮屑等物质会引发人体的免疫反应，从而导致过敏症状的发生。症状包括呼吸道不适、鼻塞、咳嗽、哮喘等。

（2）霉菌过敏

霉菌一般在潮湿环境中较为常见。它们会释放出孢子，进入人体并引起过敏反应。症状包括哮喘、呼吸急促、流鼻涕和皮肤瘙痒等。

（3）宠物过敏

宠物皮屑、唾液和尿液是常见的室内过敏原。它们可以通过空气飘散，进入人体并诱发过敏症状。症状包括皮疹、鼻塞、流泪、咳嗽和哮喘等。

（4）甲醛过敏

甲醛是常见的室内空气污染物之一，往往由胶水燃料、化妆品和油漆等室内装饰品散发。吸入甲醛超过一定量会对人体产生刺激，使人体过敏反应更加明显，导致鼻炎、哮喘、头晕、皮肤病等。

1.3.2.2 呼吸系统疾病

由室内空气污染物引起的呼吸系统疾病包括哮喘、慢性阻塞性肺疾病（COPD）、肺癌等。其中，二氧化氮、甲醛、挥发性有机化合物等有害气体会刺激上呼吸道，造成急性呼吸道感染、支气管炎、气管炎等等疾病。研究表明，长期吸入有害气体会导致肺功能下降，影响人体健康状况。长期暴露于被污染室内环境中的人也更容易患上气管炎、哮喘等疾病。

室内空气污染和呼吸系统疾病具有密切的关系。引起呼吸系统疾病的影响因素包括污染物的类型和浓度、暴露的时间和频率以及个人的敏感度等。暴露在含有各种有害颗粒和气体的室内空气中，可能会导致长期的呼吸系统疾病。当我们呼吸被污染的室内空气时，肺部可能会受到刺激而引发炎症，导致咳嗽、气喘和呼吸急促等呼吸问题，这最终可能会导致或加重哮喘、COPD 和肺癌等呼吸系统疾病。

1.3.2.3 心血管疾病

长期暴露于室内空气污染会对心血管系统产生重大的影响，增加患病风险，其中最常见的疾病有高血压、冠心病、心脏病、中风等。这是因为室内污染物能够使人体细胞释放自由基，产生氧化作用，进而对心血管系统产生影响。

室内空气中的污染物，如颗粒物、二氧化氮、一氧化碳和挥发性有机化合物，可以进入我们的血液循环，影响心脏和其他器官。这些污染物可以引发炎症、氧化应激反应和血管损伤，导致动脉粥样硬化（动脉硬化和狭窄）。室内空气污染对心血管系统的影响在患有高血压、糖尿病和肥胖等既往基础性疾病的人群中更为显著。

1.3.2.4 癌症

室内空气污染与癌症之间存在一定的关联。暴露在室内空气污染中可能增加某些癌症的风险。室内空气污染中的污染物包括挥发性有机化合物、气溶胶、烟雾、芳香族胺类物质、甲醛和苯等，这些污染物被认为具有致癌风险。

为了降低室内空气污染导致癌症的风险，我们可以采取一些有效措施来提高室内空气质量。例如使用空气净化器、保持室内适当通风、定期清洁和维护供热通风与空气调节（HVAC）系统、减少使用会释放有害污染物的家居用品等，不在室内吸烟也可以减少二手烟对健康的影响。通过采取这些措施，我们可以保护自己免受室内空气污染的危害，降低癌症的风险。

有研究发现，在卧室内使用便携式空气净化器可以减少细颗粒物暴露从而改善人的心血管健康。另外一项研究发现，在宠物家庭中使用空气净化器可以降低空气中的过敏原水平并改善过敏症状。除了这些干预措施之外，控制室内空气污染源，如烟草烟雾、霉菌和挥发性有机化合物，也可以对室内空气质量和人体健康产生显著影响。研究发现，在公共住房中安装通风系统和减少二手烟暴露可以大大提高室内空气质量。

加强建筑物内业主的环保意识是提高室内空气质量的关键。建筑物业主需要了解室内空气污染的潜在危害以及他们应该采取哪些预防措施。此外，在新建筑和房屋翻新中，注重室内空气质量问题也非常重要。

总之，室内空气质量是关乎人类健康和福祉的重要方面。人的大部分时间都在室内，室内空气污染是一个日益引人关注的问题。为了提高室内空气质量并减少污染物的暴露，采取预防措施至关重要。保证良好的室内空气质量是一个重要的公共卫生问题，需要在个人和社会层面上不断进行研究、教育和行动。

1.3.3 环境与品质生活

品质更多是对生活质量的衡量，是指日常生活的品位和质量，从医学领域的生存观逐步拓展到社会经济领域的发展观。可以说，品质生活是人们对生活的追求和向往。品质生活的内涵是非常丰富的。总体上来看，品质生活包括经济生活品质、文化生活品质、政治生活品质、社会生活品质、环境生活品质五大属性。在人居事业方面，第二届联合国人居大会确立了两个目标——"人人享有适当的住宅"和"快速城市化进程中人类住区的可持续发展"，把坚持以人为本，提高人居质量和生活品质作为一项基本诉求。联合国 2030 年可持续发展目标中第三项"确保健康的生活方式、促进各年龄段人群的福祉"和第十一项"建设包容、安全、有风险抵御能力和可持续的城市及人类住区"，都表达了品质生活的基本要素。品质生活已经成为大中城市的发展目标，比如北京市的"宜居城市"、广东省的"绿色住区"、杭州市的"和谐人居、品质生活"、上海市的"生态之城"等。

品质生活的范畴很大。古代的品质生活往往与"诗与远方"有关，有很多古诗句描写的品质生活与环境相关。例如陶渊明用"采菊东篱下，悠然见南山"描述优美环境表达轻松自在的态度；还有苏轼描述西湖的"水光潋滟晴方好，山色空蒙雨亦奇"，王维的"明月松间照，清泉石上流"等等。毫无疑问，环境品质是品质生活的重要组成，与经济生活品质、文化生活品质、政治生活品质、社会生活品质等其他属性密切相关，相互支撑。可以说，品质生活本质上就是人与自然、人与人、人与社会的和谐共生。

品质生活是否可以建立起一个指标来表征，成为人们关注的课题。人居环境的评价在国内外主要是通过绿色建筑的指标体系加以考虑，美国绿色建筑评估体系（LEED）、英国绿色建筑评估体系（BREEAM）、日本建筑物综合环境性能评价体系（CASBEE）、法国绿色建筑评估体系（HQE）、加拿大BEPAC的评估体系以及我国制定的《绿色建筑评价标准》（GB 50378—2019），都将室内环境质量作为考量指标之一。其中室内微气候对人的影响是室内环境品质评价的重要问题，室内空气环境通常包括室内热湿环境（indoor climate）和室内空气质量（indoor air quality），室内空气质量不仅影响人体的舒适和健康，而且对室内人员的工作效率、心情有重要影响。

我国多次在重要场合强调"提高人民生活品质""创造高品质生活"。品质生活就是高质量发展的体现，高质量发展的目标是创造品质生活。而高质量发展的内涵之一就是绿色，因此生态环境的高质量就是品质生活的环境属性。

参考文献

[1] World Health Organization（WHO）. Indoor air quality guidelines for homes and workplaces，2010.

[2] Bernstein J A，Alexis N，Barnes C，et al. Health effects of air pollution [J]. Journal of Allergy and Clinical Immunology，2014，113（4）：605-618.

[3] Katsouyanni K. The impact of air pollution on health [J]. European Respiratory Journal，2018.

[4] EPA. Indoor air pollution. Environmental Protection Agency，2019.

[5] Salonen I V，Hämeri K，Lanki T，et al. Exposure of coronary artery disease-associated particulate air pollution [J]. American Journal of Respiratory and Critical Care Medicine，1995，151（4）：1230-1237.

[6] Omozawa T，Kanazawa R，Tanaka-Kagawa T，et al. Indoor air pollution and health effects in developing countries [J]. Environmental Sciences，2004，11（1）：13-28.

[7] Choi H，Chung Y，Kim S，et al. Immune parameters in young children exposed to fine dust and volatile organic compounds from indoor air pollutants [J]. Environmental Health Perspectives，2014，122（9）：978-985.

[8] Law B，Kim E，Woo J，et al. Indoor air quality guidelines for selected pollutants [J]. World Health Organization，2016.

[9] Kim D，Portnyagin Y，Ngo B，et al. An experimental study on the performance of air cleaners for aerosols and gases [J]. Building and Environment，2018，139：63-70.

[10] Aboagye A K，Mainoo P Y，Yeboah K，et al. The effect of air ionization on indoor air quality in a tropical environment [J]. Science of the Total Environment，2018，616-617：214-222.

[11] Zhao Y，Li R，Li Y，et al. Treatment of indoor air formaldehyde pollution with new hydroxylated polymers [J]. Applied Surface Science，2018，466：804-810.

[12] Chen W，Wang L，Cui Y，et al. Indoor air quality in new and old residential buildings：Volatile organic compounds and carbonyls [J]. Science of the Total Environment，2014，493：482-489.

[13] Sun D P，Liu W Q，Liu J，et al. Exposure to particulate matter（$PM_{2.5}$）increases the risk of age-related macular degeneration [J]. Science of The Total Environment，2014，472：343-346.

[14] 史德，苏仁和. 室内空气质量对人体健康的影响 [M]. 中国环境科学出版社，2005.

[15] 施婷婷，田靓，朱仁义，等. 上海市医疗机构高压氧舱消毒现况及微生物污染状况调查 [J]. 中国消毒学杂志，2023，40（10），745-748.

[16] 苏约翰，王峰，徐艳杰. 室内气体污染治理方法研究综述 [J]. 工人破碎机，2021，41（6）：93-97.

[17] Allen J G，Macnaughton P，Satish U，et al. Associations of cognitive function scores with carbon dioxide, ventilation, and volatile organic compound exposures in office workers：A controlled exposure study of green and conventional office environments [J]. Environ. Health Perspect，2016，124，805-812.

［18］ Matthew C A，Meyer K，George T O，et al. Associations between outdoor air pollutants and non-viral asthma exacerbations and airway inflammatory responses in children and adolescents living in urban areas in the USA：A retrospective secondary analysis［J］. The Lancet Planetary Health，2023，7（1）：2542-5196.

［19］ Chen K L，Miake I M，Begashaw M M，et al. Association of promoting housing affordability and stability with improved health outcomes：A systematic review［J］. JAMA Netw Open，2022，5（11）：e2239860.

［20］ Xia X，Chan KH，Lam KBH，et al. Effectiveness of indoor air purification intervention in improving cardiovascular health：A systematic review and meta-analysis of randomized controlled trials［J］. The Science of the Total Environment，2023，789，147882.

［21］ Peyton A E，Arlene B，Cynthia R，et al. Home environmental intervention in innercity asthma：A randomized controlled clinical trial［J］. Annals of Allergy，Asthma & Immunology，2005，96（6）：518-524.

［22］ 宋春华. 品质人居的绿色支撑［J］. 建筑学报，2007，12：1-3.

［23］ 雷晓康、张琇岩. 高品质生活的理论意涵、指标体系及省际测度研究［J］. 西安财经大学学报，2023，36（02）：89-102.

［24］ Chen Y，Li M，Lu J，et al. Influence of residential indoor environment on quality of life in China［J］. Building and Environment，2023，232：110068.

［25］ Pourkiaei，Mohsen，Romain，et al. Scoping review of indoor air quality indexes：Characterization and applications［J］. Journal of Building Engineering，2023，75：1067703.

［26］ Maury-Micolier A，Huang L，Taillandier F，et al. A life cycle approach to indoor air quality in designing sustainable buildings：Human health impacts of three inner and outer insulations［J］. Building and Environment，2023，230：109994.

第2章 室内环境空气净化治理发展状况

2.1 室内环境空气污染物标准和规范

因室内空气污染的特殊性，预防室内环境空气污染是十分重要的；而室内环境空气污染治理既是迫不得已的对策措施，也是人们追求高品质生活质量的表现。借助吸附、催化等技术手段治理室内环境空气污染、控制室内环境空气污染的浓度水平是空气治理行业的发展趋势。

为了做好室内环境空气污染的防治、治理工作，必须从标准、管理、技术、产业、服务等多方面入手。

室内空气质量是反映室内空气温度、湿度、气流速度和洁净度等多个因素的综合效应，也指人对室内空气内在结构和外部表现状态的适应性。内在结构是指室内空气的组成；外部表现状态是指室内空气的毒害性以及气味。清新的空气是人类生存的保障，被污染的空气不仅组分发生了变化，还有味甚至有色，使人感到不适，甚至会导致疾病或死亡。

人的大部分时间是在室内度过的，而人的生命活动离不开空气，因此室内空气环境是人的生命的保障要素，其质量优劣对人的身心健康、生活和工作质量都有重要影响。室内空气质量控制标准和规范是实施室内空气质量管理和防治室内空气污染的依据和基础。各国都制定和实施了相关的标准，以不断提高人们的室内环境意识，促进与室内环境有关的行业和企业从室内环境方面规范自己的行为，保障人民的身体健康。室内环境质量标准的实施为保障良好室内空气质量起到了非常积极的作用。

目前环境标准包括环境基准、环境质量标准、污染物排放标准等。环境基准是环境因子（污染物质或有害要素）对人体健康与生态系统不产生有害效应的剂量或水平。环境质量标准通常是指在一定时间和空间范围内，对环境中有害物质或因素的容许浓度所做的规定。针对室外污染控制，环境质量标准是国家环境政策目标的具体体现，是制定污染物排放标准的依据，也是环保部门进行环境管理的重要手段。针对室内污染控制来说，环境空气质量标准旨在保护人的健康以及维护人们的生活环境。从本质上讲，环境质量标准是基于风险的安全暴露浓度，暴露风险可以分为长期暴露风险和短期暴露风险，因此室内环境质量标准需要基于暴露时间来确定。广义上讲，环境质量标准值包括理想数值和最高限值，前者可以理解为最佳值或者建议值，后者可以理解为有害物质的容许浓度或者最大容许浓度。

2.1.1 国内室内环境空气质量标准

我国是世界上发布专门的室内空气质量标准的国家之一。在2002年，我国首次引入室内空气质量的概念，发布了第一部《室内空气质量标准》（GB/T 18883—2002），这是我国最重要且最具影响力的室内空气质量类标准，后来逐渐发展到比较完整的室内环境质量相关标准体系，在2022年形成了最新的《室内空气质量标准》（GB/T 18883—2022）。目前看，室内环境空气质量标准主要包括室内空气质量标准、产品质量标准（包含材料等）、检验方法标准等多个方面。

室内环境空气质量标准除了适用于普遍性室内的标准GB/T 18883—2022外，还针对民用建筑、博物馆、美术馆、图书馆、医院候诊室、乘用车等特殊室内环境的质量标准（GB 37488—2019、GB 50325—2020、GB/T 27630—2011）。部分标准为推荐性标准，部分标准为强制性标准。

2.1.1.1 《室内空气质量标准》（GB/T 18883—2022）

2002年发布的国家标准《室内空气质量标准》（GB/T 18883—2002）规定了在正常居住或工作条件下，能保证人体健康的各项物理性指标、化学污染性指标、生物指标和放射性指标的限值。2022年7月11日国家市场监督管理总局和国家标准化委员会批准发布新版的《室内空气质量标准》（GB/T 18883—2022），于2023年2月1日实施，增加了细颗粒物（$PM_{2.5}$）、三氯乙烯、四氯乙烯三项化学指标，更改了二氧化氮、二氧化碳、甲醛、苯、可吸入颗粒物、细菌总数和氡7项指标的限值，控制指标数量达到22项；同时增加了室内空气质量指标评价的相关内容以及环境要求、样品运输和保存、平行样检测、结果表述、实验室安全等技术内容，更新了分析指标的检验方法，主要控制指标如表2-1所示。

表2-1 新旧版《室内空气质量标准》的主要控制指标比较

序号	指标分类	指标	计量单位	要求	备注	与旧要求比较
1	物理性	温度	℃	22～28	夏季	一致
				16～24	冬季	一致
2		相对湿度	%	40～80	夏季	一致
				30～60	冬季	一致
3		风速	m/s	≤0.3	夏季	一致
				≤0.2	冬季	
4		新风量	m³/(h·人)	≥30	—	
5	化学性	臭氧（O_3）	mg/m³	≤0.16	1小时平均	一致
6		二氧化氮（NO_2）	mg/m³	≤0.20		≤0.24（收严）
7		二氧化硫（SO_2）	mg/m³	≤0.50		一致
8		二氧化碳（CO_2）	%①	≤0.10		由日均值收严为小时值
9		一氧化碳（CO）	mg/m³	≤10		一致
10		氨（NH_3）	mg/m³	≤0.20		一致
11		甲醛（HCHO）	mg/m³	≤0.08		≤0.10（收严）
12		苯（C_6H_6）	mg/m³	≤0.03		≤0.11（收严）
13		甲苯（C_7H_8）	mg/m³	≤0.20		一致
14		二甲苯（C_8H_{10}）	mg/m³	≤0.20		一致
15		总挥发性有机物（TVOC）	mg/m³	≤0.60		一致
16		三氯乙烯（C_2HCl_3）	mg/m³	≤0.006	8小时平均	新增
17		四氯乙烯（C_2Cl_4）	mg/m³	≤0.12		新增
18		苯并[a]芘（BaP）②	ng/m³	≤1.0	24小时平均	一致
19		可吸入颗粒物（PM_{10}）	mg/m³	≤0.10		≤0.15（收严）
20		细颗粒物（$PM_{2.5}$）	mg/m³	≤0.05		新增
21	生物性	细菌总数	CFU/m³	≤1500	—	≤2500（收严）

续表

序号	指标分类	指标	计量单位	要求	备注	与旧版要求比较
22	放射性	氡(^{222}Rn)	Bq/m³	≤300	年平均③（参考水平④）	≤400(收严);由行动水平改为参考水平

① 体积分数。
② 指可吸入颗粒物中的苯并[a]芘。
③ 至少采样3个月（包括冬季）。
④ 表示室内可接受的最大年均氡浓度，并非安全与危险的严格界限。当室内氡浓度超过该参考水平时，宜采取行动降低室内氡浓度。

为防止室内空气污染对人体健康的损害，阻止室内空气中的病原体和有害物质的侵害，在冬季采暖和夏季空调开启期间，应有室内新鲜空气交换和补充设备。特别是采用中央空调系统的住宅，要有防止军团菌暴发的措施。为提高厨房空气质量，应采用通风换气方法，这些措施的前提条件是室外空气质量必须符合《环境空气质量标准》（GB 3095—2012）及其修改单的要求，见表2-2。

表2-2 《环境空气质量标准》（GB 3095—2012）及修改单

污染物名称	取值时间	一级标准	二级标准	浓度单位
二氧化硫(SO_2)	年平均	0.02	0.06	mg/m³（参比状态）
	24h平均	0.05	0.15	
	1h平均	0.15	0.50	
总悬浮颗粒物(TSP)	年平均	0.08	0.20	mg/m³（监测时大气温度和压力下浓度）
	24h平均	0.12	0.30	
可吸入颗粒物(PM_{10})	年平均	0.04	0.07	
	24h平均	0.05	0.15	
氮氧化物(NO_x)	年平均	0.05	0.05	
	24h平均	0.10	0.10	
	1h平均	0.25	0.25	
二氧化氮(NO_2)	年平均	0.04	0.04	mg/m³（参比状态）
	24h平均	0.08	0.08	
	1h平均	0.20	0.20	
一氧化碳(CO)	24h平均	4.00	4.00	
	1h平均	10.00	10.00	
臭氧(O_3)	24h最大8h平均	100	160	μg/m³（参比状态）
	1h平均	160	200	
铅(Pb)	年平均	0.5	0.5	μg/m³（监测时大气温度和压力下浓度）
	季平均	1	1	
苯并[a]芘(BaP)	年平均	0.001	0.001	
	24h平均	0.0025	0.0025	

2.1.1.2 《民用建筑工程室内环境污染控制标准》（GB 50325—2020）

国家标准《民用建筑工程室内环境污染控制标准》（GB 50325—2020）主要适用于新建、改建、扩建的民用建筑工程（建筑结构工程和装饰装修工程的统称）室内环境污染控制。标准中重申室内环境污染物浓度检测结果不符合本标准规定的民用建筑工程，严禁交付投入使用，即在工程完工后、交付使用前必须进行检测和验收。标准规定控制的室内环境污染物包括氡、甲醛、氨、苯、甲苯、二甲苯、总挥发性有机化合物等7项污染物，具体指标限值见表 2-3。工程验收时，只有当室内环境污染物浓度的全部检测结果符合该标准规定时，方可判定该工程室内环境质量合格，否则不准交付使用。该标准将住宅、居住功能公寓、医院病房、老年人照料房屋设施、幼儿园、学校教室、学生宿舍等，划为Ⅰ类民用建筑工程；把办公楼、商店、旅馆、文化娱乐场所、书店、图书馆、展览馆、体育馆、公共交通等候室、餐厅等，划为Ⅱ类民用建筑工程。

该标准中规定了材料（无机非金属建筑主体材料和装饰装修材料、人造木板及其制品、涂料、胶黏剂、水性处理剂、其他材料）的质量要求，具体如表 2-3、表 2-4、表 2-5、表 2-6 和表 2-7 所示。

表 2-3 GB 50325—2020 中关于材料的要求

材料	指标	限值和要求
无机非金属建筑主体材料和装饰装修材料	放射性核素限量	放射性核素限量符合 GB 6566 的规定；表面氡的析出率≤$0.015Bq/(m^2 \cdot s)$
人造木板及其制品	游离甲醛释放量	游离甲醛释放量≤$0.124mg/m^3$（环境测试舱法）
涂料	游离甲醛含量	游离甲醛符合《建筑用墙面涂料中有害物质限量》（GB 18582）要求，≤100mg/kg
涂料	VOC 和苯、甲苯+二甲苯+乙苯限量	溶剂型装饰板涂料符合 GB 18582，溶剂型木器涂料和腻子符合 GB 18581 的规定，溶剂型地坪符合 GB 38468；防锈涂料、防水涂料及其他溶剂型涂料即用状态应该符合表 2-4
胶黏剂	游离甲醛限量	水溶性胶黏剂符合 GB 30982 的要求
胶黏剂	苯、甲苯+二甲苯、游离甲醛二异氰酸酯（TDI）限量	溶剂型胶黏剂、本体型胶黏剂符合 GB 30982 的规定
胶黏剂	VOC 限量	水性胶黏剂、溶剂型胶黏剂、本体型胶黏剂符合 GB/T 33372 的规定（最新已经调整为 GB 33372）
水性处理剂	游离甲醛限量	≤100mg/kg
其他材料	氨释放量	混凝土外加剂符合 GB 18588 规定，氨释放量≤0.10%；能释放氨的阻燃剂、防火涂料、水性建筑防火涂料符合 JG/T 415 的要求，≤0.50%
其他材料	残留甲醛量	混凝土外加剂符合 GB 31040 要求，≤500mg/kg；黏合木结构材料、室内用帷幕、软包等≤$0.124mg/m^3$；墙纸（布）符合 GB 18585 的规定，无纺墙纸≤100mg/kg；纺织用面墙纸（布）≤60mg/kg；其他墙纸（布）≤120mg/kg

表 2-4 室内用酚醛防锈涂料、防水防火涂料及其他溶剂型涂料中 VOC、苯、甲苯+二甲苯+乙苯限量

涂料名称	VOC/(g/L)	苯/%	甲苯+二甲苯+乙苯/%
酚醛防锈涂料	≤270	≤0.3	—
防水涂料	≤750	≤0.2	≤40
防火涂料	≤500	≤0.1	≤10
其他溶剂型涂料	≤600	≤0.3	≤30

表 2-5 聚乙烯卷材地板、木塑制品地板、橡塑类铺地材料中挥发物限量

名称		挥发物限量/(g/m³)
聚氯乙烯卷材地板（发泡类）	玻璃纤维基材	≤75
聚氯乙烯卷材地板（发泡类）	其他基材	≤35
聚氯乙烯卷材地板（非发泡类）	玻璃纤维基材	≤40
聚氯乙烯卷材地板（非发泡类）	其他基材	≤10
木塑制品地板（基材发泡）		≤40
木塑制品地板（基材不发泡）		≤50
橡塑类铺地材料		≤50

表 2-6　地毯、地毯衬垫中 VOC 和游离甲醛释放限量

名称	测定项目	限量/[mg/(m²·h)]
地毯	VOC	≤0.500
地毯	游离甲醛	≤0.050
地毯衬垫	VOC	≤1.000
地毯衬垫	游离甲醛	≤0.050

表 2-7　室内用墙纸（布）胶黏剂中游离甲醛、苯＋甲苯＋乙苯＋二甲苯、VOC 限量

测定项目	限量	
	壁纸胶	基膜
游离甲醛/(mg/kg)	≤100	≤100
苯＋甲苯＋乙苯＋二甲苯/(g/kg)	≤10	≤0.3
VOC/(g/L)	≤350	≤120

《民用建筑工程室内环境污染控制标准》（GB 50325—2020）规定了民用建筑工程竣工验收时，必须进行室内环境污染物浓度检测，其限量应符合表 2-8 中的规定。

表 2-8　民用建筑室内环境污染物浓度限量

污染物	单位	Ⅰ类民用建筑工程	Ⅱ类民用建筑工程
氡	Bq/m³	≤150	≤150
甲醛	mg/m³	≤0.07	≤0.08
氨	mg/m³	≤0.15	≤0.20
苯	mg/m³	≤0.06	≤0.09
甲苯	mg/m³	≤0.15	≤0.20
二甲苯	mg/m³	≤0.20	≤0.20
TVOC	mg/m³	≤0.45	≤0.50

注：1. 污染物浓度测量值，除了氡外均指室内污染物测量值扣除室外上风向空气中污染物浓度测量值（本底值）后的值。

2. 污染物浓度测量值的极限值判定，采用全数值比较法。

《民用建筑工程室内环境污染控制标准》（GB 50325—2020）中部分要求是强制性的标准（以上限量均为强制性要求），但《室内空气质量标准》（GB/T 18883—2022）是推荐性标准，标准限值也有明显不同，控制污染物种类和限值宽严不一。因为民用建筑工程和装饰工程交付使用后，除了建筑材料及装修材料产生的污染外，还有生活中由于做饭、吸烟、生活垃圾、外购衣物、家具、取暖、洗涤、灭虫、娱乐等产生的污染，所以《室内空气质量标准》关注的范围和污染源更广泛。两个标准的异同比较见表 2-9。

表 2-9　两个标准的异同

内容	《民用建筑工程室内环境污染控制标准》	《室内空气质量标准》
适用对象	民用建筑工程的室内空气质量	所有"室内"的空气质量
标准性质	环境空气质量限值为强制性标准。规定在民用建筑工程验收时必须进行室内环境检测。合格后方可交付使用	推荐性标准，不具有强制性
适用场景	新建、扩建或改建的民用建筑工程的验收	住宅和办公建筑的室内空气质量的日常评价
规定的检测项目	氡、甲醛、氨、苯、甲苯、二甲苯、TVOC 等 7 项污染物指标	物理性指标有温度、相对湿度、风速、新风量，化学性指标包括臭氧、二氧化硫、二氧化氮、一氧化碳、二氧化碳、氨、甲醛、苯、甲苯、二甲苯、TVOC、三氯乙烯、四氯乙烯、苯并[a]芘、可吸入颗粒物(PM₁₀)、细颗粒物(PM₂.₅)，生物性指标包括细菌总数，放射性指标包括氡(²²²Rn)
限量值	对Ⅰ类和Ⅱ类建筑分别给出不同的限量	未对建筑物进行分类

两个标准共有污染物的浓度限量见表 2-10。由表 2-10 可见，Ⅰ类民用建筑工程的要求相对严格，除了苯宽松于 GB 18883—2022 外，其余都比 GB/T 18883—2022 严格。Ⅱ类民用建筑工程比Ⅰ类民用建筑相对宽松，氡和 TVOC 的标准严格于 GB/T 18883—2022，苯的指标宽松于 GB/T 18883—2022，其余一致。

表 2-10　两个标准共有污染物的浓度限量比较

污染物	单位	《民用建筑工程室内环境污染控制标准》(GB 50325—2020)		《室内空气质量标准》(GB/T 18883—2022)
		Ⅰ类民用建筑工程	Ⅱ类民用建筑工程	
氡	Bq/m^3	≤150	≤150	≤300
甲醛	mg/m^3	≤0.07	≤0.08	≤0.08
氨	mg/m^3	≤0.15	≤0.20	≤0.20
苯	mg/m^3	≤0.06	≤0.09	≤0.03
甲苯	mg/m^3	≤0.15	≤0.20	≤0.20
二甲苯	mg/m^3	≤0.20	≤0.20	≤0.20
TVOC	mg/m^3	≤0.45	≤0.50	≤0.60

2.1.1.3　室内环境空气污染物的检验方法标准

总体上，建筑材料的测试方法按照 GB 50325—2020 的规定，室内空气污染物的检测按照 GB/T 18883—2022，具体如表 2-11 和表 2-12 所示。

表 2-11　建筑材料的有害物质限量检验方法标准汇总

序号	标准号	标准名称	所测项目
1	GB 6566—2010	建筑材料放射性核素限量	建筑材料放射性核素和天然放射性核素 ^{226}镭、^{232}钍、^{40}钾放射性比活度
2	GB 18581—2020	木器涂料中有害物质限量	VOC、苯、甲苯+二甲苯、游离甲苯二异氰酸酯、重金属
3	GB 18582—2020	建筑用墙面涂料中有害物质限量	水性墙面涂料：VOC、甲醛、苯系物总和含量[限苯、甲苯、二甲苯(含乙苯)]、总铅、可溶性重金属、烷基酚聚氧乙烯醚总和含量；装饰板涂料：VOC、甲醛、总铅、可溶性重金属、乙二醇醚及醚酯总和、卤代烃总和、苯、甲苯与二甲苯(含乙苯)总和
4	GB 18585—2023	室内装饰装修材料　壁纸中有害物质限量	重金属(8种)、氯乙烯单体、甲醛释放量、邻苯二甲酸酯、TVOC 释放量、短链氯化石蜡
5	GB 18586—2001	室内装饰装修材料　聚氯乙烯卷材地板中有害物质限量	挥发物、氯乙烯单体、可溶性铅、可溶性镉
6	GB 18588—2001	混凝土外加剂中释放氨的限量	氨
7	GB/T 23985—2009	色漆和清漆　挥发性有机化合物(VOC)含量的测定　差值法	VOC
8	GB/T 23993—2009	水性涂料中甲醛含量的测定　乙酰丙酮分光光度法	甲醛
9	GB/T 23990—2009	涂料中苯、甲苯、乙苯和二甲苯含量的测定　气相色谱法	苯、甲苯、乙苯和二甲苯
10	GB 30982—2014	建筑胶粘剂有害物质限量	溶剂型：苯、甲苯+二甲苯、甲苯二异氰酸酯、二氯甲烷、1,2-二氯乙烷、1,1,1-三氯乙烷、1,1,2-三氯乙烷、总挥发性有机物；水基型：游离甲醛、总挥发性有机物；本体型：挥发性有机物、甲苯二异氰酸酯、苯、甲苯+二甲苯

续表

序号	标准号	标准名称	所测项目
11	GB 31040—2014	混凝土外加剂中残留甲醛的限量	甲醛
12	GB 38468—2019	室内地坪涂料中有害物质限量	VOC、苯+甲苯+乙苯+二甲苯、苯、甲苯+乙苯+二甲苯、乙二醇醚及醚酯总和、甲醛、游离二异氰酸酯（TDI+HDI）、邻苯二甲酸酯类总和、可溶性重金属
13	JG/T 415—2013	建筑防火涂料有害物质限量及检测方法	游离甲醛、可释放氨的量、VOC、苯、甲苯+乙苯+二甲苯总和、卤代烃总量、可溶性重金属、放射性
14	GB 18580—2017	室内装饰装修材料 人造板及其制品中甲醛释放量	甲醛
15	GB 18583—2008	室内装饰装修材料 胶粘剂中有害物质限量	溶剂型:游离甲醛、苯、甲苯+二甲苯、甲苯二异氰酸酯、二氯甲烷、1,2-二氯乙烷、1,1,2-三氯乙烷、三氯乙烯、TVOC；水基型:游离甲醛、苯、甲苯+二甲苯、TVOC；本体型:VOC

表2-12 室内环境空气污染物的测量方法

序号	指标分类	具体指标	测定方法	方法来源
1	物理性	温度	玻璃液体温度计法	GB/T 18204.1—2013
			数显式温度计法	
2		相对湿度	电阻电容法	GB/T 18204.1—2013
			干湿球法	
			氯化锂露点法	
3		风速	电风速计法	GB/T 18204.1—2013
4		新风量	示踪气体法	GB/T 18204.1—2013
			风管法	
5	化学性	臭氧	靛蓝二磺酸钠分光光度法	GB/T 18204.2—2014
			紫外分光光度法	HJ 590—2010
6		二氧化氮	Saltzman法	GB/T 15435—1995
			化学发光法	HJ/T 167—2004
7		二氧化硫	甲醛溶液吸收-盐酸副玫瑰苯胺分光光度法	GB/T 16128—1995
8		二氧化碳	非分散红外法	GB/T 18204.2—2014
9		一氧化碳	非分散红外法	GB/T 18204.2—2014
10		氨	靛酚蓝分光光度法	GB/T 18204.2—2014
			纳氏试剂分光光度法	HJ 533—2009
			离子选择电极法	GB/T 14669—1993
11		甲醛	AHMT分光光度法	GB/T 16129—1995
			酚试剂分光光度法	GB/T 18204.2—2014
			高效液相色谱法	GB/T 18883—2022 附录B
12~14		苯、甲苯、二甲苯	固体吸附-热解吸气相色谱法	GB/T 18883—2022 附录C
			活性炭吸附-二硫化碳解吸-气相色谱法	
			便携式气相色谱法	
15~17		总挥发性有机化合物、三氯乙烯、四氯乙烯	固体吸附-热解吸气相色谱法	GB/T 18883—2022 附录D
18		苯并[a]芘	高效液相色谱法	GB/T 18883—2022 附录E
19~20		可吸入颗粒物、细颗粒物	撞击式-称量法	GB/T 18883—2022 附录F
21	生物性	细菌总数	撞击法	GB/T 18883—2022 附录G
22	放射性	氡	固体核径迹测量方法	GB/T 18883—2022 附录H
			连续测量方法	
			活性炭盒测量方法	

2.1.2 国外室内环境空气质量标准

虽然国际上很多国家对室内空气质量已有深入的研究，但目前不同国家制定的室内空气质量的标准尚不统一，分类方法也不尽相同，甚至有些地方差异性还比较大。最主要的原因在于室内环境复杂、污染源复杂、污染生成机制复杂、保护对象的极限浓度复杂，导致室内空气质量管理在实际操作中面临众多的困难。

2.1.2.1 空气污染物卫生基准

世界卫生组织（WHO）于1987年公布了《欧洲空气质量指南》，并于1997年修订，为欧洲和其他地区的国家做了决策和规划，特别是为制订国家和地区的空气质量标准提供了一个保护公共健康的卫生基准。2010年WHO首次发布了《室内空气质量指南》，迄今已经更新到2014年的版本。WHO关于环境健康方面主要有指南类、环境健康基准（Environmental Health Criteria，EHC）和风险评估技术体系。WHO自2006年以来一直致力于制订单独的室内空气质量指南，并发布了一系列室内特定空气质量指标：由《室内空气质量指南：潮湿和发霉》《室内空气质量指南：选定的污染物》《室内空气指南：家用燃料燃烧》三部分组成。《室内空气质量指南：选定的污染物》阐明了如何预防危害健康的环境暴露，并向负责公共卫生的专业人员以及参与设计和使用卫生保健的专家和主管部门提出建议；污染物主要包括苯、一氧化碳、甲醛、萘、二氧化氮、多环芳烃（PAHs，主要是苯并芘）、氡、三氯乙烯、四氯乙烯，这些物质的推荐值包括一般理化性质、暴露来源与途径、代谢与毒性动力学、健康效应、健康风险评估四个方面。该指南认为苯没有安全的暴露水平，$1\mu g/m^3$苯暴露导致白血病的风险是6×10^{-6}，导致1×10^{-4}、1×10^{-5}、1×10^{-6}额外生命风险的苯浓度分别是$17\mu g/m^3$、$1.7\mu g/m^3$和$0.17\mu g/m^3$。针对一氧化碳的安全浓度水平则分别是$100mg/m^3$（暴露15min）、$35mg/m^3$（暴露1h）、$10mg/m^3$（暴露8h）、$7mg/m^3$（暴露24h）。针对甲醛而言，30min暴露的安全浓度水平是$0.1mg/m^3$。环境健康基准体系则提供了关于特定化学品或相关化学品种对人类健康和环境产生影响的国际重要评论，从1976年开始更新至2013年，包括206种化学品和相关化学品种，其中无机类化学品40种、有机类142种、其他类24种（包括真菌毒素、紫外线、噪声等）。

2.1.2.2 室内环境空气质量标准

美国国家环境保护局（EPA）根据美国《清洁空气法》，主要针对室外环境空气质量，包括一氧化碳、二氧化氮、铅、臭氧、颗粒物、二氧化硫等6项指标制定了国家环境空气质量标准，以保障公众的健康与福利。EPA的室内环境分部提出了建筑环境的质量指南。根据建筑种类，分别给出了居家（单一家庭）、多家庭居家（公寓类）、学校、办公室和其他大型建筑等不同的标准，特别是针对石棉、挥发性有机物有特别的控制要求，同时对室内的气候因子（比如温度、湿度等）和病毒、霉菌等生物因子也做出了规定。美国采暖、制冷与空调工程师学会（ASHRAE）发布的 *Indoor Air Quality Guide*（2010年），针对建筑设计和运行给出了提高室内空气品质的技术指导。美国国家公寓协会、公寓与业主协会等也都发布了一些关于室内空气质量的标准。LEED（Leadership in Energy and Environmental Design）和WELL（Well Building Standard）是目前被广泛认可和实施的绿色建筑认证标准。LEED标准适用范围包含各种类型的建筑，如商业、办公、住宅、医疗、教育、机场和工业等，适用于新建、改建和室内装修等多种场景，更倾向于建筑的可持续性；WELL标准主要适用于办公和住宅建筑的室内环境，以及室内公共场所的运营，更关注于创造健康舒适的室内环境。WELL评价准则包括《WELL健康-安全评价准则》（WELL Health-Safety Rating）、《WELL健康建筑性能评价准则》（WELL Performance Rating）以及《WELL健康均等评价准则》（WELL Equity Rating）。WELL绿色建筑标准中涉及的室内空气污染物包括甲醛、总挥发性有机物、二氧化氮、一氧化碳、$PM_{2.5}$、PM_{10}、臭氧、氡等8项指标。LEED标准规定了甲醛、总挥发性有机物、一氧化碳、$PM_{2.5}$、PM_{10}、臭氧、氡等7项指标。针对提高室内环境空气质量，美国的相关标准和规范也主要集中在三个关键环节：源头控制、改善通风和空气净化。源头控制中包括涂料、地板材料（地毯、胶黏剂、复合木材等）的新材料替代；空气净化器开发也是研究和应用比较集中的路径。

美国不同州也有不同的室内空气质量标准，比如加利福尼亚州政府公布的室内空气质量标准中，对室内甲醛浓度规定了行动标准和目标水平分别为0.1ppm（$0.12mg/m^3$）和0.05ppm（约$0.0625mg/m^3$）。

日本厚生劳动省是室内空气污染控制的倡导者和标准的制定者。2000年日本厚生劳动省发布了甲醛、乙醛、甲苯等13种室内空气有机污染物浓度限值及测定方法。2019年更新了室内空气中化学物质的浓度指导值。该指导值主要适用于建筑卫生和其他生活环境中对人造成危害的常见化学污染物，主要关注的污染物有甲醛、乙醛、甲苯、二甲苯、乙苯、苯乙烯、对二氯苯、十四烷、毒死蜱、仲丁威、二嗪磷、邻苯二甲酸二丁酯、邻苯二甲酸二（2-乙基）己酯和TVOC。

新加坡于2016年发布了《空调建筑室内空气质量行业准则》（SS 554—2016），代替了原SS 554—2009，并于2021年进行了一号修正案，对该准则进行了补充更新。该准则将室内空气质量参数分为四类，分别为热舒适参数（温度、相对湿度、风速）、化学参数（二氧化碳、一氧化碳、甲醛、TVOC）、颗粒物（可吸入颗粒物、细颗粒物）、生物参数（活菌指数），当有明确污染源时将对二氧化氮、臭氧、氡、石棉、尼古丁和SVOC进行限制。

加拿大卫生部规定了室内空气质量标准，主要规定了二氧化碳浓度、挥发性有机化合物、臭氧、颗粒物、甲醛的浓度限值，分别为$1964.3mg/m^3$、$0.5mg/m^3$、$0.1714mg/m^3$、$0.035mg/m^3$、$0.05mg/m^3$；加拿大还曾经专门制定了居民室内环境空气质量指南。

芬兰1995年公布了室内空气质量标准，并在2001年进行了更新。标准从设计和建造（建造和空调）、建筑产品（建筑材料和通风）两个方面制定了控制目标，包括温度、空气流速、氡、一氧化碳、二氧化碳、氨和胺、甲醛、挥发性有机物、臭氧、臭气强度、微生物、香烟烟雾、PM_{10}等指标。根据甲醛的浓度限值把室内空气质量分为三个档次：

① S1：$0.03mg/m^3$，是"最佳室内空气质量（能满足过敏或呼吸系统疾病患者居住要求的浓度值）"。

② S2：$0.05mg/m^3$，是"良好的室内空气质量"。

③ S3：$0.1mg/m^3$，是"满意的室内空气质量"。

2.1.2.3 职业健康标准

美国国家职业安全卫生研究所（NIOSH）提出了室内空气污染物暴露限值，劳工部的职业安全和健康管理局（OSHA）建立了强制性的车间标准，并不断更新；目前针对工业企业职业暴露环境、建筑施工、海洋、农业等场景提出了职业安全标准。针对一般工业的接触限值,美国规定了详细的空气污染物限值,涵盖的污染物比较齐全。

欧盟发布职业安全卫生指令及协调标准,职业接触限值科学委员会(SCOEL)和欧洲标准化组织分别制定了欧盟职业接触限值和协调标准。欧盟职业安全卫生指令主要包括:工作场所、设备、标志、个人防护设备(16项),化学因素接触(12项),物理因素接触(10项),生物因素接触(1项),工作负荷、人体工程学和社会心理风险(6项),行业工作相关规定(17项)等。与我国的作业场所有害因素的接触限值标准比较,欧盟和我国都制定了限值的化学因素共73种,其中有60种因素的限值包括时间加权均值(TWA值),14种因素的限值含短期暴露限值(STEL值)。

2.1.2.4 公共场所室内空气质量标准

针对公共场所的室内空气质量标准,国外一直比较重视。加拿大制定了《办公楼空气质量技术指南》《公共楼房过滤细菌污染——认识与管理指南》。日本厚生省制定了《建筑物卫生保护法》,于1970年开始实施。新加坡环境部颁布了《办公楼良好室内空气质量指引》。韩国卫生部颁布的《公共卫生法》于1976年5月起实施,旨在公共设施中达到空气质量标准;建设交通部颁布了《建筑法》《道路交通法》等;环境部颁布了一系列地下室内空气质量管理指南和标准等。每个国家的标准都在不断更新中,在实际使用时需要考虑最新的版本。

2.1.2.5 其他相关行业标准

通风是提升室内空气品质的重要方法之一,因此制定通风相关的标准一直是各国关注的重点。比如ASHRAE制定的通风标准,澳大利亚的机械通风标准(AS 1668.2),英国的楼房规定要求通风的技术规格需符合有关的英国标准和工作守则,新加坡国家发展部的机械通风工作守则等。需要指出的是,这类标准很多时候也是职业安全、公共场所或居民住宅的IAQ标准。

2.1.2.6 室内甲醛浓度标准比较

世界各国的室内甲醛浓度指导限值或最大容许浓度指导限值见表2-13。

表2-13 世界各国的室内甲醛浓度指导限值或最大容许浓度

国家或组织	限值/(mg/m³)	评述
WHO	<0.1	总人群,30min指导限值
丹麦	0.15	总人群,基于刺激作用的指导限值
德国	0.12	总人群,基于刺激作用的指导限值
芬兰	0.30/0.15	仅适用于室内安装取树脂泡沫材料的初期
意大利	0.12	对老/新(1981年为界)建筑物的指导限值
荷兰	0.12	暂定指导限值
挪威	0.06	基于总人数刺激作用和敏感者的致癌作用
西班牙	0.48	标准值推荐指导限值
瑞典	0.13/0.20	仅适用于室内安装取树脂泡沫材料的初期
瑞士	0.24	指导限值,室内安装胶合板/补胶措施控制水平指导限值
美国	0.486	联邦目标环境水平
日本	0.12	室内空气质量标准
新西兰	0.12	室内空气质量标准

2.1.3 我国室内环境空气质量标准与国外标准的比较

我国 1979 年颁布的《工业企业设计卫生标准》(TJ 36—1979) 中规定了居住区大气环境和车间空气中有害物质的最高容许浓度。1996 年国家技术监督局和卫生部发布的公共场所卫生标准（GB 9663—1996 至 GB 9673—1996，GB 16153—1996），规定了旅店业等 12 类公共场所的室内空气卫生标准。我国在 2001 年前已制定了某些室内空气污染物的推荐标准和卫生标准。2001 年 9 月我国正式颁布《室内空气质量卫生规范》，2001 年 11 月颁布了《民用建筑工程室内环境污染控制规范》(GB 50325—2001)，2002 年 11 月颁布了《室内空气质量标准》(GB/T 18883—2001) 并于 2003 年 3 月 1 日开始实施；2020 年更新了《民用建筑工程室内环境污染控制规范》，并调整为《民用建筑工程室内环境污染控制标准》(GB 50325—2020)；2022 年更新了《室内空气质量标准》，即《室内空气质量标准》(GB/T 18883—2022)。国内外相关标准见表 2-14 至表 2-16。

表 2-14 国内外空气质量标准比较

国家	发布标准机构	标准名称	主要内容
加拿大	联邦/省职业安全及健康委员会	居民室内质量指引 办公楼空气质量技术指南 公共楼房过道细菌污染-认识与管理	规定了 CO、CO_2、颗粒物(PM)、Rn、NO_2、SO_2、O_2、T（温度）、烷烃(RH)、甲醛、空气流速 11 项物理和化学指标限值
日本	健康与福利部	楼房卫生条例	制定 CO、CO_2、NO、O_3、RH、T（温度）、空气流速等标准
	劳工部	办公楼卫生条例	规定员工所需要开窗的面积，其余指标如 CO、RH 等与《楼房卫生条例》相同
新加坡	环境部	办公楼良好室内空气质量指引	规定 CO、CO_2、O_3、TVOC、RH、甲醛、温度、总微生物、空气流速标准值
美国	供暖、制冷与空调工程师协会	可接受的 IAQ 通标准	规定甲醛、乙醛、CO、石棉、铅、氯丹、氮氧化物、颗粒物等 12 种污染物的浓度标准以及通暖标准
中国	香港特别行政区政府	办公室及公共场所室内空气质素管理指引	规定了包括温/湿度、甲醛、PM、细菌总数等在内的污染物物理化学、生物指标限值
	卫生部 1995~1999 年	室内空气污染物推荐标准	5 年间颁布了室内空气中细菌总数、CO、可吸入颗粒物、氮氧化物、SO_2 以及苯并[a]芘的卫生推荐标准
	卫生部(2001)	室内空气质量卫生规范	规定室内空气中包括 15 种物理、化学、生物控制指标，以及通风和净化的卫生要求
	质量监督检验检疫总局、建设部(2002)	民用建筑工程室内环境污染控制规范	根据使用功能和人们在其中停留时间的长短，将民用建筑分为两类并分别提出控制要求，规定了放射性氡、甲醛、氨、苯、TVOC 5 种人们普遍关注的室内常见污染物限值
	质量监督检验检疫总局、环保总局和卫生部(2003)	室内空气质量标准	该标准适用于住宅和办公楼，规定了化学、物理、生物和放射性 19 种控制指标，还增加了"室内空气应无毒、无害、无异常嗅味"的要求

表 2-15 各国（地区）和组织室内不同污染物的标准

污染物	国家(地区)/组织	标准值/(mg/m^3)	备注
氨	芬兰	0.04	
	波兰	0.3	8~10h
	中国	0.20	1h 平均

续表

污染物	国家(地区)/组织	标准值/(mg/m³)	备注
苯	波兰	0.02	8~10h平均
	中国	0.016	香港地区Ⅰ级标准,8h平均
		0.016	香港地区Ⅱ级标准,8h平均
		1.6	香港地区Ⅲ级标准,8h平均
		0.11	
		0.09	
甲苯	德国	0.3	长期暴露
	德国	3	健康效应值
	波兰	0.25	8~10h
	中国	0.20	1h平均
		1.092	香港地区Ⅰ级标准,8h平均
		1.092	香港地区Ⅱ级标准,8h平均
		188	香港地区Ⅲ级标准,8h平均,职业卫生
	WHO	1.092	8h平均
TVOC	美国	0.2	US-EPA1996
	澳大利亚	0.5	1h平均
	德国	0.3	长时间平均
	芬兰	0.6	
	挪威	0.4	
	波兰	0.10	
	日本	0.3	
	新加坡	3×10^{-4}	
	中国	0.6	8h平均
NO_2	加拿大	0.48	1h平均
	美国	0.1	年平均
	德国	0.35	30min平均
	挪威	0.10	1h平均
	日本	0.28	
	WHO	0.19~0.32	1h平均
	中国	0.24	1h平均
臭氧	加拿大	0.21	1h平均
	美国	0.1	25℃,101.325kPa
	澳大利亚	0.21	1h平均
	德国	0.12	
	芬兰	0.08	
	挪威	0.10	
	波兰	0.15	8~10h平均
	中国	0.12	香港地区Ⅰ级标准
		0.16	1h平均
	新加坡	0.10	1h平均
CO	加拿大	29	1h平均
	美国	10	1h平均
	澳大利亚	10	8h平均
	德国	60	30min平均
	德国	15	8h平均
	芬兰	8	
	挪威	25	1h平均
	波兰	6	8~10h平均
	韩国	25×10^{-6}	1h平均
	日本	10×10^{-6}	25℃,101.325kPa

续表

污染物	国家(地区)/组织	标准值/(mg/m³)	备注
CO	中国	10	香港地区,8h平均
		10	1h平均
	新加坡	10	8h平均
颗粒物	加拿大 PM$_{2.5}$	0.10	1h平均
	美国	0.26 或 0.075	24h平均或年平均
	澳大利亚	0.09	
	德国	0.12	
	芬兰	0.05	
	挪威	0.02	PM$_{2.5}$,24h平均
		0.09	PM$_{10}$
	韩国	0.15	
	日本	0.15	
	中国	0.18	香港地区,8h平均
		0.15	日平均
	新加坡	0.15	
甲醛	加拿大	0.12	
	美国	0.4mg/L	
	澳大利亚	0.12	
	德国	0.12	
	芬兰	0.10	
	挪威	0.10	
	波兰	0.10	
	韩国	0.12	
	日本	0.10	25℃,101.325kPa
	新加坡	0.12	
	中国	0.10	1h平均
氡	加拿大	800Bq/m³	
	美国	148Bq/m³	
	澳大利亚	200Bq/m³	
	芬兰	200Bq/m³	
	挪威	<200Bq/m³	
	日本	100Bq/m³	
	中国	200Bq/m³	香港地区
		400Bq/m³	年平均

表 2-16 典型城市室内空气化学污染物数据统计表

城市	污染物	国家标准/(mg/m³)	样本量	浓度范围/(mg/m³)	平均值/(mg/m³)	超标率/%
天津	甲醛	0.10	116	0.02~0.57	0.24	56.7
	氨	0.10	116	0.10~0.40	0.06	7.1
	TVOC	0.60	116	0.06~4.30	1.18	53.2
	苯	0.11	116	0.01~0.234	0.10	11.7
	甲苯	0.20	116	0.02~0.37	0.13	8.3
	二甲苯	0.20	116	0.04~0.46	0.11	20.0
石家庄	甲醛	0.10	76	0.01~0.734	0.08	19.7
	氨	0.10	76	0.08~0.82	0.28	57.3
	TVOC	0.60	76	0.03~3.70	1.08	62.0
	苯	0.11	76	0.025~1.034	0.14	36.8
	甲苯	0.20	68	0.05~1.68	0.45	53.6
	二甲苯	0.20	69	0.01~0.9	0.14	21.7

续表

城市	污染物	国家标准/(mg/m³)	样本量	浓度范围/(mg/m³)	平均值/(mg/m³)	超标率/%
重庆	甲醛	0.10	84	0.01~1.13	0.12	60.8
	氨	0.10	84	0.05~0.20	0.09	7.45
	TVOC	0.60	84	0.06~1.49	0.97	69.8
	苯	0.11	84	0.01~0.26	0.09	3.2
	甲苯	0.20	84	0.02~0.35	0.20	1.6
	二甲苯	0.20	84	0.01~0.59	0.12	8.7

与国外标准相比，我国的室内空气质量标准所包含的指标是比较全面的，在公共场所的标准以及正在拟订的室内空气卫生标准中都包括了物理、化学、生物三类指标，具体指标的数量相差不多。此外，某些拟议标准还规定了室内用涂料、人造板、天然石材等的标准，从源头上控制室内空气污染。由于各国的国情不同，以及人种、文化传统与民族特性的不同，室内空气污染的特点以及对室内环境的反应都不同，因此各国室内空气质量的标准值存在差异。

2.2 室内环境空气净化治理行业的历史与发展现状

室内空气净化行业的发展与室内污染事件的发生以及人们对室内环境质量的需求是紧密关联的。

20世纪90年代，随着房地产市场的不断发展，室内环境空气污染事件频繁发生，一些典型的案件推动了室内空气净化技术的发展。2002年11月19日，我国发布了《室内空气质量标准》（GB/T 18883—2002），2010年对2001年发布的《民用建筑工程室内环境污染控制规范》（GB 50325—2001）进行了修订。与这两个标准相配套的关于装饰材料的排放控制标准也陆续发布，室内空气监测和治理行业随即诞生，空气治理的企业如雨后春笋般不断涌现。2013年，中国室内环境监测工作委员会出台了《全国室内环保行业"十二五"规划推广技术和产品选题指南》，明确了我国室内环保行业重点发展的三大产业：一是以保证室内空气质量和民用建筑工程质量及装饰装修质量为主的室内环境污染监督、检测和评价产业；二是以室内环境净化治理产品、技术和服务为主的室内环境污染净化治理产品和服务产业；三是室内环境检测和监测仪器产业。全行业重点服务的六大领域分别是：室内环境和室内环保产品质量监督、城乡发展建筑和城镇化建设、室内装饰装修和家居、公共场所和公共卫生、工农业生产和国防建设领域及交通工具内部环境污染净化治理。1999年，中国室内装饰协会在全国率先成立了第一家室内环境监测中心，开展面向社会的室内环境检测服务受到了全社会的关注。2001年，承建北京重点工程之一——北京顺义国际学校工程的中集建设集团，与中国室内装饰协会室内环境检测中心正式签订了首例工程室内环境控制检测实施合同，这标志着室内环境质量监测首次进入北京重点建筑工程。2001年11月26日我国颁布了《民用建筑工程室内环境污染控制规范》（GB 50325—2001），分别对新建、扩建和改建的民用建筑在建筑和装修材料的选择、工程勘察设计、工程施工中有害物质的限量值提出了具体要求，并提出验收时必须进行室内环境污染物浓度检测，这一标准的发布极大地推动了室内环境检测监测行业的发展。早期的环境监测机构大部分是室外环境监测机构或者卫生部门的监测中心，缺乏专门资质认证。2015年，我国公布了《检验检测机构资质认定管理办法》，明确了检验检测机构的资质认定办法。2021年4月22日国家市场监督管理总局对此进行了修订，进行"放行监管服务"改革，落实"许可证分开"安排。

我国的室内环境净化治理行业始于20世纪80年代，以北京亚都科技股份有限公司的成立为标志之一，最早进入市场的是空气加湿器。1997年之前，进入室内环境净化治理行业的企业数量很少，且进入市场的企业也主要是针对工业企业的职业健康暴露场所，或者医院等要求比较高的公共场所，而进入普通家居的室内产品则很少。1997年之后，在上海、浙江等经济发展较快的地区，随着公众对城市生活品质需求的提高，室内空气净化产品开始逐步进入普通百姓家中。随后，室内空气净化产品逐渐多样化，室内净化器的技术市场也开始逐步细分。2000年后，净化材料作为一个重要的市场分支，开始投入市场；特别是2003年非典事件后，室内净化的空气质量品质也从传统的物理因素和化学因素拓展到生物因素。

室内环境空气净化器的市场大约在2004年前后逐步形成规模，根据2004年前后的市场分析资料，室内空气净化的市场主要分为三个方面：一是空气净化器，普通室内净化器从室内加湿器开始，逐渐发展为空气净化器、新风换气机；二是便携式空气净化器，随着室内的关注点不断拓展，便携式空气净化装置产品也开始逐渐发展并投入市场；三是净化材料，比如各类空气清新剂、甲醛捕捉剂、苯清除剂、各种过滤材料、光催化材料等。2004年的行业以中小企业为主，大型骨干企业很少，当时的领头羊是北京亚都科技股份有限公司。但是实际上，室内空气净化器的发展并不顺利，主要原因是室内空气净化产品与公众的需求不匹配，公众对室内净化产品的成效持怀疑和观望态度。

随着《健康中国2030年规划纲要》的发布，环境、健康等相关的工作办法、规划、实施方案等政策不断出台，室内环境净化行业迎来了又一个发展的春天。室内空气净化技术市场方向也发生了变化，比如新风产业成为一个新的方向，得到了追求品质和健康生活的消费者的青睐；学校、商场等公共场所开始安装新风系统，甚至一些房地产商将新风系统作为精装的亮点和抵御霾污染的手段。实际上在发达国家，新风系统的使用率可以达到95%以上。《通风系统用空气净化装置》（GB 34012—2017）针对新风系统提出了硬性指标依据，进一步规范了市场，推动了市场的发展。空气净化产业开始突飞猛进，市场销售额度以每年20%的速度上升。我国人口规模大，目前空气净化器的人均拥有量还很少，普及率远远低于美国、日本等发达国家。从技术发展来看，空气净化器仍是以物理过滤式为主，化学去除材料的应用还没有完全被消费者所接受。这是因为在2004年行业发展初期无序引进光催化剂技术导致市场"失信"和"失灵"，也与材料技术的发展尚比较滞后有关。随着材料技术的发展，室内净化器的技术增长也成为目前关注的热点，比如常温催化技术、低温催化技术的应用。室内净化器发展的另外两个因素是低碳和降噪。低碳能推动低耗材、低能耗净化器政策的出台；降噪则需要流体力学和机械学科的支持。

2017年住房和城乡建设部发布的《建筑业发展"十三五"规划》要求到2020年新开工全装修成品住宅面积达到30%。各地方政府先后出台了相应的"全装修"地方政策，这为新风净化行业带来了新机遇。《绿色建筑评价标准》（GB/T 50378—2019）和《民用建筑工程室内环境污染控制标准》（GB 50325—2020）的正式发布都进一步促进了室内环境空气净化治理行业的发展。

中国环境保护产业协会原副会长张联表示，目前，越来越多的医院、学校和其他公共场所以及居民家庭已经安装了新风系统。同时，许多房地产开发商将新风系统用作精装房的标准，形成了新的消费趋势，越来越受到追求优质和健康生活的消费者的青睐。据统计，2017年我国新风系统市场规模或达90亿元，同比增长近50%。据统计，在2020年低基数的情况下，净化器的发展正在面临严峻的考验：2021年我国空气净化器零售数量为383万台，同比下降2%；空气净化器零售金额为65.9亿元，同比下降5.2%。虽然空气净化器市场有所回落，但《2022～2026年中国室内净化行业竞争格局及发展趋势预测报告》统计分析显示：空净行业将会由快速爆发式增长阶段，进入稳健增长期。从普及率来看，空气净化器在美国家庭的普及率达27%，在日本为17%，而在我国较低，所以我国空气净化行业大有发展空间。

在我国室内净化治理行业的规模和企业数量不断壮大的过程中，涌现了许多品质有保障的品牌，例如浙大冰虫、腾灵集团等。浙大冰虫环保科技有限公司研发生产的冰虫系列光催化剂除醛产品，参与过多个G20配套的酒店及场馆内空气净化服务、室内甲醛检测、室内甲醛治理等项目。上海腾灵建设集团有限公司致力于室内空气检测、空气污染治理以及相关产品的研发和销售，包括弱光光催化剂、板材专用生物酶封闭剂、生物酶复合除醛剂、锰催化剂等系列除味、除醛、除VOCs的产品，如生物酶封闭剂可渗透至板材内部，从源头降低甲醛含量；同时会在内部形成一层缓冲层，并可保留两年以上，从而持续有效降解结合态甲醛；生物酶复合除醛剂可以弥补光催化剂需要光照的不足，快速全屋除醛，强化治理效果，将治理过程当中残留的附着态污染物及空气当中的游离态污染物快速地分解为无害物质，能够达到快速入住的条件。上海腾灵建设集团有限公司在开发性能优异产品的基础上，制定了完善的施工标准，参与了多个医院、老年公寓、酒店等各类场馆室内空气治理项目，在治理完以后，检测数值均达到国家规定标准，且经第三方检测公司复查能完全达到要求，得到了客户的一致好评。

2.2.1 人文活动推动室内环境保护行业发展

人文指人类社会的各种文化现象，例如先进的法律和制度规范、先进的道德和习惯规范等。社会是由人组成的，人民群众是历史的创作者，所以每个行业的发展自然离不开人的活动。室内环境保护行业当然也不例外，主要体现在以下方面。

2.2.1.1 国内学术组织或协会对室内环境保护行业的推动

2004年，我国成立了中国室内装饰协会室内环境监测工作委员会。该委员会制定了中国室内环境净化治理行业标准（T/ZSHJ 800—2017），该标准的出台有效规范了室内环境净化企业行为，遏制了行业乱象，保护了消费者权益不受侵害。2021年，由热心环保事业的各界人士、企业、事业单位等自愿组成的中国室内环境协会诞生，该协会是以公益环保活动为主的民间组织。中国环境科学学会室内环境与健康分会每年会以不同的议题组织学术年会，以推动学术界和产业界的互动，为各界人士提供深入交流的机会。中国环境科学学会室内环境与健康分会第十届学术年会于2021年在武汉召开，第十一届学术年会于2023年在内蒙古呼和浩特举行。这两次学术年会的议题非常广泛，包括健康与智慧城市、绿色智能建筑、城市热岛与城市污染、化学污染、颗粒物污染、微生物污染、公共卫生及毒理、病原微生物传播与控制、医院环境与健康、工业建筑环境与健康、民用建筑环境与健康、城市交通环境与健康、密闭空间环境与健康、地下空间环境与健康、移动空间环境与健康、农村室内环境与健康、检测与监测、治理方法与净化、热舒适、大数据方法处理、室内外环境关联、生物气溶胶与空气污染。各学术组织展开的研讨会为改善室内环境质量、提升治理技术等提供了指导。

2.2.1.2 国家政策对室内环境保护行业的推动

2001年我国发布了《民用建筑工程室内环境污染控制规范》（GB 50325—2001），该规范对于全面提高我国民用建筑工程质量、提高全社会的室内环保意识、促进我国绿色环保建筑装饰装修材料产业进步、推动我国室内环境保护行业发展具有积极作用。面对全社会高度关注的学校、幼儿园室内环境污染、民用室内环境家具污染热点问题，以及对后疫情时代引发的对环境空气健康的关注。2020年该标准修订为《民用建筑工程室内环境污染控制标准》（GB 50325—2020），增加了对室内空气中污染物控制的种类，且对室内环境质量要求更高，不仅关注化学污染问题，还关注室内环境的放射性氡污染以及改善室内空气品质的新风量问题，对室内环境检测服务产业、室内环境净化服务产业、绿色环保装饰装修材料和家具产业、室内环境新风机和净化器产业等具有深远影响。

2015年国家通过全面二孩政策，随后在2021年国家开始倡导三孩政策。随着生育政策的放开，涌现一批新的住房刚需人群，他们为了合理布局家庭空间而进行翻新装修或改善房型、更换住房，进而刺激了市场的增长。人民群众对室内环境更加关注，推动了室内环境保护行业的发展。除此之外，住建部规定2021年起严禁出租甲醛超标房。这就意味着即便是为了节约成本简单装修用于出租的房子，在出租前也需要对室内甲醛进行检测和治理，达标后才能进行租赁交易。这些政策对于室内环境保护行业的发展具有积极推动作用。

2.2.1.3 媒体宣传对室内环境保护行业的推动

2001年2月15日，中央电视台《东方时空》栏目中采访了中国室内装饰协会室内环境监测中心，就室内环境对儿童白血病的影响做了咨询，引起社会普遍关注。2001年2月19日《晨报》又以"豪装可能引发白血病"为题作了有关报道。中央电视台《半边天》栏目在2002年2月21日推出《谨防室内污染》的专题。这些报道引起了广大人民群众对室内环境的关注。2014年，央视电视台《焦点访谈》播出"室内污染治理行业谁来管"的节目，该节目揭露了不法企业利用假资质、假证书、假许可欺骗消费者的事实，呼吁要尽快出台相关标准来规范室内环境保护行业。除节目宣传外，中国环境健康宣传周办公室和中国室内环境监测工作委员会还举办了全国室内环境保护宣传周活动，宣传周的主题为：加强管理、规范服务，为人民群众创造健康安全的室内环境。

2.2.2 经济进步推动室内环境保护行业发展

经济基础决定上层建筑，由此可知经济是国家、社会发展的重要支柱。最初我国国民主要关注的是衣食住行问题。随着工业发展，我国国内生产总值（GDP）呈上升趋势，经济水平大幅度提升，在满足基础的衣食住行后，国民开始有经济实力提高自己的幸福指数，对自身的健康问题也越来越关注。由此室内环境保护行业开始发展。经济发展对室内环境保护行业的推动主要体现在以下方面：

第一，经济进步推动环保财政支出和投资增长。从整体环保财政支出来看，2019年财政环保支出7390.2亿元，是2007年（995.82亿元）的7.4倍；2019年财政环保支出占一般公共预算支出的3.1%，比2007年提高1.1个百分点；2007～2019年，我国财政环保支出呈上升趋势，平均增长率为18.2%，且财政环保支出占一般公共预算支出的比例也呈增长趋势。此外在1981～2017年，我国全社会环保投资由25亿元增加到9538.9亿元，说明随着经济的发展，我国对环保行业越来越重视。

第二，经济进步推动室内环保产品发展。近年来室内环保已成为我国国民经济发展的新兴行业，室内环保产品成为市场销售的热点。室内环保产品包含环保地板、环保涂料、净水器、空气净化等。以涂料为例，18世纪至19世纪中叶，涂料开始形成工业体系，该阶段涂料的原材料为天然成膜物质，具有毒性大、味道大等缺点。19世纪中叶至20世纪中叶，涂料原料从以天然植物油为主导，逐步进化到以合成树脂为原料。而随着科技发展、经济增长，为了满足消费者要求，从20世纪70年代至今，涂料工业向低污染、低能耗方向发展，其形态从传统溶剂型涂料演变为粉末涂料、水性涂料、无溶剂涂料等，涂料性能更加优异，且符合环保要求。室内家具的发展与涂料行业的发展类似，随着经济进步，大量资金投入用于研究，在2020定制家具产业推出了采用无醛添加和具有净化生物污染功能的人造板进行全屋定制和集成家居服务，为室内环境行业发展提供新机遇。

第三，经济进步推动消费者意识的提升。消费者意识的提升是促进室内环保行业发展的重要动力。2017年调查显示，97.4%的被访者认为室内环境污染对人体造成的主要危害是导致呼吸系统疾病，而在2007年，仅仅有39.3%的被访者认为会导致白血病等血液病；而2002年仅仅有4.7%的被访者认为有致癌风险。现在消费者不仅重视怎样有效防控室内环境中的化学污染、生物污染和放射性污染，而且开始重视怎样提高室内环境质量的问题。2019年4月份网易联合万华禾香板共同发布了《中国室内绿色住宅安全白皮书（2019）》报告，报告中显示目前87.5%的自住房甲醛超标，而装修后首次甲醛测试合格率仅为5.7%。该报告还显示收入越高，对购买无醛环保家装产品的意愿就越大。同时消费者学历越高，对购买无醛环保家装产品的意愿也越大。这些数据都表明了经济进步推动室内环境保护行业发展。

2.2.3 国家相关政策发展历程

随着联合国人类环境会议的召开和各大污染事件的频发，我国国务院于1973年8月召开第一次全国环境保护会议，提出了"全面规划、合理布局、综合利用、化害为利、依靠群众、大家动手，保护环境、造福人民"的32字环保工作方针。由此拉开了环境保护工作的序幕。

在党的十一届三中全会后，我国环境保护逐渐步入正轨。1979年9月，我国第一部环境法律——《中华人民共和国环境保护法（试行）》颁布，标志着我国环境保护开始步入依法管理的轨道。1983年召开了第二次全国环境保护会议，把保护环境确立为基本国策。1984年5月，国务院发布《关于环境保护工作的决定》，环境保护开始纳入国民经济和社会发展计划。1988年设立国家环境保护局，成为国务院直属机构。地方政府也陆续成立环境保护机构。1989年国务院召开第三次全国环境保护会议，系统地确定了预防为主、谁污染谁治理和强化环境管理的"三大环境政策"，以及"三同时"制度、环境影响评价制度、排污收费制度、城市环境综合整治定量考核制度、环境保护目标责任制度、排放污染物许可证制度、污染集中控制和限期治理制度等"八项环境管理制度"。

环境保护法规的发展推动着室内环境的政策的发展。在1995年，我国因室内环境污染危害健康所导致的经济损失高达107亿美元。在这之后的1997～2001年，我国发生了好几起室内环境污染案，室内环境问题受到了国家领导的重视。2001年12月发布的《民用建筑工程室内环境污染控制规范》（GB 50325—2001），把甲醛、苯、氨气、TVOC和氡列为国家建筑工程验收的强制检测项目。同年12月国家质监局发布了一系列室内装饰装修材料有害物质限量标准,并于2002年7月1日起由国家强制执行,控制包括人造板、木器漆、内墙涂料、木家具、胶黏剂、地毯、壁纸等室内装饰装修工程常用的10种室内装饰装修材料的污染物释放限值。2002年11月,《室内空气质量标准》(GB/T 18883—2002)发布,这是我国第一部室内空气质量标准,规定全面控制室内环境中的四个大类19项指标。

党的十八大首次提出建设美丽中国主题,环境质量改善逐渐成为环境保护的核心目标和主线任务。2015年"十三五"环保产业多领域迎来发展新格局,绿色发展理念催生了《绿色建筑评价标准》(GB/T 50378—2019)。该标准将室内空气主要污染物浓度列入评价标准之一。2018年,各地不断曝出室内空气质量问题,如长租公寓的甲醛超标让众多租客中毒事件,深圳、杭州、石家庄、西安、南昌等多地中小学和幼儿园甲醛超标导致孩子出现中毒症状,这些事件引起了国务院教育督导办的重视,为此专门发文要求全国中小学彻底排查、整治新建校舍甲醛超标问题。《民用建筑工程室内环境污染控制规范》(GB 50325—2010)已不能满足当下社会的要求,为了进一步加强保障人民健康安全,对该标准进行了修订,发布《民用建筑工程室内环境污染控制标准》(GB 50325—2020),自2020年8月1日起实施。新标准修订内容包括:①增加了室内空气中污染物种类,增加了甲苯和二甲苯后,合计7种;②收严了室内空气中污染物浓度限值;③调整了室内污染物浓度检测点数;④明确了民用建筑室内空气中氡浓度检测方法;⑤增加了苯系物及TVOC的取样检测方法;⑥细化了室内空气污染物取样测量要求。

2013年前后,多地发生过严重的雾霾事件,$PM_{2.5}$等颗粒物污染指标进入大众视野,之后不断出现室内空气质量问题,为此,于2020年对GB/T 18883—2002进行了修订,《室内空气质量标准》(GB/T 18883—2022)首次将$PM_{2.5}$明确列入室内污染物,并调整了二氧化氮、二氧化碳、甲醛、苯、可吸入颗粒物等的浓度限值。

2.3 室内环境空气净化治理行业的发展历程及展望

2.3.1 室内环境法律体系的建立

20世纪90年代,随着我国经济的迅速发展以及房产改革的影响,人们也越来越重视对于居室的装饰装修,但是伴随着大肆装饰装修的是日益严重的室内环境污染问题。据2001年消费者协会的一份统计显示,关于室内装修污染的投诉就有1.3万起,其中1/4为装饰装修材料投诉,且投诉比例呈上升趋势。此时我国关于室内环境污染防治的法律规定主要体现在环境保护和空气污染防治法的一般性规定和原则性规定,并没有专门性的室内污染防治法,各个环境保护、污染防治法以及其他一些单行法中关于室内环境污染的规定是处理我国室内环境污染问题的法律依据,如《中华人民共和国环境保护法》等。

随着我国对于室内环境污染问题研究的深入,相关的行政法规逐步发展起来。在2002年6月29日,全国人大常委会通过《中华人民共和国清洁生产促进法》,该法对于室内环境污染作了较为明确的规定,其中规定建筑和装修材料必须符合国家标准,禁止生产、销售和使用有毒、有害物质超过国家标准的建筑和装修材料,违反这一规定,将被追究行政、民事、刑事法律责任。该法律于2003年1月1日起施行。

该阶段出台的一系列室内环境污染标准制度也弥补了我国室内环境污染问题法律规定上

的不足，为解决室内环境污染问题提供了依据。《室内空气质量标准》（GB/T 18883—2002）、《室内装饰装修材料 人造板及其制品中甲醛释放限量》（GB 18580—2001）、《室内装饰装修材料 溶剂型木器涂料中有害物质限量》（GB 18581—2001）、《室内装饰装修材料 内墙涂料中有害物质限量》（GB 18582—2001）、《室内装饰装修材料 粘合剂中有害物质限量》（GB 18583—2001）、《室内装饰装修材料 木家具中有害物质限量》（GB 18584—2001）、《室内装饰装修材料 壁纸中有害物质限量》（GB 18585—2001）、《室内装饰装修材料 聚氯乙烯卷材地板中有害物质限量》（GB 18586—2001）、《室内装饰装修材料 地毯、地毯衬垫及地毯胶粘剂有害物质限量》（GB 18587—2001）、《混凝土外加剂释放氨的限量》（GB 18588—2001）、《建筑材料放射性核素限量》（GB 6566—2001）等10项国家标准，以及《民用建筑工程室内环境污染控制规范》（GB 50325—2001）共同构成我国一个比较完整的室内环境污染控制和评价体系，这对保护人体健康、促进我国的室内环境事业的发展具有重要的意义。

除了全国性法律、规章，各个地方根据自己的实际情况也制定了一些条例和办法，这些标准和技术规范对室内环境造成危害的有害物体在室内浓度及各种装修装饰裁量的含量进行了详细的规定。

2003年12月18日上海市发布《住宅装饰装修验收标准》（DB31/30—2003），该标准中新增加了对于室内空气质量的验收要求，且规定室内空气质量的验收为强制性条款，这对于从源头上控制室内环境污染有着重要的意义。该标准主要针对交付使用的全装修住宅、新建住宅及二次装修住宅的验收，同时对涉及人身健康和安全项目的验收规定也更具有可操作性，判定的要求更加明确。

北京市颁布了《北京市家庭装饰投诉解决办法》，该办法首次从事后救济的角度对室内环境污染做出规定，主要针对室内装修引起的室内环境污染，规制的是室内装修纠纷的救济途径。具体包括四种救济途径，即相关质量管理部门调解、建筑装饰协会家装委员会申诉、仲裁及诉讼。

2008年河南省颁布了《河南省建筑装修装饰管理办法》，该办法以加强建筑装饰装修的管理、规范装饰装修材料市场以及装修行业、保障装修工程质量和安全为目的，规定了装修工程完成后，装修工程和室内空气质量需按照合同约定验收及检测。

2008年12月山东省颁布了《山东省建筑装饰装修管理办法》，该办法并未强制规定居室室内空气质量的检测，只规定了公共建筑装修工程竣工后需进行室内空气质量的检测。同时该办法主要是对建筑装饰装修活动本身的规定，缺乏对装修引起的室内环境污染的事后救济规定。

此外，江苏、西安、福建、南昌、黑龙江等省市也制定了防治室内环境污染的规范性文件。这些规定基本上都是从建筑装饰装修工程的角度来控制室内环境污染，并无防治家具污染的规定以及室内环境污染侵权的规定。

随着我国经济的快速发展，在全国精装修房数量不断增加的背景下，为确保民用建筑工程室内环境满足标准要求，对各种建筑主体材料及装饰装修材料的污染物控制；为保证人民的室内环境安全和健康，需要对室内环境提出新的要求。因此，2020年1月16日《民用建筑工程室内环境污染控制标准》（GB 50325—2020）发布，自2020年8月1日起实施，原《民用建筑工程室内环境污染控制规范》（GB 50325—2010）同时废止。

2.3.2 室内环境空气净化治理行业的发展

2.3.2.1 起步阶段

我国的室内环境检测与治理行业始于 20 世纪 80 年代，最早进入市场的净化治理产品是空气加湿器。1987 年国内第一家专业从事优化室内空气品质的高科技企业——北京亚都科技股份有限公司成立，并在最初的几年里成为加湿器的代名词。

2.3.2.2 发展阶段

1997 年之前，进入室内环境治理行业的企业数量很少，这些企业的产品大多面向洁净度要求比较高的医院、厂房和一些公共场所，而用在家庭和办公场所的净化产品的品种和数量非常少。1997 年以后随着人们的室内环境质量意识的逐步提高，许多厂家意识到室内净化治理行业蕴藏着巨大商机，纷纷投身于室内空气净化治理产品的研发、生产或引进工作，在东部沿海一些省份出现数十家从事室内净化治理产品或代理的企业。此时的空气净化治理产品品种也更加丰富，各种类型的空气加湿器、室内空气净化器、新风换气机等产品获得了快速发展。1999 年，中国室内装饰协会率先在国内成立第一家室内环境监测中心。

2.3.2.3 迅速发展阶段

2000 年以后，在室内净化类产品迅速发展的同时，室内空气净化材料开始投入市场，发展迅猛。同时，在 2002 年 7 月 17 日，国家质检总局职业技能鉴定中心和中国室内装饰协会室内环境监测中心举办全国首期"室内环境检测人员职业资格培训班"，为室内环境检测行业培养专门的技术人员。2003 年初，一场突如其来的"非典"极大地推动人们室内环境质量意识的提高，推动着室内环境治理产业进入了新一轮快速发展阶段。2004 年初，室内环境监测工作委员会正式成立，室内环境治理行业有了自己的行业组织，室内环境治理行业逐渐步入规范发展的新里程。

随着社会经济发展和人民生活水平的提高，国家陆续颁布、实施、完善了室内空气标准，室内环境检测带动了室内环境检测仪器和设备、室内环境污染净化产品的研发、生产和服务，使室内环境检测从狭义的室内环境空气污染扩展到日照、采光、隔声、降噪、自然通风等，业务范围由室内环境检测发展到检测净化仪器设备、产品的研发、生产、治理服务、通风管道清洗等，产品包括空气净化器、具有空气净化功能的空调、新风交换机、空气净化材料、具有净化功能的装饰装修材料、集中通风系统管道过滤、清洗材料、清洗机器人、室内环境污染在线监控及其他室内环境环保产品等，成为多学科、跨行业、多种经营的多元化的行业。随着行业的发展，行业组织——中国室内环境监测工作委员会的成立，行业监督检验机构——国家室内车内环境及环保产品质量监督检验中心的授权建立，标志着室内环境治理行业已经发展成熟，并逐步深入到工农业生产、国防安全等多个领域。现室内环境治理行业平均以每年 28% 的速度增长，不仅为国家经济发展做出了贡献，还为社会提供了大量的就业岗位，为创业者提供了有利的条件和机会。

2.3.3 产学研用助力室内环境空气污染控制行业的健康发展

室内空气污染具有污染物种类多、来源广泛且复杂、影响范围宽、浓度低但持续时间长等特征。因此，控制室内空气污染需要全方位的科学对策，相应地需要各方面人员的努力和相互合作，包括提高广大人民群众对于室内空气污染及其控制的正确认识。

我国室内空气污染控制因2000年的室内装修污染事件和2011年的大气雾霾引发关注而触发了跨越式发展，现其技术产品已由高速发展过渡到平稳发展甚至兼并整合阶段。但产学研之间仍缺乏深层次的合作。一方面，室内空气污染的浓度低，长时间接触才会产生危害；另一方面，单一污染物治理很简单，这些因素造成了环境治理产业是一种低门槛的假象。

实际上，室内空气污染物具有多样性、复杂性，需具备严谨、全面的科学意识和知识体系，才能提出"对症下药"的控制良策。此外，由于室内空气污染物的浓度较低且处理后的空气仍与人体直接接触，所以对净化效率、二次污染等提出了更高的要求，工业等其他领域适用的性能优异的技术或产品并不一定适用于室内空气治理。因此，专业人员在室内空气污染认识、治理技术/材料的开发和选择等方面都起着至关重要的作用。

为了支撑室内空气污染治理行业的良性发展、拓展服务范围和提高产品技术含量，国家鼓励公司与高校签订产品开发、技术指导、施工人员培训等全方位的技术开发合同，将新兴的纳米技术与"健康、自然、环保"的品质追求相结合。治理公司发挥其集研发、生产、销售、施工服务于一体的优势，高校发挥其在新材料开发、新技术集成等方面的科研创新优势，共同致力于空气环境治理，还人们一个清新、健康的空气环境。

2.3.4 室内环境净化治理行业发展展望

近年来，室内环境净化治理行业是一个蕴藏巨大商机的朝阳产业。装饰材料使用控制不严，缺乏统一标准，并且技术上难以突破瓶颈，致使国内建材指标超标时有发生，这种情况在相当一段时间内将是一个不易解决的社会问题。装修中大量使用的人造板材的生产过程中加入了大量甲醛，由于技术上限制，大概有20%左右的甲醛无法完全反应，残留在板材中，构成了装修居室中甲醛的主要释放源。装修中使用的各种黏合剂也会不断释放一些有害气体。随着人们对生活品质追求的提升和受年轻群体亚健康趋势明显、老龄化现象日趋严重等问题影响，消费者对室内环境的关注逐年升高，用户对室内产品的需求有了更高的"健康"标准，消费者的健康生活需求已成为未来的消费趋势。数据显示，2019年我国上半年各类健康电器均实现增长，其中除尘净化、温湿双控等功能的健康空调销量同比增长185%，净水设备销量同比增长21%，新风空气净化器销量也呈现大幅增长。同时，在新型冠状肺炎病毒疫情的影响之下，消费者对"健康"的关注度到达前所未有的高度。空气净化器、消毒柜、洗碗机之类的健康产品受到青睐。伴随着消费水平的提高以及对于品质生活的追求，可以改善室内空气环境、提升生活舒适感的空气净化器仍然具有较大的市场发展空间。

我国室内环境净化治理行业也在飞速发展。虽然室内空气污染治理在经济总量中所占比例相对于一些发达国家有差距，但数据显示，国内室内污染治理市场规模已超100亿元以上，正在以年均30%的速度增长。

当前，我国室内环境净化治理行业仍存在一些问题，如：室内环境检测治理标准尚未完善，市场亟待规范，工作人员的专业素质有待提高。只有充分认识到开展室内环境净化治理的重要性和必要性，深入分析各方面存在的问题，并及时有效地解决，才能保证我国室内环境净化治理行业可持续发展。

室内环境净化治理行业与人们的生活紧密相连，与人们的健康息息相关，规范室内环境检测，对推动行业健康发展、保护人们居住环境安全具有十分重要而深远的意义。

参考文献

[1] 吴永庆. 实施标准化战略，助推科创中心建设 [J]. 质量与标准化，2018（2）：42-44.

[2] 胡锦华. 城市建筑室内环境对儿童健康风险的影响研究 [D]. 长沙：湖南大学，2017.

[3] 闫旭峰，雷勇刚，景胜蓝，等. 寒冷地区高校教室冬季室内热环境与热舒适性分析 [J]. 华侨大学学报（自然科学版），2022，43（02）：198-205.

[4] 陈秋，欧达毅. 高校建筑室内环境质量多方法综合评价研究——以华侨大学教室为例 [J]. 建筑与文化，2021（04）：135-137.

[5] 赵莹莹，宋金峰，郝振凯，等. 济南某高校教室室内环境测试与问卷调查 [J]. 建筑热能通风空调，2020，39（05）：32，33-37.

[6] 李茉，刘笑涵，刘百东. 绿色建筑的室内空气品质评定方法探讨 [J]. 环境工程，2023，41（S2）：1055-1058，1065.

[7] 刘军，费春楠，纪学悦，等. 天津市部分医疗机构环境空气质量动态监测分析 [J]. 中国消毒学杂志，2021，38（3）：173-174，177.

[8] 周凯. 室内甲醛的鉴定方法及治理方案研究 [J]. 当代化工研究，2023，（02）：102-104.

[9] 王慧，裴洪梅，杨琳，等. 甲醛污染降解技术研究进展 [J]. 中国职业医学，2020，47（02）：219-222.

[10] 高循洲，单炳丹，王慈媛，等. 应用 EPA 吸入模型评估木工作业中甲醛的职业健康风险水平 [J]. 工业卫生与职业病，2023，49（04）：334-337.

[11] 邬永利，高艳，王叶，等. 住宅室内环境甲醛污染现状与防治措施 [J]. 内蒙古石油化工，2020，46（07）：52-53，121.

[12] 郑焕祺，刘萌萌，曹峻，等. 人造板及其制品甲醛释放量检测用大气候舱法标准综述 [J]. 建筑科学，2023，39（10）：193-199.

[13] 赵莉. 浅析室内环境中甲醛的危害及检测 [J]. 中国建材科技，2019，28（05）：39-42.

[14] 侯森. 室内环境甲醛的危害及控制措施探讨 [J]. 科技风，2019（32）：226.

[15] Simon S，Oniecha V，Barbara V，et al. Impact of proton therapy on the DNA damage induction and repair in hematopoietic stem and progenitor cells [J]. Scientific reports，2023，13（1）：16995.

[16] Gonzalez Edward A，Yue L，Dahui W，et al. TET3-mediated DNA oxidation is essential for intestinal epithelial cell response to stressors [J]. Proceedings of the National Academy of Sciences of the United States of America，2023，120（37）.

[17] Costa Naiara S，Vivian M，Brasil Marcos A S，et al. Online sample preparation of milk samples for spectrophotometric determination of formaldehyde [J]. Journal of Food Composition and Analysis，2023.119.

[18] 张森. 甲醛和丙烯醛对人肺细胞的联合毒性效应研究 [D]. 中国科学技术大学，2020.

[19] 舍雅莉，刘永琦，孙少伯，等. 黄芪多糖对甲醛染毒人骨髓间充质干细胞 DNA 损伤的保护作用 [J]. 中草药，2019，50（12）：2928-2933.

[20] 郝梦琳，边原，周杨林，等. 抗肿瘤药物职业暴露的研究进展 [J]. 中国新药与临床杂志，2020，39（07）：385-389.

[21] 陈军. 木制家具甲醛检测标准研究与应用探讨 [J]. 住宅产业，2021（01）：91-94.

[22] 张训亚. 木质室内装饰材料污染物及防治 [J]. 宿州学院学报，2023，38（06）：52-55.

[23] 武晓宇. 建筑材料对室内空气质量的影响因子及检测评价分析 [J]. 皮革制作与环保科技，2022，3（09）：44-46.

[24] 李煜，李文. 人造板中的甲醛释放及其检测方法分析 [J]. 江西建材，2017（22）：242-247.

[25] 黄萍，杨帆，贾亮亮，等. 工艺参数对生物油酚醛树脂胶合板甲醛和 TVOC 含量的影响 [J]. 生物质化学工程，2021，55（02）：38-44.

[26] 孙钦乾，刘萌萌，郑焕祺，等. 基于 CEEMD-MPGA-SVM 的人造板家具甲醛释放浓度预测 [J]. 计算机时代，2023（01）：40-43.

[27] 徐铭. 简析不同材质木家具对室内空气游离甲醛含量的影响 [J]. 大众标准化，2023（13）：175-176，182.

[28] Smailagić A，Zagorac D D，Veljović S，et al. Release of wood extractable elements in experimental spirit model：

Health risk assessment of the wood species generated in Balkan cooperage [J]. Food Chemistry, 2021, 338: 127804.

[29] Bink D, Pham T P, Hofmann P, et al. Long non-coding RNA TERRA influences DNA damage and survival of endothelial cells and cardiomyocytes [J]. European Heart Journal, 2020, 41 (Supplement_2): ehaa 946.3758.

[30] 余海洋,杨嘉伟,王瑞雪,等.人造板甲醛释放量与环境温湿度、陈放时间关系研究 [J].计量与测试技术,2021, 48 (01): 52-53, 57.

[31] 程伟.人造板甲醛释放量与空气中甲醛浓度相关性探讨 [J].中国人造板, 2021, 28 (06): 17-20.

[32] 程静.新装修建筑室内空气质量监测及污染防治对策 [J].居舍, 2018 (34): 23.

[33] 张惠敏,陈凤娜,郑磊.办公建筑装修工程室内空气质量全过程控制策略及案例分析 [J].绿色建筑, 2020, 12 (04): 89-92.

[34] 贺小凤,王国胜.高层住宅室内空气质量检测和评价研究——以深圳市某高层住宅为例 [J].科技创新与应用, 2019 (01): 17-20.

[35] 陈凤娜,任俊,张惠敏,等.建筑室内装修污染控制设计方法研究与应用 [J].暖通空调, 2019, 49 (03): 110-114.

[36] 段小丽.环境与健康标准体系研究 [J].环境资源法论丛, 2021, 13 (00): 17-60.

第3章 室内环境空气污染物检测

室内环境空气污染物检测主要是通过检测仪器及时、准确、客观地反映室内空气质量的现状，为室内环境评价、规划及治理提供科学的数据，主要包括以下几个方面：

① 寻找、追踪污染源，为发现、治理污染源提供依据。针对污染源的治理是室内环境治理最为直接、有效、经济的途径。

② 确定影响室内环境品质的因子，确定污染物种类及其浓度，为制订室内环境治理方案提供翔实的数据。一般室内环境中可能存在一种或同时存在几种污染物，几乎不可能存在全部种类的污染物。因此，有必要在治理环境前确定目标污染物的种类及浓度，以便制订出最为合理、有效与经济的治理方案。

③ 为进行室内环境评价、规划，测试室内环境质量的达标控制、总量控制提供依据。

④ 为贯彻、实施室内环境的有关法规、标准提供依据。

⑤ 为室内环境建设与治理项目验收提供重要依据。

3.1 有机污染物检测

3.1.1 挥发性有机污染物

根据世界卫生组织（WHO）的定义，挥发性有机物（volatile organic compounds，VOCs）是指在常温下，沸点为50～260℃的各种有机化合物。在我国，VOCs是指常温下饱和蒸气压大于70Pa、常压下沸点在260℃以下的有机化合物，或在20℃下，饱和蒸气压大于或者等于10Pa且具有挥发性的全部有机化合物。

挥发性有机物通常分为非甲烷碳氢化合物（简称NMHCs）、含氧有机化合物、卤代烃、含氮有机化合物、含硫有机化合物等几大类。VOCs参与大气环境中臭氧和二次气溶胶的形成，对区域性大气臭氧污染、$PM_{2.5}$污染具有重要的影响。大多数VOCs具有令人不适的特殊气味，还具有毒性、刺激性、致畸性和致癌作用，特别是苯、甲苯及甲醛等对人体健康会造成很大的伤害。

3.1.1.1 挥发性有机污染物的检测方法

目前，气相色谱法（GC）、高效液相色谱法（HPLC）、比色管法和气相色谱-质谱联用法（GC-MS）是挥发性有机污染物的主要检测方法。

(1) 气相色谱法/气相色谱-检测器联用

气相色谱法是一种以气体为流动相的色谱柱分离方法。这种分析方法分离效率高、检测灵敏度高、选择性好，应用范围广泛。然而，在组分直接进行定性分析时，需要用标准溶液来绘制标准曲线，且必须用已知物或已知数据与相应的色谱峰进行对照或与质谱、光谱等其他方法联用，才能获得精确的数据。气相色谱经常与其他检测器结合使用，以提高检测的精确性，常用的检测器包括质谱检测器（MSD）、氢火焰离子化检测器（FID）、火焰光度检测器（FPD）、电子捕获检测器（ECD）等。这些检测器在检测不同类型的有机污染物时具有不同的灵敏度，例如 FID 对所有烃类化合物（碳数至少 3）的相对响应值都很高。但 FID 检测器对含氧类挥发性有机物的响应要比烃类化合物的小，其响应值大小：烃类化合物＞羟基化合物＞羰基化合物＞酯类化合物。

(2) 气相色谱-质谱联用

气相色谱-质谱联用分析方法兼具了气相色谱法高效的分离能力和质谱法准确的鉴别能力。首先，气相色谱按沸点不同来分离各种待测物质，然后待测物质按照沸点由低到高的顺序进入质谱检测器，进行分析，分析完成后由 MSD 向计算机传输检测结果，然后与质谱数据库中的物质进行比较，同时完成待测物质的定性定量分析。GC-MS 的气质定性更可靠、灵敏度更高、数据更可靠，可同时进行定性定量检测。比 GC-FID 等其他类似的联用仪优势更大。此外，随着质谱技术的发展，气质联用仪在定量分析上的精度不断提高，在低浓度分析中，气质的定量精度仍然优于气相色谱。但气质联用仪的成本高且后期维护十分重要，尤其是离子源的维护，对定性定量分析的精确性有重大影响。

(3) 高效液相色谱法

高效液相色谱法是一种在分析化学中常用的具有高速、高效、高自动化、高灵敏度的技术。与气相色谱法类似，高效液相色谱法是以液体为流动相，采用高压输液系统，将缓冲液泵入固定相的色谱柱，在柱内分离后进入检测器进行检测。该方法适用于沸点高、强极性的大分子有机化合物的测定。HPLC 的检测器有紫外检测器、荧光检测器、示差折光检测器、电化学检测器等。与 GC 相比，HPLC 对样品的要求不受挥发性的限制，但其成本高昂，使用的溶剂大多有毒性，不利于健康。

(4) 比色管法

比色管法是由充满显色物质的玻璃管和抽气采样泵构成，结构简单，实用性极强。当显色物质与吸入的气体发生反应后，气体浓度与显色长度成线性关系。检测时，用采样泵将空气抽入检测管，待测气体会与检测管内的物质反应，待反应完全后，通过气体浓度与显色长度的比例关系可直接得到气体的大致浓度。该方法的缺点是目前的检测范围不能覆盖全部的 VOCs，检测结果的数据代表性也较差。

(5) 化学分析法

化学分析法是指利用 VOCs 中某些具有化学特性的物质在发生反应后的物理变化（如颜色，气味等）进行分析的方法，通过一定的手段测量这些变化，从而辨别各组分的含量。例如甲醛在 pH 值为 6 的乙酸-乙酸铵缓冲溶液中与乙酰丙酮反应，能生产稳定的黄色物质，通过测定吸光度可以测定其含量，从而确定甲醛的含量。和以上方法相比，化学分析法检测周期长，误差大，故在实际的应用中仍存在很多问题。

3.1.1.2 典型挥发性有机污染物的检测

(1) 甲醛

甲醛的测定方法可采用分光光度法、色谱（气相色谱、高效液相色谱）法、电化学分析

(示波极谱、微分脉冲极谱)法、荧光分析法和化学发光法。其中，常用的是分光光度法和气相色谱法。根据《室内空气质量标准》(GB/T 18883—2022)，AHMT 分光光度法、酚试剂分光光度法、高效液相色谱法常作为甲醛含量的标准测定方法。

① 酚试剂分光光度法

a. 原理

酚试剂（MBTH 溶液）吸收空气中的甲醛，并反应生成嗪。在酸性条件下，嗪被三价铁离子氧化生成蓝绿色化合物，最大吸收波长为 630nm，其吸光度值与甲醛含量成正比，采用标准曲线法定量测定甲醛。反应方程式如图 3-1 所示。

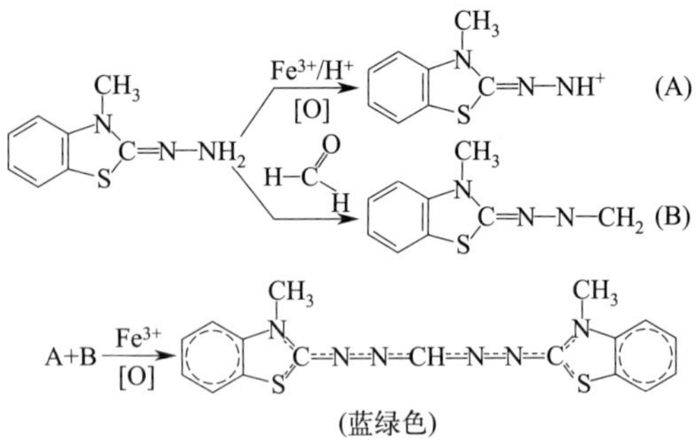

图 3-1 酚试剂分光光度法的原理

b. 采样

用一个大型气泡吸收管，按 0.5L/min 的流量采集 10L 气体，以 MBTH 溶液作为吸收液。记录采样时的气温和气压，样品应在 24h 内进行分析。

c. 样品处理

采样后，将样品溶液全部转移至比色管中，并用少量吸收液洗吸收管；然后向吸收液中加入适量水，补充至采样前吸收液体积值。准确移取适量样品溶液于比色管中，备用。

d. 绘制标准曲线

取比色管，在每个管中加入一定量的甲醛标准溶液和吸收液，再加入一定量的 1% 硫酸铁铵溶液，放置 15min。在 630nm 波长下，以水作参比，测定标准系列溶液的吸光度，绘制标准曲线。

e. 样品测定

按绘制标准曲线的测定条件和操作步骤，测定样品溶液的吸光度 A；测定每批样品的同时，用 5mL 未采样的吸收液做试剂空白实验，测定空白吸光度 A_0。根据 $A-A_0$ 从标准曲线上找出样品溶液中甲醛的含量，并计算空气中甲醛的浓度。

f. 方法说明

酚试剂还能与乙醛（>2μg）和丙醛反应生成蓝绿色化合物，此法测得的是样品中以甲醛表示的总醛含量。

测定前将气样通过硫酸锰滤纸过滤，以消除二氧化硫的干扰，当气样相对湿度大于 88% 时，去除效率更高。

温度会影响显色程度：室温低于 15℃ 时显色不完全，20~35℃ 时 15min 显色完全，放置 4h 稳定不变。故实验中要注意控制温度以使显色完全。

日光照射能氧化甲醛。因此，在采样时要选用棕色吸收管，运输和存放样品要避光。

该方法的最低检出浓度为 $0.01mg/m^3$，采气量为 10L 时，检出限为 $0.05ng/mL$。通常可以用于检测室内空气，也可以用于检测工作场所的甲醛含量。

② AHMT 分光光度法

a. 原理

空气中的甲醛被吸收液吸收后，在碱性条件下，与 AHMT（Ⅰ）反应缩合（Ⅱ），进一步被高碘酸钾氧化成紫红色化合物 6-巯基-5-三氮杂茂(4,3-b)-S-四氮杂苯（Ⅲ）。该化合物的最大吸收波长为 550nm，吸光度与甲醛浓度呈线性关系。反应方程式如图 3-2 所示。

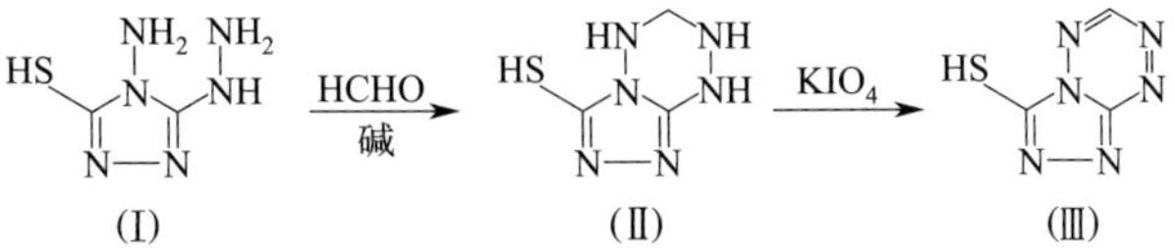

图 3-2 AHMT 分光光度法的原理

b. 采样

取三乙醇胺、焦亚硫酸钠和 EDTA 溶于水配成吸收液,用气泡吸收管以 0.5L/min 的流量采气 20L,记录采样时的气温和气压。

c. 样品处理

采样后,向样品溶液中补充吸收液至采样前体积,混匀,取 2mL 测定用。

d. 绘制标准曲线

取适量甲醛标准溶液配制系列浓度标准溶液,分别加入氢氧化钾溶液和 AHMT 溶液,混匀,室温下放置 20min,加入高碘酸钾溶液,轻轻振摇 5min 后,在 550nm 波长下,水作参比溶液,测定各标准溶液的吸光度值。用吸光度对甲醛的含量绘制标准曲线。

e. 样品测定

同酚试剂分光光度法。

f. 方法说明

AHMT 分光光度法抗干扰能力强,灵敏度高。但需严格控制显色时间,标准溶液与样品溶液的显色反应时间必须严格一致;所用试剂需进口,价格昂贵,方法成本高,不宜在基层单位普及应用。

因此,本法适宜与酚试剂分光光度法配合使用,只有进行仲裁分析或当测定结果不符合卫生标准限量要求,须复测时,才用 AHMT 法进行检验。

本方法的最低检出浓度为 $0.032mg/m^3$,采样体积为 20L,测定浓度范围为 $0.05\sim 0.8mg/m^3$。

本法适用于居住区、室内及公共场所空气中甲醛浓度的测定。

③ 高效液相色谱法

a. 原理

使用填充了涂渍 2,4-二硝基苯肼(DNPH)的采样管采集一定体积的空气样品,样品中的甲醛经强酸催化与涂渍于硅胶上的 DNPH 反应,生成稳定有颜色的甲醛-2,4-二硝基苯腙,经乙腈洗脱后,使用具有紫外检测器或二极管阵列检测器的高效液相色谱仪进行分析,外标法定量。

b. 采样

样品采集系统一般由气体采样器、采样导管、DNPH 采样管、臭氧去除柱等组成。推荐的采样方法参数为连续采样时间至少 45min,采样流量 1L/min。

采样管应使用密封帽将两端管口封闭,并用铝箔纸将采样管包严,4℃低温避光保存与运输。如果不能及时分析,应 4℃低温避光保存,时间不宜超过 30d。

c. 推荐分析条件

流动相:梯度洗脱,60%乙腈保持 20min,20~30min 内乙腈从 60%线性增至 100%,30~32min 内乙腈再减至 60%,并保持 8min。该推荐分析条件适用于酮、醛类物质的同时测定,如果单独测定甲醛且没有其他酮、醛类物质的干扰,可采用等度洗脱,以缩短分析时间。检测波长:360nm。流速:1.0mL/min。进样量:20μL。柱温:30℃。

d. 校准

标准系列的制备：分别准确移取 0.02mL、0.2mL、0.5mL、1mL 和 2mL 的标准使用溶液于 10ml 容量瓶中，用乙腈定容，混匀。配制成质量浓度（以甲醛计）为 0.02μg/mL、0.2μg/mL、10.5mg/mL、1μg/mL、2μg/mL 的标准系列。

标准曲线的绘制：按照推荐分条件进行测定，以色谱响应值为坐标，质量浓度为横坐标，绘制校准曲线。

e. 样品的测定

加入约 5mL 乙腈洗脱采样管，让乙腈自然流过采样管，流向应与采样时气流方向相反。将洗脱液收集于 5ml 容量瓶中用乙腈定容，用注射器吸取洗脱液，经过针头过滤器过滤，转移至 2mL 棕色样品瓶中，待测。过滤后的洗脱液如不能及时分析，可在 4℃低温避光保存 30d。根据保留时间定性，若使用二极管阵列检测器检测，可用光谱图特征峰辅助定性。根据校准曲线，计算待测组分含量。

f. 方法说明

臭氧易与衍生化试剂 DNPH 及衍生后的甲醛-2,4-二硝基苯发生反应，影响测量结果，应在采样管前串联臭氧去除柱，消除干扰。

（2）苯、甲苯、二甲苯

苯（benzene）、甲苯（toluene）、二甲苯（xylene）属同系物，是煤焦油的分馏产物和石油的裂解产物，均为无色、有芳香气味的易挥发液体。当空气中这三种物质的蒸气达到一定浓度范围（苯 1.2%～2.6%，甲苯 1.6%～6.8%，二甲苯 1%～5.3%）时，有爆炸危险。二甲苯有邻位、对位和间位三种异构体，因三者沸点非常接近，很难从煤焦油制备的产物中获得某种单一的异构体。工业用二甲苯中，间二甲苯占 45%～70%，对二甲苯占 15%～25%、邻二甲苯占 10%～15%。

苯、甲苯和二甲苯的检测主要采用气相色谱法，该方法具有灵敏、简便、快速的特点。

① 直接进样气相色谱法

a. 原理

用玻璃注射器采集空气中的苯、甲苯和二甲苯，直接进样，经色谱柱分离后，用火焰离子化检测器检测，以保留时间定性，峰高或峰面积定量。

b. 采样

用现场空气抽洗 100mL 注射器 3～4 次，然后抽取 100mL 空气样品，立即密封注射器进样口，垂直放置运输和保存。样品当天测定。

c. 色谱条件

现行工作场所苯系物测定标准方法推荐三种色谱柱，供选择使用。色谱柱Ⅰ：2m×4mm，PEG6000（FFAP）：6201 红色载体（60～80 目）＝5：100；色谱柱Ⅱ：2m×4mm，邻苯二甲酸二壬酯（DNA）：有机皂土-34：Shimalite 载体（60～80 目）＝5：5：100。色谱柱Ⅲ：30m×0.53mm×0.2μm 毛细管色谱柱，内涂 FFAP 固定液。

柱温：80℃。气化室温度：150℃。检测室温度：150℃。载气（氮气）流量：40mL/min。火焰离子化检测器。

d. 绘制标准曲线

取 1.0μL 苯、甲苯、邻二甲苯、间二甲苯、对二甲苯（色谱纯）标准溶液，注入 100mL 注射器中，用清洁空气或氮气稀释，在红外烤箱加热 30～40min 使之完全挥发，混合均匀，配制成标准贮备气体。

以 100mL 的微量注射器精确抽取各容器所需的标准贮备气体，再抽取洁净空气或氮气至 100mL，混匀，配成标准系列气体。

抽取各浓度点的标准系列气体（0.1μL）进样测定，每个浓度点重复三次，保留时间定性，峰高（或峰面积）及待测物的含量分别绘制苯、甲苯、二甲苯的标准曲线。

e. 样品测定

按照上述方法测定空气样品的保留时间和峰高（或峰面积），同时做空白对照实验。用保留时间定性，用样品和空白的峰高（或峰面积）差值按照标准曲线法计算空气中苯、甲苯、二甲苯的浓度。

f. 方法说明

本法的最低检出浓度：苯为 $0.5mg/m^3$、甲苯为 $1mg/m^3$、二甲苯为 $2mg/m^3$。

样品保存时间不得超过 24h，否则样品含量会发生变化。在运输和保存过程中，注射器要垂直放置，以防外部空气渗入注射器。

配制标准贮备气时，将色谱纯标准品注入 100mL 注射器后，应在红外箱中加热 30～40min，使液态苯、甲苯、二甲苯完全气化，与稀释气充分混合，计算标准贮备气的浓度，冷却至室温后备用。

本法的色谱柱Ⅰ可同时测定苯、甲苯、邻二甲苯和对二甲苯或间二甲苯，因对二甲苯和间二甲苯不能分离，因此不能同时测定。色谱柱Ⅱ和Ⅲ则可同时测定苯、甲苯和二甲苯三种异构体。

若样品中共存物保留值与待测组分相近，干扰测定，可根据干扰物质情况选择适当色谱柱或色谱操作条件加以排除。

② 溶剂解吸气相色谱法

a. 原理

用溶剂解吸型活性炭采样管采集空气样品，活性炭吸附空气中的苯、甲苯和二甲苯，用二硫化碳洗脱后进样，色谱柱分离，火焰离子化检测器检测，以保留时间定性，峰高或峰面积定量。

b. 采样

采样时，在采样点取下活性炭管两端的塑料密封帽，将出气口一端垂直连接在空气采样器上。根据采样时间和流量选择以下某种方法采样。

短时间采样：以 100mL/min 流量采集 15min 空气样品。

长时间采样：以 50mL/min 流量采集 2～8h 空气样品。

个体采样：将活性炭管佩戴在监测对象的胸前，打开两端，进气口向上，尽量接近呼吸带，以 50mL/min 流量采集 2～8h 空气。

采样后，立即封闭活性炭管两端，置于洁净容器运送和保存，样品置于 4℃冰箱冷藏保存。

c. 样品处理

将采过样的采样管前、后段的活性炭分别放入溶剂解吸瓶中，各加入 1.0mL 二硫化碳，振摇 1min，解吸 30min，解吸液供测定用。

d. 色谱条件

色谱柱：不锈钢柱，长 2m，内径 4mm，内部装有聚乙二醇 6000 和 6201。柱温：

90℃，检测室温度150℃，汽化室温度150℃。

e. 绘制标准曲线

用二硫化碳配制苯系物的标准混合溶液。在带塞玻璃瓶中装入100mg活性炭（标准曲线与样品保持同样的背景条件），然后加入不同量的苯系物标准溶液和二硫化碳，配制标准系列溶液。然后进样、测定，方法与直接进样气相色谱法相同，分别绘制苯、甲苯、二甲苯的标准曲线。可采用外标法绘制标准曲线。

f. 样品测定

按上述方法测定样品和空白对照解吸液的峰高或峰面积。从标准曲线上找出前、后两段样液中苯系物的含量，再用下式计算空气中苯、甲苯、二甲苯的浓度。

$$c = \frac{(A_1 + A_2)V}{V_0 D}$$

式中，c 为空气中苯（甲苯、二甲苯）的浓度，mg/m^3；A_1、A_2 分别为采样管前、后两段被分析物质浓度，$\mu g/mL$；V 为解吸液的体积，L；V_0 为换算成标准状况下的采样体积，L；D 为解吸效率，%。

g. 方法说明

本法的最低检出浓度：苯为 $0.6mg/m^3$、甲苯为 $1.2mg/m^3$、二甲苯为 $3.3mg/m^3$。

溶剂解吸型活性炭管制备方法：装管前，先将活性炭（20～40目）于 300～350℃ 下通氮气 3～4h，然后装管；将管分成两部分装填，吸附部分装100mg，中间用2mm氨基甲酸酯泡沫隔开，后部装50mg，在管的后部塞入3mm氨基甲酸酯泡沫，在管的前部放入一束硅烷化玻璃毛，玻璃管两端用火熔封。

每批样品分析前须测定吸附管活性炭的空白值。

使用新活性炭管时要测定活性炭管的苯系物解吸效率，解吸效率应>80%。

当采样管后段活性炭中待测物测定值大于前部活性炭测定值25%时，应重新采样。

样品应在6d内解吸处理，10d内分析完毕。

在采样前或采样过程中发现采样器流量有较大波动时，使用皂膜流量计进行流量校正，采样前后流量变化大于10%时，视为可疑数据。

③ 热解吸气相色谱法

a. 原理

用热解型活性炭管采样。空气中的苯、甲苯和二甲苯吸附在活性炭管上，加热解吸附后，用乙二醇6000色谱柱分离，火焰离子化检测器检测，以保留时间定性，峰高或峰面积定量。

b. 采样

同直接进样气相色谱法。

c. 样品处理

将采过样的活性炭管放入热解吸器中，进气口一端与100mL注射器相连，另一端与载气相连。用载气（氮气）以50mL/min流量于350℃条件下解吸至100mL。解吸气供测定。

d. 样品测定

色谱条件、标准曲线的绘制和样品的测定与直接进样气相色谱法相同。在色谱仪最佳条件下测定标准系列、样品和空白对照解吸气的峰高或峰面积，由标准曲线查出相应浓度，然后代入下式计算样品中苯系物浓度。

$$C = \frac{c}{V_0 D} \times 100$$

式中，C 为空气中苯（甲苯、二甲苯）浓度，mg/m^3；c 为标准曲线上查得的苯（甲苯、二甲苯）浓度，$\mu g/mL$；100 为解吸气的体积，mL；D 为解吸效率，%；V_0 为换算成标准状况下的采样体积，L。

e. 方法说明

本法的最低检出浓度：苯为 $0.033mg/m^3$、甲苯为 $0.067mg/m^3$、二甲苯为 $0.13mg/m^3$。

解吸效率与解吸温度有关，测定前须选择合适的解吸温度；活性炭管使用前须测定其解吸效率。

④ 光离子化检测气相色谱法

光离子化检测器（PID）是近年来开发研制的新型高灵敏度检测器，对芳香族化合物响应的灵敏度比火焰离子化检测器高 5~30 倍。

a. 原理

光离子化检测器是以氩或氪灯作为光源，发出高能量的紫外线使被测物质电离，产生带正电的离子和带负电的电子：

$$RH + h\nu \longrightarrow RH^+ + e^-$$

离子进入电场，形成一个与化合物浓度成正比的离子流。电位计放大后，直接显示为待测物的浓度值。检测后，离子重新结合成为原来的气体或蒸气分子，不改变被测气体的理化性质，是一种非破坏性检测器。

PID 能测定的物质种类取决于紫外灯的能量大小，能量越大，可测定的物质种类越多。目前，市售的品种有 9.5eV、9.8eV、10.0eV、10.2eV、10.6eV、11.7eV、11.8eV 等能量级别的紫外灯。日常工作中，10.6eV、11.7eV 是常见的两种类型。PID 可以准确检测绝大多数挥发性有机化合物。便携式气相色谱仪常使用光离子化检测器。苯系物的离子化电位见表 3-1。

表 3-1 苯系物的离子化电位

化合物	分子量	沸点/℃	离子化电位/eV
苯	78.12	80.11	9.24
甲苯	92.14	110.61	8.82
对二甲苯	106.17	138.31	8.44
间二甲苯	106.17	139.11	8.56
邻二甲苯	106.17	144.41	8.56
乙苯	106.17	136.21	8.76
异丙苯	120.20	152.0	8.69

b. 采样

用直接抽吸法或吸附采样法采集样品。用便携式气相色谱仪测定，色谱条件：BPX5 柱，柱温 60℃、检测器温度 150℃、载气（高纯 N_2）流速 3mL/min。测定苯系物的检测范围为 $0.5~1.5mg/m^3$。

(3) 苯并芘

苯并芘常用柱色谱法、纸色谱法、薄层色谱法、气相色谱法和高效液相色谱法检测。纸色谱、柱色谱和薄层色谱法设备简单，易于掌握和推广，但分析时间长、分离效果差、难以准确定量，经纸色谱、柱色谱和薄层色谱分离后，采用紫外分光光度法和荧光分光光度法可提高灵敏度。气相色谱法分析速度快、分辨率高，对3～5环的多环芳烃检测效果较好。高效液相色谱法分离效果好、灵敏度高，是目前测定苯并芘较理想的方法。

① 高效液相色谱-紫外检测法

a. 原理

用超细玻璃纤维滤膜采集可吸入颗粒物中的苯并芘，以乙腈-水或甲醇-水作溶剂，用超声波法提取，取适量提取液进样，经色谱柱分离后，用紫外检测器检测，以保留时间定性，峰高或峰面积定量。

b. 样品测定

提取苯并芘，制备样品溶液。

c. 色谱条件

色谱柱：C_{18}柱。柱温：常温。流动相：乙腈-水。线性梯度洗脱，流动相组分变化见表3-2。流动相流速：1mL/min。检测器：紫外检测器，波长254nm。

表3-2 流动相组分变化

时间/min	溶液组成	时间/min	溶液组成
0	40%乙腈-60%水	35	100%乙腈
25	100%乙腈	45	40%乙腈-60%水

d. 标准曲线的绘制

精确称取苯并芘标准物质，用乙腈为溶剂，配制苯并芘标准贮备液，2～5℃避光保存。

用乙腈稀释标准贮备液，配制系列浓度标准溶液。标准系列溶液的浓度范围以样品溶液的浓度值处于标准曲线中段为宜。

取适量标准溶液进样测定，每个浓度点重复三次，测定苯并芘峰的保留时间、峰高（或峰面积）。用峰高（或峰面积）的均值与标准溶液中苯并芘的含量绘制标准曲线。

e. 样品测定

在测定标准溶液的条件下，做空白实验，并测定样品溶液，用样品和空白两者峰高（或峰面积）的均值从标准曲线上找出样品溶液中苯并芘的浓度，按下式计算空气样品中苯并芘的浓度。

$$c = \frac{mV_t \times 10^{-3}}{\frac{1}{n}V_i V_s}$$

式中，c为空气样品中苯并芘的浓度，$\mu g/m^3$；m为样品溶液中苯并芘的质量，ng；V_t为提取液总体积，L；V_i为进样体积，L；V_s为标准状态下的采样体积，m^3；$1/n$为测定用滤纸在采样滤纸中所占比例。

f. 方法说明

分析样品前，用流动相以1.0mL/min的流量冲洗系统30min以上，检测器预热30min以上，基线稳定后再进样测定。

取未采样和已采样的玻璃纤维滤纸平行操作，制备空白试样溶液。

样品测定前，用浓度居中的标准工作液作标准曲线校正，响应值变化应在15%之内，如变化过大，则重新校正或绘制标准曲线。

苯并芘是强致癌物，各项操作需特别小心。称取固体苯并芘时，需戴口罩和乳胶手套。

实验所用玻璃仪器要用重铬酸钾洗液浸泡洗涤。被苯并芘污染的容器用 364nm 的紫外光照射消毒。

多环芳烃的实验要避免阳光直射。

标准系列溶液配好后，要用封口膜封好瓶口，并用黑纸包裹，2～5℃下保存。

② 高效液相色谱-荧光检测法

a. 原理

用玻璃纤维滤膜采样，用环己烷提取苯并芘，提取液中的苯并芘被弗罗里硅土色谱柱吸附。用二氯甲烷-丙酮混合溶剂洗脱苯并芘，浓缩后样品经色谱柱分离，用荧光检测器检测，用保留时间定性，峰高（或峰面积）标准曲线法定量。

b. 色谱条件

色谱柱：Lichrosorb RP-18 柱或 Hypersil ODS 不锈钢柱。柱温：35℃。流动相：甲醇＋水（90＋10）。流动相流速：0.6mL/min 等度洗脱（亦可按柱的性能做适当调整）。检测器：荧光检测器，激发波长 $\lambda_{ex}=364$nm，发射波长 $\lambda_{em}=427$nm。

c. 标准曲线的绘制

用环己烷或二氯甲烷为溶剂，同①高效液相色谱-紫外检测法配制标准系列溶液，绘制标准曲线。

d. 样品测定

按照高效液相色谱-紫外检测法的测定方法测定样品溶液中苯并芘的含量，按下式计算空气样品中苯并芘的浓度。

$$c = \frac{mV_t}{V_i V_s} \times 1000$$

式中，c 为空气可吸入颗粒物中苯并芘浓度，$\mu g/m^3$；m 为样品溶液中苯并芘的质量，ng；V_i 为被测试样进样体积，μL；V_t 为被测试样最终定容体积，L；V_s 为标准状态下的采样体积，m^3。

e. 方法说明

当采气体积为 $1.0m^3$、样品定容 1.0mL、色谱进样量 $10\mu L$ 时，苯并芘的检出限为 $2ng/m^3$，定量测定的浓度范围为 $7.6ng/m^3 \sim 4.0\mu g/m^3$。

弗罗里硅土：60～80 目，在 400℃加热 2h，冷却后加入纯水至含水率为 11%，混匀，密封保存于磨口试剂瓶中。

如果样品中苯并芘含量较高，净化洗脱后则无需浓缩，定容后即可进样色谱仪。

③ 乙酰化滤纸层析-荧光分光光度法

a. 原理

用玻璃纤维滤膜采集可吸入颗粒物微粒，以环己烷为溶剂，在水浴上连续加热提取可吸入颗粒物微粒中的苯并芘，浓缩后，用乙酰化滤纸层析分离，用丙酮洗脱苯并芘斑点，用荧光分光光度计定量测定。

b. 样品处理

以环己烷为提取液，索氏提取法提取，连续回流 8h 得提取液；用毛细管吸取一定量定容后的提取液在乙酰化滤纸上点样、展开（展开剂为无水乙醇加二氯乙烷）。展开后晾干滤纸，在 365nm 紫外光下观察苯并芘蓝紫色荧光斑点，用不锈钢剪刀剪下荧光斑点，用苯洗脱斑点上的苯并芘。

c. 样品测定

在荧光分光光度计上,以385nm为激发波长,分别测定标准、样品和空白洗脱液在400nm、405nm和408nm三个波长下的荧光强度(F_{400}、F_{405}和F_{408}),再按下式计算三种溶液的相对荧光强度(F_s、F_x和F_0):

$$F = F_{405} - (\frac{F_{400} + F_{408}}{2})$$

根据F_s、F_x、F_0和标准溶液点样量,按下式用比较法计算空气样品中苯并芘的浓度:

$$c = \frac{m(F_x - F_0)}{(F_s - F_0)V} \times R \times 100$$

式中,c为空气样品中苯并芘的含量,$\mu g/100m^3$;m为苯并芘标准溶液点样量,μg;F_s、F_x分别为标准斑点和样品斑点的荧光强度;V为采样体积;R为环己烷提取液总体积与浓缩时所取的环己烷提取液的体积比值。

d. 方法说明

本方法适用于空气可吸入颗粒物中苯并芘的测定。当采样体积为$40m^3$时,最低检出浓度为$0.002\mu g/100m^3$。

乙酰化滤纸的制备:将层析滤纸卷成圆筒状,放入高型烧杯中,在杯壁与滤纸间插入一根玻璃棒,杯中间放一根玻璃熔封的电磁搅拌铁芯;在通风橱内,沿杯壁慢慢倒入乙酰化溶液(250mL乙酸酐+0.5mL硫酸+750mL苯混合液),在恒温磁力搅拌器上保持50～60℃,连续反应6h;取出乙酰化滤纸,用自来水漂洗3～4次后,再用蒸馏水漂洗3～4次,晾干;次日,用无水乙醇浸泡4h,取出滤纸,晾干、展平、备用。

④ 气相色谱-质谱联用法

气相色谱法分离能力强、定量准确,但定性能力差。质谱(mass spectrometry,MS)是一种灵敏度极高的定性技术,可确定化合物的分子量、分子式,甚至结构式,但只能对单一组分定性。气相色谱-质谱联用技术结合了气相色谱法和质谱法的优点,已成为当今有机物分析的有效手段之一。

用气相色谱-质谱联用技术分析可测定多环芳烃,包括苯并芘在内的十多个稠环芳烃可一次分离测定。目前已采用毛细管气相色谱分离-质谱检测-选择离子监测(GC-MS-SIM)建立了可同时测定15种多环芳烃的方法,该方法简便、准确、灵敏、稳定,适合于气体样品中苯并芘等稠环芳烃的分析。

3.1.2 半挥发性有机污染物

按照世界卫生组织(WHO)的分类原则,半挥发性有机物(semi-volatile organic compounds,SVOCs)是指沸点在240～400℃范围内的有机物,在环境空气中主要以气态或者气溶胶两种形态存在。

SVOCs的分子量大、沸点高、吸附性强、无色、无味,能持续不断地挥发,且不易彻底去除。在环境中更难降解,存在的时间更长。它们会吸附在物体表面上,如清洗后没来得及吃的瓜果蔬菜上、室内的家具上,甚至是人的皮肤上。SVOCs无刺激性气味,不易被觉察,很容易被食入或者通过皮肤接触渗入体内。

半挥发性有机物多存在于建筑材料、电子产品、家具、纺织品、汽车、飞机、聚氨酯泡沫和塑料在内的各种产品中,主要包括二噁英类、多环芳烃、有机农药类、氯代苯类、多氯联苯类、吡啶类、喹啉类、硝基苯类、邻苯二甲酸酯类、亚硝基胺类、苯胺类、苯酚类、多氯萘类和多溴联苯类等化合物。

3.1.2.1 半挥发性有机污染物的检测方法

半挥发性有机污染物的检测方法与挥发性有机污染物的检测方法基本类似，主要有气相色谱法、高效液相色谱法、气相色谱-质谱联用法、高效液相色谱-质谱联用法（HPLC-MS）、荧光分光光度法等。

3.1.2.2 典型半挥发性有机污染物的检测

(1) 二异氰酸甲苯酯

① 原理

采用盐酸萘乙二胺比色测定法。二异氰酸甲苯酯水解产生相应的芳香胺，与亚硝酸钠重氮化后，与盐酸萘乙二胺偶合生成紫红色，比色定量。本法的检出限为 $0.6\mu g/mL$。

② 仪器

多孔玻板吸收管；抽气机；流量计，$0\sim1L/min$；比色管，10mL；分光光度计。

③ 试剂

a. 吸收液：取 25mL 盐酸和 500mL 二甲基甲酰胺，用水稀释成 1L，临用前配制。

b. 亚硝酸钠-溴化钠溶液：称取 3g 亚硝酸钠和 5g 溴化钠，用约 80mL 的水溶解后稀释到 100mL。

c. 10% 氨基磺酸胺溶液，1% 盐酸萘乙二胺。

d. 标准溶液：25mL 容量瓶中加入 5mL 二甲基甲酰胺，准确称取，加入 1～2 滴二异氰酸甲苯酯，再准确称量，质量之差为二异氰酸甲苯酯的质量，用二甲基甲酰胺稀释到刻度，计算每毫升溶液中二异氰酸甲苯酯的含量，用二甲基甲酰胺稀释成浓度为 $10\mu g/mL$ 的溶液。

④ 采样

串联 2 个各装 10mL 吸收液的多孔玻板吸收管，以 0.5L/min 的速度抽取 20L 空气。

⑤ 分析步骤

用吸收管中的吸收液洗涤进气管内壁 3 次，然后从每个吸收管中各量取 5mL 样品溶液分别加入比色管中，同时按表 3-3 配制标准系列。

表 3-3 二异氰酸甲苯酯标准系列

管号	0	1	2	3	4	5
标准溶液/mL	0	0.20	0.40	0.60	0.80	1.00
吸收液/mL	5.00	4.80	4.60	4.40	4.20	4.00
二异氰酸甲苯酯/μg	0	2	4	6	8	10

于样品管中各加入 0.2mL 亚硝酸钠-溴化钠溶液，混匀，放置 2min 再加 0.2mL 氨磺酸胺溶液，强烈振摇，待气泡消失后放置 2min，加入 1mL 盐酸钠乙二胺溶液，充分混匀后放置 15min，于波长 560nm 下比色定量。

⑥ 计算 空气中二异氰酸甲苯酯浓度按下式计算：

$$X = \frac{2(c_1 + c_2)}{V_0}$$

式中，X 为空气二异氰酸甲苯酯的浓度，mg/m^3；c_1、c_2 分别为第一、第二吸收管中所取样品溶液中二异氰酸甲苯酯的含量，μg；V_0 为标准状况下的采样体积，L。

(2) 拟除虫菊酯

空气中拟除虫菊酯的测定方法主要有薄层色谱法、气相色谱法和高效液相色谱法。其中薄层色谱法的灵敏度较低，多种拟除虫菊酯共存时难以分开，不符合空气中微量拟除虫菊酯的分析要求；毛细管气相色谱法可分离菊酯类农药的异构体；高效液相色谱法样品处理简单，可同时分析多组分菊酯类农药的残留。

① 气相色谱法测定胺菊酯

a. 原理

用硅胶采样管采集空气中的胺菊酯，乙醇解吸后，经 OV-101 色谱柱或 DB5MS 毛细管色谱柱分离，电子捕获检测器检测。用保留时间定性，峰面积定量。

方法的检测下限为 $2\times10^{-4}\mu g/2\mu L$，采样效率为 98%～100%，乙醇的解吸效率为 94.0%～98.6%。

b. 采样

分别将 200mg 和 100mg 硅胶（20～30 目），分段填入玻璃管（120mm×4mm）中，中间用玻璃棉隔开，两端用玻璃棉塞好，火熔封口保存。采样时，锯开两端，将硅胶较少的一端接采样器。以 0.5L/min 的速度，采集 5～10L 空气。然后将两端密封。

c. 样品处理

分析测定前，将两段硅胶一起倒入 10mL 比色管中，加入 2mL 乙醇，浸泡 30min，备用。

d. 测定

仪器测定条件：DB5MS 毛细管色谱柱（30m×0.25mm×0.25μm）或不锈钢色谱柱（1.5m×3mm，柱内填充涂渍 OV-101 的 100 目 Chromosorb GHP 担体，液担体比为 5∶100）；电子捕获检测器；柱温 240℃，气化室温度 280℃，检测器温度 280℃；氮气流量 $80m^3/min$。

醇稀释成 0、1.0、2.0 和 4.0$\mu g/L$ 标准系列溶液，分别用微量注射器进样，以峰高或峰面积对浓度作图，绘制标准曲线。

样品测定：按照测定标准系列溶液的方法，用微量注射器取 2L 样品待测液进样，记录色谱图。根据标准曲线，并求出样品的浓度。

② 高效液相色谱法测定溴氰菊酯

a. 原理

用玻璃纤维滤纸采集空气中的溴氰菊酯，用甲醇解吸后，以甲醇＋水（95∶5）为流动相，C18 色谱柱分离，紫外检测器检测。保留时间定性、峰面积定量。

该法的检出浓度为 $0.02mg/m^3$（采气 50L 时），采样效率为 98%～100%，甲醇的解吸效率为 97.9%～100%。

b. 采样

在采样夹中装入超细玻璃纤维滤纸，接上采气泵，以 0.5L/min 的速度，采集 5L 空气。

c. 样品处理

取出采样夹中的滤纸，放入 10mL 具塞离心管中，加 5mL 甲醇，搅烂滤纸，浸泡 20min，离心 2min，取上清液 20μL 进行分析。

d. 仪器条件

高效液相色谱仪，C_8 柱（250mm×4.6mm，5μm）。紫外检测器检测波长 254nm。柱

温:室温。流动相:甲醇+水=95+5(体积比)。流速:1.0mL/min。

e. 测定

溴氰菊酯标准品经少量丙酮溶解后,用甲醇稀释成浓度为 200.0μg/L 的贮备液。应用时,用甲醇稀释成浓度分别为 4.0μg/mL、6.0μg/mL、8.0μg/mL、10.0μg/mL 和 20.0μg/mL 的标准溶液。样品及标准溶液进样 20L,记录色谱图。以峰高或峰面积对浓度作图,绘制工作曲线,并求出样品中溴氰菊酯的浓度。

f. 方法说明

采样时,也可以串联两支多孔玻板吸收管,以甲醇为吸收液,以 0.5L/min 的速度,采集 5L 空气。为防止甲醇挥发,吸收管必须置于冰浴中。

3.2 无机污染物检测

3.2.1 无机污染物检测方法

环境中无机污染物主要有二氧化硫、一氧化碳、氮氧化物、氰化物、氟化物、硫化氢、硝酸盐,它们对人体健康的危害不亚于有机污染物。

3.2.1.1 二氧化硫

测定空气中二氧化硫的方法很多,最常用的有定电位电解法、气相色谱法、库仑滴定法、紫外荧光法、分光光度法等。

定电位电解法简便快速,重复性好,能进行连续监测;气相色谱法选择性好;库仑滴定法仪器结构简单、使用方便,但选择性较差;紫外荧光法选择性好、不消耗化学试剂、适用于连续自动监测,已被世界卫生组织在全球监测系统中采用。我国现行的居住区大气中二氧化硫卫生检验标准(GB/T 16128—1995)和工作场所空气中二氧化硫测定的标准都采用了甲醛缓冲溶液吸收-盐酸副玫瑰苯胺分光光度法。

(1) 盐酸副玫瑰苯胺分光光度法

① 原理

如图 3-3 所示,空气中的二氧化硫被甲醛缓冲溶液吸收后,生成稳定的羟甲基磺酸。在碱性条件下,羟甲基磺酸与盐酸副玫瑰苯胺($C_{19}H_{18}N_3Cl \cdot 3HCl$,简称 PRA,俗称副品红)反应,生成紫红色的化合物,该化合物在 570nm 处有最大吸收,吸光度与 SO_2 含量成正比,检出限为 0.45μg/mL。

$$SO_2 + H_2O \longrightarrow H_2SO_3$$
$$H_2SO_3 + HCHO \longrightarrow HOCH_2SO_3H$$
羟甲基磺酸

$HCl \cdot H_2N--C(Cl)()--NH_2HCl + HOCH_2SO_3H \longrightarrow$

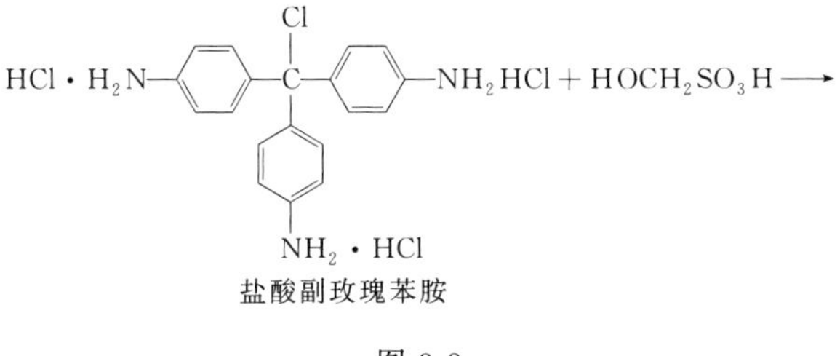

盐酸副玫瑰苯胺

图 3-3

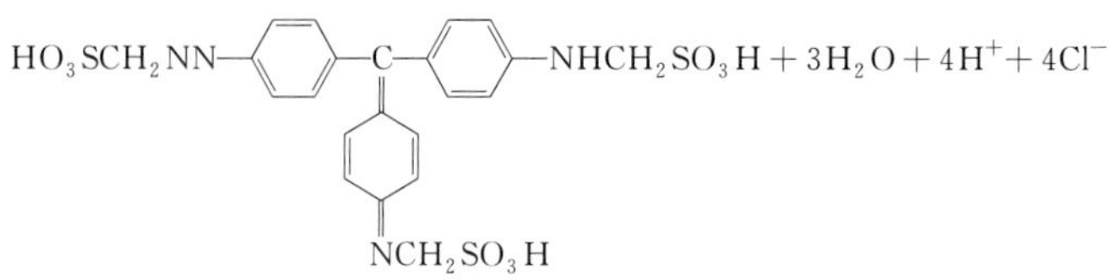

图 3-3　盐酸副玫瑰苯胺分光光度法的原理

② 采样

a. 短时间采样：取一支 U 形多孔玻板吸收管，加入 10mL 吸收液，以 0.5L/min 的流量采样。

b. 24h 连续采样：取一个多孔玻板吸收瓶，加入 50mL 吸收液，安装在室（亭）内，以 0.2~0.3L/min 的流量连续采样 24h。记录采样时的气温和气压。

③ 样品处理

采样后将样品放置 20min，使臭氧分解。如样品溶液中有颗粒物，离心除去。

④ 样品测定

对于短时间采样的样品，可将吸收液全部转入比色管中，用少量吸收液洗吸收管 2~3 次，洗液并入比色管中，用吸收液稀释至刻度。对于 24h 采样，先用吸收液补充到采样前的体积，然后准确移取 10mL 样品溶液。在样品溶液中加入 0.6% 氨基磺酸钠溶液 0.5mL 和 1.5mol/L NaOH 溶液 0.5mL，混匀，迅速将管中溶液倒入事先装有 1mL 0.05% PRA 溶液的另一比色管中，立即摇匀，放入恒温水浴显色。显色后，在 570nm 波长下，以水为参比，测定吸光度。同时做空白实验。用标准曲线法测定样品中二氧化硫的浓度（g/mL）。

⑤ 方法说明

a. 本方法适用于居住区大气中二氧化硫浓度的测定，也适用于室内和公共场所空气中二氧化硫浓度的测定。

b. 吸收液为甲醛-邻苯二甲酸氢钾缓冲液。采样时吸收液的最佳温度范围是 23~29℃。

c. 样品在采集、运输、存储过程中，应避免日光直射，否则吸收的二氧化硫将急剧减少。

d. 显色剂加入方式对吸光度影响很大，一定要按操作步骤进行。

e. 氮氧化物、臭氧及锰、铜、铬等离子对测定有干扰。氮氧化物与水作用可生成亚硝酸，干扰显色反应，应加入氨基磺酸钠消除氮氧化物的干扰。

f. 24h 连续采样器进气口的管路连接系统要用空气质量集中采样管路系统，以减少二氧化硫气样进入吸收器前的损失。

(2) 紫外荧光法

① 原理

在 190~230nm 紫外光照射下，SO_2 吸收紫外光生成激发态 SO_2^*，返回基态时，发射出 330nm 的荧光，荧光强度与 SO_2 浓度成正比；用光电倍增管将荧光转换为电信号，经放大输出，可测定空气中 SO_2 的浓度。反应过程如下：

$$SO_2 + h\nu_1 \longrightarrow SO_2^*$$
$$SO_2^* \longrightarrow SO_2 + h\nu_2$$

紫外荧光法二氧化硫分析仪由气路系统和荧光计两部分组成，结构见图 3-4。

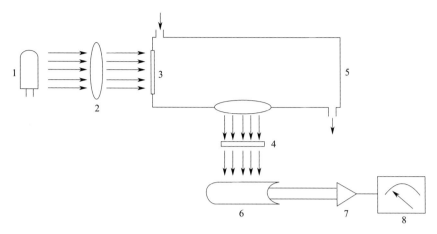

图 3-4 紫外荧光法测定 SO_2 原理

1—紫外光源；2—透镜；3—激发滤光片；4—发射滤光片；5—反应室；6—光电倍增管；7—放大器；8—电表

荧光部分：紫外光源发射的紫外光经激发滤光片（光谱中心 220nm）进入反应室，SO_2 吸收紫外光产生荧光，发射的荧光经过发射滤光片（光谱中心 330nm）投射在光电倍增管上，光信号转换成电信号，经电子放大等处理后直接显示 SO_2 浓度读数。

气路部分：空气样品经除尘过滤器、采样阀进入仪器，先经过渗透膜除水器除水干燥，经过除烃器除去烃类物质，再进入荧光反应室。反应后的气体经渗透除水器的外管，由泵排出仪器。

② 采样

空气以 0.5L/min 的流量通过聚四氟乙烯管，进入仪器。

③ 方法说明

a. 空气中存在的 O_2、H_2S、CO、CO_2、NO_2、CH_4 等不干扰测定。

b. 在 190～230nm 紫外光激发下，芳香烃类化合物可产生荧光，引起正误差。在过滤器中预加特殊吸附剂可以除去样品中的芳香烃类化合物。

3.2.1.2 氮氧化合物

空气中氮氧化物的测定方法有盐酸萘乙二胺分光光度法、库仑原电池法、化学发光法等。化学发光法简便快速、灵敏度高、选择性好，干扰少，准确度高，响应时间短，线性范围可达 5～6 个数量级，但所用仪器不易推广。氮氧化物的自动监测常用库仑原电池法，结构简单，但空气中常见的共存物 SO_2、H_2S、O_3、Cl_2 等会产生干扰，需选用前置过滤器去除干扰成分。盐酸萘乙二胺分光光度法操作简便、灵敏度高、干扰因素少、显色稳定。

(1) 盐酸萘乙二胺分光光度法

① 原理

在对氨基苯磺酸和盐酸萘乙二胺混合吸收液中，空气中的 NO_2 被吸收形成亚硝酸，与对氨基苯磺酸进行重氮化反应生成重氮盐，然后与盐酸萘乙二胺偶合，形成玫瑰紫色的偶氮化合物。在 540nm 处测定吸光度，吸光度与 NO_2 浓度成正比。

NO 与吸收液不反应，经过三氧化铬氧化管将其氧化成 NO_2 后，才能被吸收液吸收、显色、测定。因此，经过氧化管氧化后可以测得空气中 NO_x（$NO+NO_2$）的总量，不经过氧化管氧化测得的是 NO_2 的量；二者之差为 NO 含量。

主要反应式如图 3-5 所示。

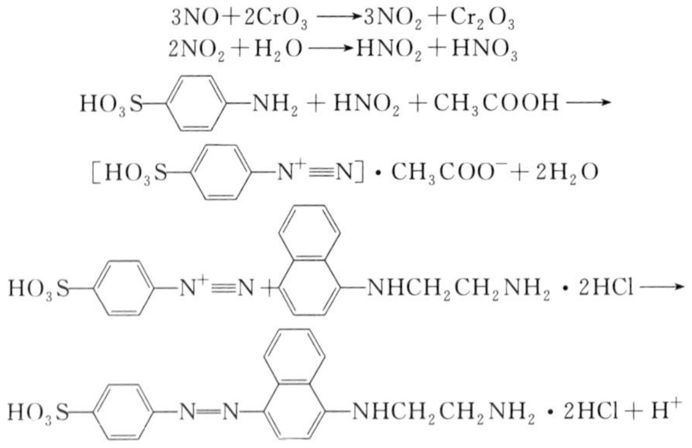

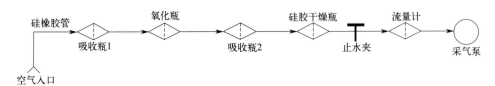

图 3-5　盐酸萘乙二胺分光光度法的原理

② 采样

采样系统如图 3-6 所示。

图 3-6　NO_x 采样系统示意图

a. 1h 采样：取两个普通型多孔玻板吸收管，分别加入 10mL 吸收液，在两管中间连接一个氧化管，管口略微向下倾斜，以防空气中的水分将氧化剂湿润，污染吸收管。以 0.4L/min 的流量避光采气 5~24L，也可以根据采样过程中吸收液颜色的变化确定采样体积，采至吸收液呈现浅玫瑰红色。

b. 24h 采样：用内装 50mL 吸收液的大型多孔玻板吸收瓶，在进气口连接一个氧化管，以 0.2L/min 流量，避光采气 288L 或采至吸收液呈浅玫瑰红色。

记录采样时的气温和气压。

③ 样品测定

采样后，将样品放置 20min（室温在 20℃ 以下时放置 40min 以上），向采样管（瓶）中加水至吸收液原体积刻度，混匀。在 540nm 下，以水作参比，测定样品溶液、空白溶液的吸光度。

④ 计算

a. 若标准曲线是用亚硝酸钠标准溶液制备的，按下式计算空气中 NO、NO_2 的浓度：

$$c_{NO_2} = \frac{(A_1 - A_0 - a)VD}{bfV_0}$$

$$c_{NO} = \frac{(A_2 - A_0 - a)VD}{bfkV_0}$$

式中，c_{NO_2} 为空气中二氧化氮的浓度，mg/m^3；c_{NO} 为空气中一氧化氮的浓度（以 NO_2 计），mg/m^3；A_1、A_2 分别为第一、第二吸收管（瓶）中样品溶液的吸光度；A_0 为空白溶液的吸光度；a、b 分别为标准曲线的截距和斜率；V 为采样用吸收液体积，mL；V_0 为换算为标准状态下的采样体积，mL；k 为 NO 氧化为 NO_2 的氧化系数，0.68；D 为样品稀释倍数；f 为 Saltzman 转换系数，$f=0.88$（当空气中的 NO_2 浓度高于 0.72mg/m³ 时，f 值为 0.77）。

b. 若标准曲线是用二氧化氮标准气体制备的，按下式计算空气中 NO、NO_2 的浓度：

$$c_{NO_2} = \frac{(A_1 - A_0 - a)D}{b}$$

$$c_{NO} = \frac{(A_2 - A_0 - a)D}{bk}$$

⑤ 方法说明

a. 三氧化铬氧化管结构如图 3-7 所示，管内填充有三氧化铬-石英砂混合氧化剂（1+19），两端用脱脂棉塞紧。氧化剂呈红棕色，若颜色改变，及时更换。

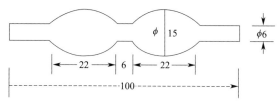

图 3-7 三氧化铬氧化管结构（单位：mm）

b. 由测定原理可知，气体 NO_2 与盐酸萘乙二胺不发生显色反应，在溶液中转变为 NO_2^- 后才能显色测定。Saltzman 转换系数是 NO_2 在吸收液中由 NO_2（气）转化为 NO_2^-（液）的转换系数。当用 $NaNO_2$ 溶液配制的标准曲线法进行测定时，在结果计算中应该由测得的 NO_2^-（液）含量，除以 Saltzman 转换系数（f），才是空气样品中二氧化氮的真实含量。

如果用 NO_2 标准气体配制标准曲线进行测定，标准系列溶液和样品溶液的实验过程相同，发生相同的 NO_2（气）—NO_2^-（液）转换，则在结果计算中不需要除以 f。

Saltzman 转换系数的影响因素：f 值受多种因素的影响，包括 NO_2 的浓度、吸收液的组成、采气速度、吸收管的结构、共存离子和气温等；前两种因素的影响最大。当 $c_{NO_2}=10\sim350\mu g/mL$、$350\sim600\mu g/mL$ 和 $600\sim1000\mu g/mL$ 时，Saltzman 转换系数分别为 0.90、0.85 和 0.77。实验中应根据二氧化氮的浓度范围选用合适的 f 值。

Saltzman 转换系数的测定方法：用装有 10mL 吸收液的吸收管，按照采样方法采集 NO_2 标准气体，当吸收液中 $[NO_2^-]\approx 0.5g/mL$ 时停止采样；用标准气体的浓度乘以采样体积计算实际采集到标准气体中 NO_2 的量（W）。按照测定方法测定吸收液中 NO_2^- 的量（Y），除以采集标准气体中 NO_2 的量，即可求得 Saltzman 转换系数：

$$f = \frac{Y}{W}$$

c. 显色液用棕色瓶密闭、避光，25℃以下暗处存放可稳定三个月。若呈现淡红色，应重配。

d. 所有试剂均用不含亚硝酸根的水配制，所用水以不使吸收液呈淡红色为合格。

e. 当空气中二氧化硫浓度为氮氧化物的 10 倍、臭氧浓度为其 5 倍时，对氮氧化物的测定有干扰。

（2）化学发光法

① 原理

被测空气连续进入氮氧化物分析仪，氮氧化物在 NO_2-NO 转化器中被转化为 NO，进入反应室后被臭氧氧化为激发态二氧化氮（NO_2^*），NO_2^* 返回基态时放出光子（$h\nu$）。反应式如下：

$$2NO_2 + M \xrightarrow{\triangle} 2NO + MO_2$$
$$NO + O_3 \longrightarrow NO_2^* + O_2$$
$$NO_2^* \longrightarrow NO_2 + h\nu$$

该反应的发射光谱为 600～3200nm 的连续光谱，最大发射波长为 1200nm。发射光通过滤光片照射在光电倍增管上，并转变成电信号。发光强度（I）与 NO 和 O_3 浓度的乘积成正比，即：

$$I \propto [NO] \cdot [O_3]$$

因为 O_3 过量，反应过程中其浓度基本不变，所以发光强度只与 NO 浓度成正比。因此，通过测定电信号的大小可以测定氮氧化物的浓度。图 3-8 是氧化氮分析仪的工作流程。

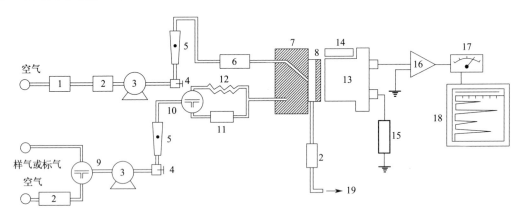

图 3-8 氮氧化物分析流程

1—干燥器；2—过滤器；3—抽气泵；4—流量调节阀；5—流量计；6—臭氧发生器；7—反应室；
8—滤光片；9—三通进样阀；10—测量选择三通阀；11—NO_2-NO 转化器；
12—阻力管；13—光电倍增管；14—制冷器；15—高压电源；16—放大器；17—电表；18—记录器；19—排气口

氮氧化物分析仪有两条气路。一条是 O_3 发生气路，空气在紫外光照射或无极放电的作用下，产生一定浓度的臭氧，进入反应室作为气体氧化剂。另一条是样品气路，通过三通进样阀控制调零与进样。调零时，空气经净化后作为零气（即空白气体）进入反应室，调仪器零点。校准仪器刻度时，将标准气（NO，NO_2）经转化器送入反应室，标定仪器刻度。测定样品气体时，通过旋转测量选择三通阀，使样品进入反应室，可分别测定 NO 和 NO_2。

② 样品采集与测定

空气样品以 1L/min 的流量通过聚四氟乙烯管进入仪器的反应室，旋转测量选择三通阀，分别测定 NO 和 NO_2。

③ 计算

从记录器上读取任一时间的氮氧化物（换算成 NO_2）的浓度（mg/m^3），将记录纸上的浓度和时间曲线进行积分计算，可获得氮氧化物（换算成 NO_2）的小时和日平均浓度（mg/m^3）。

④ 方法说明

a. 仪器中的阻力管专门用于测定 NO。当样品气体通过阻力管进入反应室进行反应时，测定的结果是 NO 的量。测定 NO 时，NO_2 不干扰测定。

样品气体经 NO_2-NO 转化器转化后，再进入反应室反应，测定的结果是氮氧化物的总量；总量减去 NO 的量就是空气中 NO_2 的量。

b. NO_2-NO 转化器中的转化剂可采用 10～20 目的石墨化玻璃碳，装在一个不锈钢炉体内，在 340～350℃下，可将流量为 1L/min、浓度为 0～10mg/m^3 的 NO_2 气体定量转化为 NO，而氨在此温度下几乎不转化，转化反应如下：

$$NO_2 + C \xrightarrow{\triangle} NO\uparrow + CO\uparrow$$

$$CO + NO_2 \xrightarrow{\triangle} NO\uparrow + CO_2\uparrow$$

由于还原产物都是气体，不会留存在玻璃碳表面。所以在使用过程中转化剂始终保持新鲜的还原表面，不存在转化失效问题，玻璃碳可作为一种长效转化剂。为了防止出现转化剂污染，导致转化效率下降，使用过程中要定期进行清洁排污处理：将玻璃碳加热至 500℃ 以上，通入清洁空气数小时。

c. 样品气路所用导入管必须是聚四氟乙烯塑料管或其他氟塑料管。否则会因管路吸附待测气体，使测定结果偏低。

d. 空气湿度影响仪器中所用紫外灯的臭氧发生效率，所以空气必须经过干燥净化处理后，才进入臭氧发生器，确保臭氧浓度达到 400mg/m^3 左右。

e. 有机含氮化合物如过氧酰基硝酸酯会产生正干扰。但一般空气中含量甚微，不足以产生明显影响。

3.2.1.3 氨

氨的常用测定方法有氨气敏电极法、靛酚蓝分光光度法、次氯酸钠水杨酸分光光度法、纳氏试剂分光光度法、亚硝酸盐分光光度法等。纳氏试剂分光光度法操作简便，应用广泛，但显色胶体不稳定，易受干扰；靛酚蓝分光光度法灵敏度高、显色产物稳定，但受试剂和环境的影响较大；氨气敏电极法测定快速、灵敏、测定范围宽，可保证低浓度氨测定的准确性和可靠性。此外，利用氮氧化物分析仪可连续测定空气中的氨，在 340℃条件下，应用纯铜丝先将氨转化成氮氧化物，然后测定其含量。

(1) 氨气敏电极法

① 原理

以 0.05mol/L 硫酸为吸收液，采集空气中的氨。测定时向样品溶液中加入强碱，将硫酸铵转变为氨，再用氨气敏电极测定样品中氨的含量。氨气敏电极是一个复合电极，以 pH 玻璃电极为指示电极，银-氯化银电极为参比电极，置于盛有 0.1mol/L 氯化铵内充液的塑料套管中，塑料套管管底有一张微孔疏水透气薄膜，该膜具有良好的疏水性和透气性，将管内氯化铵溶液与管外样品溶液隔开；在透气膜与 pH 电极的玻璃膜之间有一层非常薄的液膜，水和其他离子都不能通过透气膜，但样品溶液中产生的 NH_3 可以扩散通过透气膜，并进入液膜，使管内氯化铵溶液存在的平衡反应向左移动引起氢离子浓度改变：

$$NH_4^+ \rightleftharpoons NH_3 + H^+$$

由 pH 玻璃电极测得 H^+ 的变化量。在恒定的离子强度下，测得的电极电位与氨浓度的对数成线性关系，根据测得的电位值确定样品中氨的含量。

② 采样

用 0.05mol/L 硫酸为吸收液，采集空气中的氨。采样后，样品在室温下保存，24h 内分析。记录采样点的温度及大气压力。

③ 样品处理与测定

将样品溶液从吸收管转移到 10mL 比色管中，用少量吸收液润洗吸收管，一并加入比色管中，再用吸收液定容。

测定时，向待测溶液中加入强碱，用氨气敏电极测定电位。同时用吸收液代替样品溶液做空白实验，根据测得的电位，从半对数坐标纸所绘制的标准曲线上查得样品吸收液中的氨浓度（μg/mL），然后计算出空气中氨的浓度（mg/m³）。

$$c_i = \frac{(c - c_0) \times 10}{V_0}$$

式中，c_i 为空气中氨的含量，mg/m³；c 为样品溶液中氨浓度，μg/mL；c_0 为空白溶液中氨浓度，μg/mL；V_0 为换算成标准状态下的采样体积，L。

④ 方法说明

a. 组装电极时，玻璃电极敏感膜与透气膜之间的紧压程度应调节得当，接触过松时，形成的中介液层不够薄，平衡时间显著延长；接触过紧，则二者间形成的液膜可能过薄而不连续，电位值漂移。另外，透气膜不能有丝毫破损，以防内充液泄漏。

b. 测试前，应将电极用无氨水洗至电极说明书要求的电位值，然后再测定。

c. 测定样品或标准系列应由低浓度至高浓度逐级测定。

d. 水样温度与标液及电极间温度应相差很小（2℃以内）。

e. 如果响应时间较长，应考虑采用的标准溶液浓度是否较小，作适当调整。

f. 该方法检测限为 0.014~0.018mg/m³，精密度约为 1.4%（相对标准偏差），回收率在 97%~102% 之间。

(2) 靛酚蓝分光光度法

① 原理

用稀硫酸吸收空气中的氨，在亚硝基铁氰化钠及次氯酸钠存在的情况下，与水杨酸反应生成蓝绿靛酚蓝染料，如图 3-9 所示。在 630nm 处测定吸光度，计算空气中氨的含量。

$$2NH_3 + H_2SO_4 \longrightarrow 2NH_4^+ + SO_4^{2-}$$
$$NH_4^+ + NaClO \longrightarrow NH_2Cl + H_2O + Na^+$$

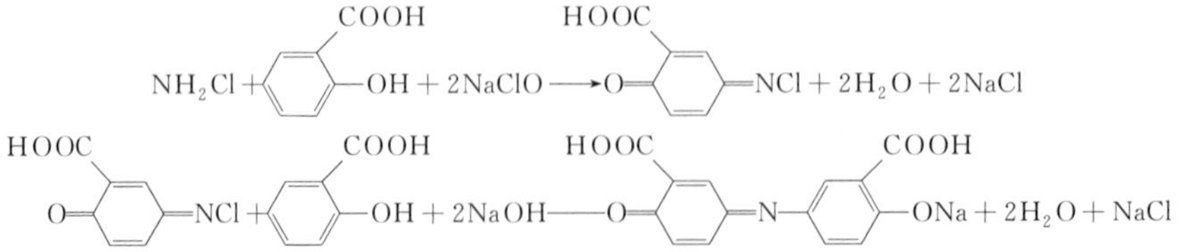

图 3-9 靛酚蓝分光光度法的原理

② 采样

以 0.005mol/L 硫酸为吸收液,用普通型气泡吸收管,按 0.5L/min 流量采气 10L,记录采样时的温度和气压。采样后,样品在室温下保存,于 24h 内分析。

③ 样品测定

用水补充至采样前吸收液的体积,加入 0.5mL 水杨酸溶液、0.1mL 的 1%亚硝基铁氰化钠溶液和 0.1mL 的 0.05mol/L 次氯酸钠溶液,混匀。室温下放置 1h,以水作参比,在 697nm 下,测定吸光度。再根据标准曲线和采气量计算空气中氨的含量。同时,用吸收液作试剂空白测定。

如果样品溶液吸光度值超过标准曲线的范围,则取部分样品溶液,用吸收液稀释后再进行分析;计算浓度时,应乘以样品溶液的稀释倍数。以回归方程斜率的倒数作为样品测定的计算因子 B_s(μg/吸光度),用下式计算氨的含量。

$$c = \frac{(A - A_0) B_s}{V_0}$$

式中,c 为空气中氨浓度,mg/m^3;A 为样品溶液中吸光度;A_0 为空白溶液中吸光度;B_s 为计算因子,μg/吸光度;V_0 为换算成标准状态下的采样体积,L。

④ 方法说明

a. 由于铵盐和氨具有相同的显色反应,本法测定结果是氨和铵盐的总和。

b. 所有试剂均须用无氨水配制。无氨水制备方法:向普通蒸馏水中加少量的高锰酸钾至浅紫红色,再加少量氢氧化钠至呈碱性,蒸馏;取中间蒸馏部分的水,加少量硫酸至微酸性,再蒸馏一次。

c. 常见阳离子 Ca^{2+}、Mg^{2+}、Fe^{3+}、Mn^+、Al^{3+} 等可用柠檬酸掩蔽除去。

d. $2\mu g$ 以上苯胺、$30\mu g$ 以上 H_2S 可使测定结果偏低。

e. 实验中要防止试剂及环境空气中氨和铵盐的污染:用蒸馏水调 $A=0$,试剂空白吸光度不得大于 0.06,否则说明有氨或铵盐污染,需用扣除空白值的方式消除干扰。

f. 本法检出限为 $0.5\mu g/10mL$,采样体积为 5L 时,最低检出浓度为 $0.01mg/m^3$。

3.2.1.4 一氧化碳

一氧化碳是常见的空气污染监测指标之一。目前,主要采用非分散红外吸收法、气相色谱法、定电位电解法、间接冷原子吸收法和汞置换法等来测定空气中的一氧化碳。非分散红外吸收法属干法操作,操作简便、快速,可连续自动监测,但 CO_2、水蒸气和悬浮颗粒物会干扰测定,需经特殊过滤管处理。气相色谱法操作简单快速,可连续自动监测。汞置换法灵敏度高,响应时间快,适用于空气中低浓度一氧化碳的测定,但共存的丙酮、甲醛、乙烯、乙炔、SO_2 及水蒸气会干扰测定,需用特殊过滤管过滤干扰物质。

(1) 非分散红外吸收法

① 原理

一氧化碳对非分散红外线具有选择性吸收。在一定范围内,吸收值与一氧化碳浓度成线性关系,故可根据吸收值确定样品中一氧化碳浓度。非分散红外吸收法 CO 监测仪的工作原理见图 3-10。

从红外光源发射出能量相等的两束平行光,被同步电机带动的切光器交替切断。一束光通过参比室,称为参比光束,测定过程中光强度不变;另一束光通过样品(测定)室,称为测量光束。气样通过样品室时,气样中的 CO 吸收了部分特征波长的红外光,使射入检测室

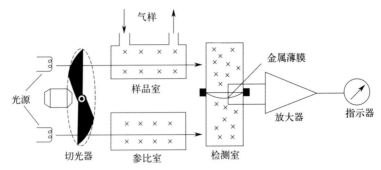

图 3-10 非分散红外吸收法 CO 监测仪的工作原理

的测量光束强度减弱,导致参比光束强度大于测量光束强度,两室气体温度不同;CO 的含量越高,光束强度减弱越多,温差越大,转换形成的电信号就越大。经放大处理后,由指示器可显示和记录 CO 的测定结果。

② 采样

抽取现场空气,将聚乙烯薄膜采气袋清洗 3~4 次,采气 0.5~1.0L,密封,带回实验室分析。记录采样地点、采样日期和时间、采气袋编号。

③ 样品测定

将待测气体抽入仪器样品室,待仪器指示值稳定后读数,记录测得一氧化碳的浓度。或者用仪器在现场监测。

④ 方法说明

a. CO 的红外吸收峰在 $4.5\mu m$ 附近,CO_2 的在 $4.3\mu m$ 附近,水蒸气的在 $34\mu m$ 和 $6\mu m$ 附近,空气中 CO_2 和水蒸气的浓度远大于 CO 的浓度,会干扰 CO 的测定。测定前用制冷或添加干燥剂的方法可除去水蒸气;用窄带光学滤光片或气体滤波室将红外辐射限制在 CO 吸收的窄带光范围内,即可消除 CO_2 的干扰。

b. 测量时,先通入纯氮气进行零点校正,再用 CO 标准气体校正,最后通入气样,便可直接显示、记录气样中 CO 浓度。

(2) 气相色谱法

① 原理

在 TDX-01 碳分子筛柱中,CO 与空气中的其他成分分离后,进入转化炉,在镍催化剂($360℃±10℃$)作用下,于氢气流中生成 CH_4(CO、CO_2 皆能转化为 CH_4)。然后用火焰离子化检测器测定。以保留时间定性,峰高或峰面积定量。

② 采样

用双联橡皮球将现场空气送入铝箔复合薄膜采气袋内,气袋胀满之后放气,如此反复四次,清洗采气袋后采集气样,密封,注明采样地点和时间,带回实验室。

③ 样品测定

在最佳测试条件下,通过六通阀进 1mL 气样,每个样品重复进样三次,同时,取零空气作空白测定。用保留时间确定一氧化碳的色谱峰,测量其峰高,用峰高的平均值(mm)定量。

对高浓度样品,应先用零空气稀释至 CO 浓度小于 $50mg/m^3$,再按相同的操作步骤进行分析。记录分析时的气温和气压。

④ 方法说明

a. 转化柱：内径为 4mm、长 15cm 的不锈钢 U 形管内填充镍催化剂（30～40 目），柱管两端塞玻璃棉。转化柱装在转化炉内，一端与色谱柱相连，另一端接检测器。

b. 为确保催化剂的活性，测定前，应在 360℃、氢气流速为 60mL/min 的条件下，将转化炉活化 10h。另外，转化柱老化与色谱柱老化应同时进行。

c. 所用的氢气和氮气的纯度应高于 99.99%。

d. 由于采用了气相色谱分离技术，所以空气、甲烷、二氧化碳及其他有机物均不干扰测定。

e. 进样量 1mL 时的线性范围为 0.5～50mg/m³。

3.2.1.5 臭氧和氧化剂

臭氧和总氧化剂的测定方法很多，早期采用中性碘化钾法和碱性碘化钾法，现在主要有硼酸碘化钾法、改进的中性碘化钾法、靛蓝二磺酸钠分光光度法、紫外分光光度法和化学发光法等。硼酸碘化钾分光光度法准确度较高，操作简单，易于推广使用，但对水和试剂的纯度、仪器的清洁程度等要求较高。紫外分光光度法设备简单，无需试剂和气体消耗，灵敏度高，响应快，线性好，可连续自动监测。化学发光法灵敏度高、分析速度快、选择性好，WHO 的全球监测系统以及许多国家都采用化学发光法测定空气中的臭氧。

以靛蓝二磺酸钠分光光度法为例：

① 原理

在磷酸盐缓冲剂存在下，空气中的臭氧与吸收液中蓝色的靛蓝二磺酸（IDS）反应生成无色的靛红磺酸钠，使溶液褪色，褪色程度与臭氧的浓度成正比。在 610nm 处测定吸光度，用标准曲线法测定臭氧的含量。反应式如图 3-11 所示。

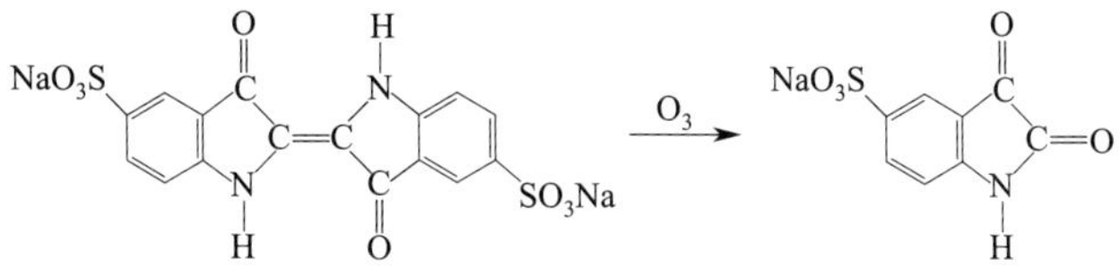

图 3-11 靛蓝二磺酸钠分光光度法的原理

② 采样

用硅橡胶管串联两支多孔玻板吸收管，用 10mL IDS 溶液为吸收液，以 0.5L/min 的流量避光采气 5～30L。当第一支吸收管中的吸收液颜色明显减退时，立即停止采样。如不褪色，采气量应不少于 20L。采样后的样品严格避光，于室温暗处存放至少可稳定 3d，20℃以下可稳定一周。记录采样时的气温、气压。

③ 样品测定

采样后，将两只吸收管中的样品分别移入比色管中，使总体积分别为 10mL。测吸光度，同时做标准曲线（以线性回归方程斜率的倒数作为样品测定的计算因子）。按下式计算臭氧浓度。

$$c = \frac{[(A_0 - A_1) + (A_0 - A_2)]B_s}{V_0}$$

式中，c 为空气中臭氧浓度，mg/m³；A_0 为试剂空白溶液的吸光度；A_1、A_2 分别为第一、第二支样品管溶液的吸光度；B_s 为计算因子，$\mu g/L$；V_0 为换算成标准状态下的采样体积，L。

④ 方法说明

a. 当确信空气中臭氧浓度较低时，可用棕色吸收管采样。

b. 空气中的二氧化氮会使臭氧的测定结果偏高，约为二氧化氮质量浓度的 6%。

c. 空气中二氧化硫、硫化氢、过氧酰基硝酸酯（PAN）和氟化氢的浓度分别高于 $750\mu g/m^3$、$110\mu g/m^3$、$1800\mu g/m^3$ 和 $2.5\mu g/m^3$ 时，干扰臭氧的测定。

d. 氯气、二氧化氯的存在使臭氧的测定结果偏高。一般情况下，空气中这两种气体的浓度很低，不会造成显著误差。

⑤ 采样体积为 5～30L 时，适用于测定空气中臭氧的浓度范围为 $0.03\sim 1.2mL/m^3$。

⑥ 靛蓝二磺酸钠吸收液保存于暗处，可稳定一周。

3.2.2 颗粒物组分分析

3.2.2.1 概要

颗粒物是室内空气的主要污染物之一，可以作为许多有毒物质如重金属、多环芳烃等的载体，随着呼吸进入呼吸道，甚至伤害人体肺部器官，给人体带来极大的危害。《室内空气质量标准》分别对可吸入颗粒物（粒径≤$10\mu m$，简称 PM_{10}）和细颗粒物（粒径≤$2.5\mu m$，简称 $PM_{2.5}$）的限值进行了规定，要求 PM_{10} 的浓度≤$0.10mg/m^3$，$PM_{2.5}$ 的浓度≤$0.05mg/m^3$（24h 平均），采用撞击式-称量法进行浓度测定。另外，颗粒物作为载体具有多种化学组分，可能对环境效益和人体健康产生影响，因此需要对室内空气颗粒物进行组分分析，获得详细、准确的颗粒物组分，以制订出最合适的室内空气污染控制措施。

附着于颗粒物中的污染物大致可分为金属元素、水溶性离子等无机物，以及多环芳烃、苯并[a]芘等有机物。其中，金属污染物经过微波消解、高压消解等前处理步骤后，可以采用原子荧光法、电感耦合等离子体质谱法等技术进行检测；除金属外的水溶性离子则可以通过分光光度计、离子色谱法等进行分析；硅、磷、硫等非金属无机元素可以通过 X 射线荧光光谱法等进行检测；有机污染物苯并[a]芘按相关标准采用高效液相色谱法进行测定。我国对于各种颗粒物组分的检测都有相关的行业标准，本节将对不同颗粒物组分在国家环境保护标准中的检测技术进行介绍，便于研究者在对室内空气颗粒物组分进行分析时有所参考。

3.2.2.2 金属离子及有毒元素的检测

金属作为大气颗粒物的主要成分之一，与人体健康密切相关。颗粒物中的重金属污染物具有不可降解性，其中砷、镉、铅、铬等已被世界卫生组织列为人类致癌物质，可能对人体构成长期的、严重的威胁。因此，采用准确、便捷的金属离子检测技术，对于环境监测、风险评估而言十分重要。目前，原子吸收光谱法、原子荧光光谱法、电感耦合等离子体发射光谱法、电感耦合等离子体质谱法都被应用于金属检测。原子吸收光谱法和原子荧光光谱法不能同时测定多元素，电感耦合等离子体发射光谱能同时测定多元素，但检出限不能满足要求。

(1) 电感耦合等离子体质谱法

① 技术概要

电感耦合等离子体质谱法（ICP-MS）灵敏度高、干扰少且具有超痕量检测限，在颗粒物金属组成检测方面应用广泛。根据《空气和废气 颗粒物中铅等金属元素的测定 电感耦合等离子体质谱法》（HJ 657—2013），电感耦合等离子体质谱法可以测定空气和废气颗粒物中的锑(Sb)、铝(Al)、砷(As)、钡(Ba)、铍(Be)、镉(Cd)、铬(Cr)、钴(Co)、铜(Cu)、铅(Pb)、锰(Mn)、钼(Mo)、镍(Ni)、硒(Se)、银(Ag)、铊(Tl)、钍(Th)、铀(U)、钒(V)、锌(Zn)、铋(Bi)、锶(Sr)、锡(Sn)、锂(Li)等金属元素。

② 仪器和设备

a. 切割器　切割器分为 TSP 切割器（切割粒径 $D_{50}=100\mu m\pm 0.5\mu m$）、$PM_{10}$ 切割器（切割粒径 $D_{50}=10\mu m\pm 0.5\mu m$，捕集效率的几何标准差 $\sigma_g=1.5\mu m\pm 0.1\mu m$）、$PM_{2.5}$ 切割器（切割粒径 $D_{50}=2.5\mu m\pm 0.2\mu m$，捕集效率的几何标准差 $\sigma_g=1.2\mu m\pm 0.1\mu m$），其他性能和技术指标需要符合相关标准的规定。

b. 颗粒物采样器　对于环境空气的采样，使用大流量采样器（采样器工作点流量为 $1.05m^3/min$）和中流量采样器（采样器工作点流量为 $0.1m^3/min$）；对于污染源废气的采样，使用烟尘采样器（采样流量为 $5\sim 80L/min$）。

c. 微波消解装置　样品预处理设备，可提供至 600W 的输出功率；在微波消解过程中须使用旋转盘，以确保样品接受微波的均匀性。

d. 电感耦合等离子体质谱仪　质量范围为 $5\sim 250amu$，分辨率在 5%波峰高度时的最小宽度为 1amu。电感耦合等离子体质谱仪如图 3-12 所示。

图 3-12　电感耦合等离子体质谱仪

③ 检测方法

电感耦合等离子体质谱法的检测大致分为样品采集、样品制备、结果分析三个阶段。

a. 样品采集

对于环境空气样品的采集，环境空气采样点的设置需要符合《环境空气质量监测规范（试行）》中相关要求，采样过程按照 HJ/T 194 中颗粒物采样的要求进行。环境空气样品采集体积原则上不少于 $10m^3$（标准状态），当颗粒物中重金属浓度较低时，可以适当增加采气体积，采样同时需要详细记录采样环境条件。

对于无组织排放样品，监测点位按照 HJ/T 55 中的相关要求进行设置，其他要求同环境空气样品采集要求。

对于污染源废气样品，采样过程按照 GB/T 16157 中有关颗粒物采样的要求进行。使用烟尘采样器采集颗粒物样品，原则上不少于 $0.6m^3$（标准状态干烟气），当重金属浓度较低时可适当增加采气体积。

样品采集后，在分析前需要妥善保存。滤膜样品采集后将有尘面两次向内对折，放入样品盒或纸袋中保存；滤筒样品采集后将封口向内折叠，竖直放回原采样套筒中密闭保存。样品保存在 15～30℃ 的环境下，保存的最长期限为 180 天。

b. 样品制备

样品制备分为微波消解法和电热板消解法两种。

微波消解法：处理滤膜样品前，需要戴上聚乙烯手套，清洗各种可能接触样品的容器和设备。取适量滤膜样品，其中大张 TSP 滤膜取 1/8，小张圆滤膜取整张。用陶瓷剪刀剪成小块放入消解罐中，加入 10mL 硝酸-盐酸混合溶液，使滤膜浸没其中。若取滤膜样品较多，可以适当增加硝酸-盐酸混合溶液的体积，使滤膜浸没其中。消解罐加盖并旋紧，放到微波转盘架上。设定消解温度 200℃、持续时间 15min，开始消解。消解结束，取出消解罐组件，待冷却后，以超纯水淋洗内壁，加入约 10mL 超纯水，静置半小时进行浸提、过滤，定容至 50mL，待测。滤筒样品取整个，剪成小块后，加入 25mL 硝酸-盐酸混合溶液使滤筒浸没其中，最后定容至 100mL，其他操作同滤膜样品。

电热板消解法：与微波消解的过程大致相同，取适量滤膜样品，其中大张 TSP 滤膜取 1/8，小张圆滤膜取整张。用陶瓷剪刀剪成小块置于 Teflon 烧杯中，加入 10mL 的硝酸-盐酸混合溶液，使滤膜浸没其中。若取滤膜样品较多，可以适当增加硝酸-盐酸混合溶液的体积，以使滤膜浸没其中。盖上表面皿，在 100℃ 加热回流 2 小时，再进行冷却。以超纯水淋洗烧杯内壁，加入约 10mL 的超纯水，静置半小时后进行浸提、过滤，定容至 50mL，待测。滤筒样品取整个，加入 25mL 硝酸-盐酸混合溶液，最后定容至 100mL，其他操作同滤膜样品。

c. 结果分析

仪器调试：点燃等离子体后，仪器预热稳定 30min。使用调谐溶液对仪器性能进行检验，确保仪器有足够的灵敏度和准确的分辨力。分别使用低质量数元素 Li、中质量数元素 Y、高质量数元素 Ti 进行调谐，质量漂移不能超过 0.1amu。对同一样品的分析，各元素多次响应值的相对标准偏差不超过 5%，以确保仪器分析具有足够的稳定性。

校准曲线的绘制：使用标准储备液配制低浓度的使用液，大气中浓度接近的部分元素可配制成混合使用液。在容量瓶中依次配制一系列待测元素（如锑、铝、砷、钡、铅等）的标准溶液，浓度分别为 0μg/L、0.1μg/L、0.5μg/L、1μg/L、5μg/L、10μg/L、50μg/L、100μg/L，介质为 1% 的硝酸。内标标准品溶液可直接加入各样品中，也可以在样品雾化之前以另一蠕动泵加入，从而与样品充分混合。用 ICP-MS 进行测定，绘制校准曲线。其中，校准曲线的浓度范围可根据测量需要进行调整。

样品测定：样品进入 ICP-MS 即可进行测定，每个样品测定前，先用空白溶液冲洗系统直到信号降至最低，待分析信号稳定后开始测定样品，样品测定时需要加入内标标准品溶液。若样品中待测元素浓度超出校准曲线范围，需经稀释后重新测定。上机测定时，试样溶液中的酸浓度必须控制在2%以内,以降低真空界面的损坏程度,同时减少各种同重多原子离子的干扰。此外,当试样溶液中含有盐酸时,会存在多原子离子的干扰,可通过校正方程进行校正,也可通过反应池技术等手段进行校正。

空白实验:制备和测定方法与试样完全相同,用超纯水代替试样进行空白试验。

结果计算:颗粒物中金属元素的浓度按式(3-1)计算。

$$\rho_m = \frac{\rho \times V \times 10^{-3} \times n - F_m}{V_{std}} \tag{3-1}$$

式中,ρ_m 为颗粒物中金属元素的质量浓度,$\mu g/m^3$;ρ 为试样中金属元素的浓度,$\mu g/L$;V 为样品消解后的试样体积,mL;n 为滤纸切割的份数,若为小张圆滤膜或滤筒,消解时取整张,则 $n=1$,若为大张滤膜,消解时取八分之一,则 $n=8$;F_m 为空白滤膜(或滤筒)的平均金属含量,μg,对大批量滤膜(滤筒),可以任意选择20~30张进行测定以计算平均浓度,而小批量滤膜(滤筒),可以选择较少量(5%)进行测定;V_{std} 为标准状态下(273K,101.325Pa)的采样体积,m^3,对于污染源废气样品,V_{std} 表示标准状态下干烟气的采样体积,m^3。

(2)原子荧光法

① 技术概要

原子荧光是指气态原子在受到一定特征波长的光源照射时,原子中某些自由电子被激发跃迁至较高能级,而后又去激发跃迁至基态或较低能级,与此同时发射出的特征性光谱。在一定的实验条件下,荧光强度与被测物的浓度成正比,因此可以利用原子荧光法进行气态颗粒物组成的定性或定量检测。

根据《环境空气和废气 颗粒物中砷、硒、铋、锑的测定 原子荧光法》(HJ 1133—2020),原子荧光法可以用于测定颗粒物中的砷、硒、铋、锑等有毒重金属元素。采集的环境空气颗粒物样品经过硝酸-盐酸消解预处理后,进入原子荧光光谱仪,样品中的砷、硒、铋、锑在酸性条件下与硼氢化钾(或硼氢化钠)发生氧化还原反应,分别生成砷化氢、硒化氢、铋化氢、锑化氢气体,氢化物在氩氢火焰中形成基态原子,以元素灯作为激发光源,使分析元素原子发出荧光,在一定浓度范围内荧光强度与试液中元素的含量成正比。原子荧光法能够满足在不同情境下对砷、硒、铋、锑等元素的分析需求,而且具有精度高、准确率高、污染小、检测速度快等优势。

② 仪器和设备

原子荧光法需要颗粒物采样器、原子荧光光谱仪、微波消解装置、电热板、恒温水浴装置、分析天平、陶瓷剪刀、聚氯乙烯烧杯等进行实验。

a. 颗粒物采样器 环境空气颗粒物采样器性能和技术指标需要符合 HJ/T 374 和 HJ 93 的规定;污染源废气颗粒物采样器采样流量为5~80L/min,其他性能和技术指标需要符合 HJ/T 48 的规定。

b. 微波消解装置 微波消解是一种样品预处理的方法,需要用到微波消解仪、微波消解容器及旋转盘。微波消解仪应具有温度控制和程序升温功能;微波消解容器采用聚四氟乙烯或同级材质;另外,在微波消解过程中必须使用旋转盘,以确保样品接受微波的均匀性。

c. 原子荧光光谱仪 原子荧光光谱仪应具有砷、硒、铋、锑的元素灯,同时需要符合 GB/T 21191 的规定。图3-13是 AF-610A 原子荧光光谱仪。

图 3-13　AF-610A 原子荧光光谱仪

③ 检测方法

原子荧光法的检测大致分为样品采集、样品制备、结果分析三个阶段。

a. 样品采集

环境空气样品的采样点布设和采样过程按照 HJ 664 和 HJ 194 中颗粒物采样的要求执行，可以选用大气综合采样器采样，滤膜直径 9cm，以大约 100L/min 的流量采样 15～30min，采样时将滤膜毛面朝上，放入采样夹中拧紧，采样后小心取下滤膜，尘面向里对折两次成扇形，放回纸袋中，等待下一步处理，并记录采样条件；废气颗粒物的采样可以采用自动烟尘气测试仪，按等速采样的原则设定采样流量，一次测试的采样体积不能少于 $1m^3$，采样后取下滤筒，妥善保存，等待下一步处理，并记录采样条件。

滤膜样品采集后放入样品盒或样品袋中保存；滤筒样品采集后将封口向内折叠，竖直放回原采样套筒中密闭保存。同时，样品需要保存在干燥、通风、避光、室温环境中。

b. 样品制备

样品的预处理分为微波消解法和电热板消解法两种。

微波消解法：取整张或部分滤膜样品，用陶瓷剪刀剪成小块置于消解罐中，加入 15mL 的硝酸-盐酸混合溶液，使滤膜浸没其中，加盖，置于消解罐组件中并旋紧，放到微波转盘架上。设定消解温度为 200℃，持续时间为 15min，开始消解。消解结束后，取出消解罐组件，冷却，用水淋洗内壁，加入约 10mL 水，静置半小时进行浸提、过滤，定容至 50mL，待测。若滤膜样品取样量较多，可以适当增加硝酸-盐酸混合溶液的体积，需要使滤膜浸没其中。对于滤筒样品，取整个滤筒样品，剪成小块后，加入 40mL 的硝酸-盐酸混合溶液，使滤筒浸没其中，其余操作与滤膜样品相同，最后定容至 100mL。

电热板消解法：取整张或部分滤膜样品，用陶瓷剪刀剪成小块置于聚四氟乙烯烧杯中，加入 15mL 的硝酸-盐酸混合溶液，使滤膜浸没其中，盖上表面皿，在 100℃加热回流 2h 时后冷却。用水淋洗内壁，加入约 10mL 水，静置半小时进行浸提、过滤，用水定容至 50mL，待测。若滤膜样品取样量较多，可适当增加硝酸-盐酸混合溶液的体积，使滤膜浸没其中。对于滤筒样品，取整个滤筒样品，剪成小块后，加入 40mL 的硝酸-盐酸混合溶液，使滤筒浸没其中，其余操作与滤膜样品相同，最后定容至 100mL。

待测试样的制备：移取 5mL 经消解后的样品置于 10mL 比色管中，按照表 3-4 加入盐酸溶液、硫脲-抗坏血酸混合溶液，混匀，室温放置 30min。用水定容至标线，混匀。

表 3-4　定容至 10mL 时的试剂加入量

名称	硒、铋	砷、锑
盐酸溶液/mL	2.0	2.0
硫脲-抗坏血酸混合溶液/mL	—	2.0

空白试样：取与样品相同批次的空白滤膜（或滤筒），按照制备试样的相同步骤进行实验室空白试样的制备。取与样品相同批次的空白滤膜（或滤筒），与样品在相同的条件下保存、运输；将空白滤膜（或滤筒）安装在采样器上不进行采样，空白滤膜（或滤筒）在采样现场暴露时间与样品滤膜（或滤筒）从取出直至安装到采样器时间相同，随后取下空白滤膜（或滤筒）并随样品一起运回实验室，按照试样的制备相同的步骤进行全程序空白试样的制备。

c. 结果分析

原子荧光光谱仪需要开机预热，按照仪器使用说明书设定灯电流、负高压、载气流量、屏蔽气流量等工作参数。

建立校准曲线：分别移取 0mL、0.5mL、1mL、2mL、4mL 和 5mL 砷标准使用液于 50mL 容量瓶中，分别加入 10mL 盐酸溶液、10mL 硫脲-抗坏血酸混合溶液，在室温下放置 30min（室温低于 15℃时，置于 30℃水浴中保温 30min），用水定容至标线，混匀。硒、铋、锑的校准系列溶液配制同理，四种校准系列溶液浓度见表 3-5。

表 3-5　各元素校准系列溶液浓度

元素	标准系列溶液浓度/(μg/L)					
砷	0.0	1.0	2.0	4.0	8.0	10.0
硒	0.0	2.0	4.0	6.0	8.0	10.0
铋	0.0	1.0	2.0	4.0	8.0	10.0
锑	0.0	2.0	4.0	6.0	8.0	10.0

以硼氢化钾溶液为还原剂、盐酸溶液为载流，由低浓度到高浓度顺次测定砷、硒、铋、锑校准系列标准溶液的原子荧光强度。以相应元素的质量浓度为横坐标，以原子荧光强度为纵坐标，即可建立校准曲线。

试样测定：将制备好的试样导入原子荧光光谱仪中，按照与建立校准曲线相同的仪器工作条件进行测定。如果被测元素浓度超过校准曲线浓度范围，则需进行稀释后重新测定。另外，按照相同的操作程序测定实验室空白和全程序空白。

结果计算：滤膜样品中目标元素的浓度按式(3-2)计算。

$$\rho = \frac{(\rho_i - \rho_0)VV_2 n}{V_s V_1} \tag{3-2}$$

式中，ρ 为滤膜样品中目标元素的浓度，ng/m^3；ρ_i 为试样中目标元素的浓度，g/L；ρ_0 为空白试样中目标元素的浓度，g/L；V 为试样消解后的定容体积，mL；V_1 为分取消解液的体积，mL；V_2 为分取后试样的定容体积，mL；n 为滤纸平均切割的份数，即采样滤膜面积与消解时截取的面积之比；V_s 为标准状态下（273K，101.325kPa）或实际状态下采样体积，m^3。

滤筒样品中目标元素的浓度按式(3-3)计算。

$$\rho = \frac{(\rho_i - \rho_0)VV_2 \times 10^{-3}}{V_{nd}V_1} \tag{3-3}$$

式中，ρ 为滤筒样品中目标元素的浓度，g/m^3；ρ_i 为试样中目标元素的浓度，g/L；ρ_0 为空白试样中目标元素的浓度，g/L；V 为试样消解后的定容体积，mL；V_1 为分取消解液的体积，mL；V_2 为分取后试样的定容体积，mL；V_{nd} 为标准状态下干烟气的采样体积，m^3。

3.2.2.3 水溶性离子

水溶性离子包括水溶性无机阴离子（F^-、Cl^-、NO_2^-、NO_3^-、PO_4^{3-}、Br^-、SO_4^{2-}）和阳离子（Na^+、K^+、NH_4^+、Ca^{2+}、Mg^{2+}），这些成分在大气颗粒物中占有较大的比例。水溶性离子可以通过分光光度法、离子色谱法等技术进行测定，这里主要介绍离子色谱法。

(1) 技术概要

离子色谱法（IC）是一种液相色谱分析技术，基于离子型化合物中各离子组分与固定相表面带电荷基团进行可逆性离子交换能力的差别实现分离，对于多种水溶性阳离子、阴离子有很好的检测效果对颗粒物组成的分析方便快速，灵敏度高、选择性好，而且一次进样可以同时分析多种离子的组成与浓度，在颗粒物组成分析方面，尤其是对水溶性离子的分析应用广泛。

根据《环境空气 颗粒物中水溶性阳离子（Li^+、Na^+、NH_4^+、K^+、Ca^{2+}、Mg^{2+}）的测定 离子色谱法》（HJ 800—2016），离子色谱法可以用于测定环境空气颗粒物中的多种水溶性阳离子（Li^+、Na^+、NH_4^+、K^+、Ca^{2+}、Mg^{2+}）。该方法通过去离子水超声提取收集的空气颗粒物样品，阳离子色谱柱交换分离，然后使用抑制型或非抑制型电导检测器检测。根据混合标准溶液中各阳离子出峰的保留时间以及峰高（或峰面积）进行定性和定量的检测。

(2) 仪器和设备

环境空气颗粒物采样器、环境空气降尘样品集尘缸、采样滤膜、离子色谱仪、滤膜盒、样品瓶、超声波清洗器、抽气过滤装置、样品管、一次性水系微孔滤膜针筒过滤器、一次性注射器等。

① 环境空气颗粒物采样器：采样装置由采样头、采样泵和流量计组成。其中，采样头配备不同切割器以采集 TSP、PM_{10} 和 $PM_{2.5}$ 颗粒物；流量计为中流量（60～125L/min），流量示值误差≤2%；其他性能和技术指标应符合 HJ 93、HJ 194、HJ/T 374、HJ/T 375 的相关规定。

② 采样滤膜：滤膜需要满足颗粒物采样的技术要求，一般选用空白值较低、吸湿性较低的玻璃纤维、石英或其他材质的优质滤膜。

③ 离子色谱仪：由离子色谱仪、操作软件及所需附件组成，如图 3-14 所示。色谱柱选用阳离子分离柱（聚二乙烯基苯/乙基乙烯苯，具有羧酸或磷酸功能团、高容量色谱柱）和阳离子保护柱。

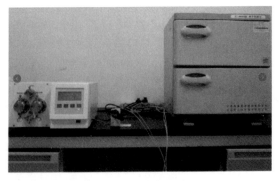

图 3-14 IC-8600 型离子色谱仪

(3) 检测方法

① 样品采集　环境空气颗粒物样品采集分为滤膜采集及降尘采集两种,其中环境空气颗粒物滤膜样品的采集需要按照 HJ 618、GB/T 15432 和 HJ 194 进行,采样流量为 100L/min,采样时间为 24h±1h；环境空气颗粒物降尘样品的采集按照 GB/T 15265 的相关规定执行,采样时间为 30d±2d,需要注意采样前不能在集尘缸中加入硫酸铜、防冻液等化学试剂。滤膜样品采集后存放于滤膜盒中,避免折叠或挤压,需要在常温、无刺激性气体、避免阳光照射的环境条件下,置于干燥器内密封保存,在 7d 内完成测定；降尘样品需要置于样品瓶中,干燥器内保存,30d 内完成测定。

② 样品制备　对于颗粒物滤膜样品,小心剪取 1/4~1 张的滤膜,放入样品瓶中,加入 100mL 的实验用水浸没滤膜,加盖浸泡 30min。使用超声波清洗器超声提取 20min,提取液通过抽气过滤后倒入样品管,通过离子色谱仪的自动进样器直接进样测定。另外,也可以使用带有水系微孔滤膜针筒过滤器的一次性注射器手动进样测定。

对于降尘试样,首先需要准确称取 0.1g 样品,转入样品瓶中,加水 100mL。再将其置于超声波清洗器内超声提取 20min,提取液经抽气过滤装置过滤后,制备成环境空气降尘试样,待测。当降尘样品不足 0.1g 时,酌量称取。

此外,还需要制备实验室空白试样与全程序空白试样。对于颗粒物滤膜实验室空白试样,使用与采样滤膜相同的滤膜,按照与颗粒物滤膜试样相同的步骤制备。对于降尘实验室空白试样,不采集降尘样品,按照与降尘试样相同的步骤制备。而全程序空白试样,需要将与采样滤膜相同的滤膜带至采样现场,不采集颗粒物样品,按照样品的运输和保存要求,与样品一起带回实验室,按照与颗粒物滤膜试样相同的步骤制备。

③ 结果分析

a. 离子色谱分析的参考条件　根据仪器使用说明书优化设备的测量条件或参数,按照实际样品的基体及组成优化淋洗液浓度,标准中给出的两种离子色谱分析条件可供参考。

参考条件 1：使用阳离子分离柱,甲磺酸淋洗使用液,流速 1mL/min,抑制型电导检测器,连续自循环再生抑制器,进样量 25μL。此参考条件下的标准溶液色谱图如图 3-15 所示。

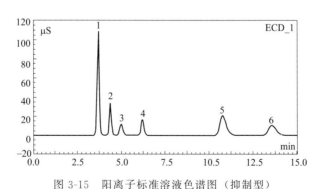

图 3-15　阳离子标准溶液色谱图(抑制型)
1—Li^+; 2—Na^+; 3—NH_4^+; 4—K^+; 5—Mg^{2+}; 6—Ca^{2+}

参考条件 2：使用阳离子分离柱,硝酸淋洗使用液,流速 0.9mL/min,非抑制型电导检测器,进样量 25μL。此参考条件下的标准溶液色谱图如图 3-16 所示。

b. 绘制标准曲线　根据样品中各离子的相对含量,分别配制混合标准系列。分别准确

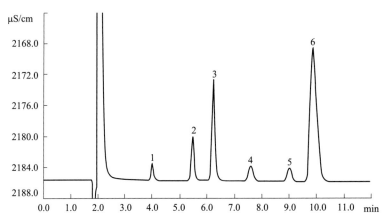

图 3-16 阳离子标准溶液色谱图（非抑制型）
1—Li^+；2—Na^+；3—NH_4^+；4—Mg^{2+}；5—K^+；6—Ca^{2+}

移取 0mL、1mL、2mL、5mL、10mL、20mL 的混合标准使用液，置于一组 100mL 的容量瓶中，用水稀释至标线，混匀。配制成 6 个不同浓度的混合标准系列，标准系列中各离子的质量浓度见表 3-6。按其浓度由低到高的顺序依次注入离子色谱仪，记录峰面积或峰高，再以各离子的质量浓度为横坐标，峰面积或峰高为纵坐标，绘制出标准曲线。

表 3-6 阳离子标准系列浓度

阳离子	标准系列浓度/(mg/L)					
Li^+	0.00	0.10	0.20	0.50	1.00	2.00
Na^+	0.00	0.50	1.00	2.50	5.00	10.00
NH_4^+	0.00	0.10	0.20	0.50	1.00	2.00
K^+	0.00	0.50	1.00	2.50	5.00	10.00
Ca^{2+}	0.00	2.50	5.00	12.50	25.00	50.00
Mg^{2+}	0.00	0.50	1.00	2.50	5.00	10.00

c. 试样的测定　按照与绘制标准曲线相同的色谱条件和步骤，将试样注入离子色谱仪测定颗粒物的阳离子组成及浓度，以保留时间定性，峰高（或峰面积）定量。按照与绘制标准曲线相同的色谱条件和步骤，将实验室空白试样和全程序空白试样分别注入离子色谱仪测定阳离子浓度。

d. 结果计算　滤膜颗粒物样品中水溶性阳离子（Li^+、Na^+、NH_4^+、K^+、Ca^{2+}、Mg^{2+}）的质量浓度（ρ，$\mu g/m^3$）按照式(3-4)计算。

$$\rho = \frac{(\rho_1 - \rho_0)VND}{V_{nd}} \tag{3-4}$$

式中，ρ 为滤膜样品中阳离子的质量浓度，$\mu g/m^3$；ρ_1 为试样中阳离子的质量浓度，mg/L；ρ_0 为滤膜实验室空白试样中阳离子质量浓度平均值，mg/L；V 为提取液体积，100mL；N 为滤膜切取份数，取整张滤膜超声提取则 $N=1$，取 1/4 张滤膜则 $N=4$；D 为试样稀释倍数；V_{nd} 为标准状态下（101.325kPa，273K）采样总体积，m^3。

降尘样品中水溶性阳离子（Li^+、Na^+、NH_4^+、K^+、Ca^{2+}、Mg^{2+}）的质量分数（ω，mg/g）按照式(3-5)计算。

$$\omega = \frac{(\omega_1 - \omega_0)VD \times 10^{-3}}{m} \tag{3-5}$$

式中，ω 为降尘样品中阳离子的质量分数，mg/g；ω_1 为试样中阳离子的质量浓度，mg/L；ω_0 为降尘实验室空白试样中阳离子质量浓度平均值，mg/L；V 为提取液体积，100.0mL；D 为试样稀释倍数；m 为称取降尘样品的质量，g。

3.2.3 颗粒物检测方法

3.2.3.1 降尘的测定——重量法

（1）适用范围

本标准规定了测定环境空气中降尘的重量法。

本标准适用于环境空气中降尘的测定。

本标准测定的降尘的方法检出限为 0.3t/（km²·30d），测定下限为 1.2t/（km²·30d）。

（2）术语和定义

降尘：在空气环境条件下，靠重力自然沉降在集尘缸中的颗粒物。

（3）方法原理

空气中可沉降的颗粒物，沉降在装有乙二醇水溶液做收集液的集尘缸内，经蒸发、干燥、称重后，计算降尘量。

（4）干扰和消除

树叶、枯枝、鸟粪、昆虫、花絮等会对测定产生干扰，样品测定前应去除。

（5）试剂和材料

除非另有说明，分析时均使用符合国家标准的分析纯试剂，实验用水为蒸馏水或同等纯度的水。

① 乙二醇（$C_2H_6O_2$）。

② 乙二醇水溶液。乙二醇和水以 1∶1 的体积比混合。

（6）仪器和设备

① 集尘缸：内径 15cm±0.5cm，高 30cm 的圆柱形缸，材质为有机玻璃、玻璃或陶瓷，缸底平整，内壁光滑。如有磨损，应立即更换。

② 金属或尼龙筛：孔径 1mm。

③ 软质硅胶刮刀。

④ 瓷坩埚：100mL。

⑤ 电热板：2000～4000W。

⑥ 烘箱。

⑦ 电子分析天平：实际分度值 0.1mg。

⑧ 一般实验室常用仪器和设备。

（7）样品

① 采样点的设置。

监测点位布设应满足 HJ 194 中监测点位布设相关技术要求。

选择采样点时，应优先考虑集尘缸不易损坏的地方，还要考虑操作者易于更换集尘缸，采样点一般设在建筑物的屋顶，采样点周围应设置明显标识，防止误入。

集尘缸放置高度应距离地面8~15m，即普通住宅3~5层。在同一地区，各采样点集尘缸的放置高度应尽可能保持一致。在保证监测点具有空间代表性的前提下，若所选监测点位周围半径300~500m范围内建筑物平均高度在25m以上，无法满足高度设置要求时，集尘缸放置高度可在20~30m范围内选取。如放置在屋顶上，集尘缸口离建筑物墙壁、屋顶等支撑物表面的距离应大于1m，避免支撑物上扬尘的影响。

集尘缸的支架应稳定和坚固，防止摇摆或被风吹倒。

在林区、公园等鸟类聚集处布设点位时，可根据需要，在不影响样品采集和人体安全的前提下，通过声波、光波、加装防鸟装置等方式驱鸟。

② 准备工作。

集尘缸放到采样点前，加入120mL乙二醇水溶液，干旱、蒸发量大的地区可酌情增加乙二醇水溶液加入量。加好溶液后，用保鲜膜覆盖缸口做好防尘，并记录。

③ 样品的收集。

放缸时取下保鲜膜，记录地点、缸号、放缸时间（月、日、时）。按月（28~31d）定期更换集尘缸，采样记录时间应精确到0.1d。取缸时应核对地点、缸号，并记录取缸时间（月、日、时），用保鲜膜覆盖缸口做好防尘，带回实验室。在夏季多雨及冬季多雪季节，应注意缸内积水或积雪情况，为防水或雪满溢出，应及时更换新缸，采集的样品合并后测定。在样品收集过程中，如缸内收集液高度低于0.3cm，应适当补充乙二醇水溶液。

④ 样品保存。

样品采集后应尽快分析，如不能24h内分析，应将样品进行转移后，补加适量乙二醇，并用保鲜膜覆盖烧杯口，7d内测定。

(8) 分析步骤

① 瓷坩埚的准备。

将瓷坩埚洗净、编号，在105℃±5℃下，烘箱烘干3h，取出放入干燥器内，冷却至室温，用电子分析天平称量，再烘50min，冷却至室温，再称量，直至恒重（2次质量之差小于0.4mg），恒重后取最后2次称量值均值为m_0。

② 降尘样品的测定。

测量集尘缸的内径（按不同方向至少测定3处，取其算术平均值，精确至0.1cm），然后用光洁的镊子将落入缸内的树叶、昆虫等异物取出，并用水将附着在异物上的尘粒冲洗下来后，将异物弃掉。用软质硅胶刮刀把缸壁刮洗干净，将缸内溶液和尘粒通过金属或尼龙筛，全部转入500mL烧杯中，用水反复冲洗截留在筛网上的异物以及软质硅胶刮刀，将附着在上面的尘粒冲洗下来后，将筛上异物弃掉。

将烧杯中的收集液在电热板上缓慢加热蒸发，使体积浓缩到10~20mL，冷却后用水冲洗杯壁，并用软质硅胶刮刀把杯壁上的尘粒刮洗干净，将溶液和尘粒全部转移到已恒重的瓷坩埚中，放在电热板上缓慢加热至近干（溶液少时防止崩溅），然后放入烘箱于105℃±5℃烘干，称量至恒重，恒重后取最后2次称量值均值为m_L。

③ 空白试验。

将采样操作和样品保存时加入总量相同的同批次乙二醇水溶液，加入500mL烧杯中。按照②相同的步骤进行实验室空白试样的制备，称量至恒重后，减去瓷坩埚的质量m_0，得到m_2。

④ 空白加标样的测定。

称取质控样品、采样操作和样品保存时加入总量相同的同批次乙二醇水溶液加入集尘缸，按照相同步骤进行实验室空白加标样的测定。

(9) 结果计算与表示

① 结果计算。

降尘总量按照下式计算：

$$m = \frac{1-m_0-m_2}{A \times t} \times 30 \times 10^4$$

式中，m 为降尘总量，$t/(km^2 \cdot 30d)$；m_1 为降尘、瓷坩埚和乙二醇水溶液蒸发至干并在 105℃±5℃ 恒重后的质量，g；m_0 为瓷坩埚在 105℃±5℃ 烘干恒重后的质量，g；m_2 为采样操作和样品保存等量的乙二醇水溶液蒸发至干并在 105℃±5℃ 恒重后的空白试样质量，g；A 为集尘缸缸口面积，cm^2；t 为采样时间（精确到 0.1d），d；30 为个采样周期，以 30d 计；10^4 为 g/cm^2 转换为 t/km^2 的单位换算系数。

② 结果表示。

测定结果小数点后保留位数与方法检出限一致，最多保留 3 位有效数字。

(10) 质量保证和质量控制

① 实验室内质控样品制备过程：采集无污染或污染较少的农田土（应使用黄壤等，避免使用红壤和含有机质高的森林土壤类），手工去除石块、木块，风干后研磨过 200 目筛，制得 1 份约为 200g 的样品，备用。使用前应在 105℃±5℃ 下烘干恒重，再称量。

② 每批样品应至少做 2 个空白试样，空白测定值应低于 0.0100g。

③ 每批样品测定时，应以空白加标的方式至少分析 1 个实验室内质控样品，其回收率为 90%～110%。

(11) 注意事项

① 每个样品所使用的烧杯、瓷坩埚等的编号应一致，并将与其相对应的集尘缸的缸号一并及时填入记录表中。

② 瓷坩埚在烘箱、干燥器中，应分离放置，不可重叠。

③ 样品在瓷坩埚中浓缩时，不要用水洗涤坩埚，否则将在乙二醇与水的界面上发生剧烈沸腾使溶液溢出。当浓缩至 20mL 以内时应降低加热温度并不断摇动瓷坩埚，使降尘粘附在瓷坩埚壁上，避免样品溅出。

④ 干旱、蒸发量大的地区无法保证采样周期内全程为湿法采样，采样时可在集尘缸底部铺一层直径为 12mm 的玻璃珠，并在原始记录中对采样方式予以说明。

⑤ 降尘总量中可燃物测定的操作步骤参见标准附录 A。

⑥ 加热方式除电热板加热外，也可选择水浴加热的方式。

⑦ 根据需求，可采集平行样。

3.2.3.2 可吸入颗粒物的测定——撞击式称量法

(1) 原理

利用二段可吸入颗粒物采样器（$D_{50}=10\mu m$，$\delta_g=1.5\mu m$），以 13L/min 的流量分别将粒径大于等于 $10\mu m$ 的颗粒采集在冲击板的玻璃纤维滤纸上，粒径小于或等于 $10\mu m$ 的颗粒采集在预先恒重的玻璃纤维滤纸上，取下再称量其质量，以粒径 $10\mu m$ 颗粒物的质量除以标准状况下的采样体积,即得出可吸入颗粒物的含量。检测下限为0.05mg。

(2) 仪器

① 可吸入颗粒物采样器:$D_{50} \leqslant (10 \pm 1)\mu m$,几何标准差$\delta_g = (1.5 \pm 0.1)\mu m$。

② 天平:精确至0.1mg或1/0.01mg。

③ 皂膜流量计。

④ 秒表。

⑤ 玻璃纤维滤纸:直径为50mm的圆形滤纸;外周直径为53mm、内周直径为40mm的环形滤纸。

⑥ 干燥器。

⑦ 镊子。

(3) 流量计校准

用皂膜流量计校准采样器的流量计,将流量计、皂膜计及抽气泵连接进行校准,记录皂膜计两刻度线间的体积及通过的时间,体积按下式换算成标准状况下的体积（V）,以流量计的格数对流量作图。

$$V = V_m \frac{(P_b - P_v)T_s}{P_s T_m}$$

式中　V_m——皂膜两刻度线间的体积,mL;

　　　P_b——大气压,kPa;

　　　P_v——皂膜计内水蒸气的压力,kPa;

　　　P_s——标准状况下的压力,kPa;

　　　T_s——标准状况下的温度,℃;

　　　T_m——皂膜计温度,K。

(4) 采样

将校准过流量的采样器入口取下,旋开采样头,将已恒重过的圆形滤纸安放于冲击环下,同时于冲击环上放置环形滤纸,再将采样头旋紧,装上采样头入口,放于室内有代表性的位置,打开开关旋钮计时,将流量调至13L/min,采样24h,记录室内温度、压力及采样时间,注意随时调节流量保持在13L/min。

(5) 分析步骤

取下采完样的滤纸,带回实验室,在与采样前相同的环境下放置24h,称量至恒重(mg),以此质量减去空白滤纸的质量得出可吸入颗粒的质量(mg)。将滤纸保存好,以备成分分析用。

(6) 计算

可吸入颗粒物含量按下式计算。

$$c = \frac{M}{V_0}$$

$$V_s = 13T$$

式中　c——可吸入颗粒物含量,mg/m³;

　　　M——颗粒物的质量,mg;

　　　V_0——V_s换算成标准状况下的采样体积,m³;

V_s——采样体积,L;
13——流量,L/min;
T——采样时间,min。

(7) 注意事项

① 采样前,必须先将流量计进行校准。采样时准确保持流量 (13L/min)。
② 称量空白及采过样的滤纸时,环境及操作步骤必须相同。
③ 采样时必须将采样器部件旋紧,以免样品空气从旁侧进入采样器。

3.3 微生物污染物检测

3.3.1 细菌采样和检测方法

采用撞击式空气微生物采样器,使空气通过狭缝或小孔产生高速气流,将悬浮在空气中的微生物采集到营养琼脂平板上,经36℃±1℃、48h培养后得到细菌菌落。

营养琼脂培养基制备所需原料:蛋白胨10g,牛肉浸膏3g,氯化钠5g,琼脂20g,蒸馏水1000mL。将蛋白胨、肉膏、氯化钠溶于蒸馏水中,校正pH为7.2～7.6,加入琼脂,121℃下高压灭菌20min。待冷却至45℃时,制成平板备用。

所需仪器设备:六级筛孔撞击式微生物采样器、高压蒸汽灭菌器、恒温培养箱以及制备培养基用的一般设备(量筒、锥形瓶、pH计或pH精密试纸等)。

采样前,应关闭门窗、空气净化设备及新风系统至少12h。采样时,门窗、空气净化设备及新风系统仍应保持关闭。使用空调的室内环境,应保持空调正常运转。

采样点的数量应根据所监测的室内面积和现场情况而定,正确反映室内污染物水平。单间小于25m²的房间应设1个点;25～50m²(不含)应设2～3个点;50～100m²(不含)应设3～5个点;100m²及以上应至少设5个点。

单点采样在房屋的中心位置布点,多点采样时应按对角线或梅花式均匀布点。采样点应避开通风口和热源,离墙壁距离应大于0.5m,离门窗距离应大于1m。

原则上采样点高度应与成人的呼吸带高度相一致,相对高度在0.5～1.5m之间。在有条件的情况下,考虑坐卧状态的呼吸高度和儿童身高,增加相对高度在0.3～0.6m的采样。

以无菌操作,将营养琼脂平板逐级装入六级筛孔撞击式微生物采样器,以28.3L/min流量采集10min。采样器使用按照说明书要求进行。将采集后的营养琼脂平板储存于4℃,并尽快返回实验室进行培养。将采集后的营养琼脂平板倒置于36℃±1℃培养48h,菌落计数。

室内空气中细菌总数浓度按下式计算:

$$c = \frac{\sum_{i=1}^{6} N_i \times 1000}{vt}$$

式中 c——细菌总数浓度,CFU/m³;
N_i——每级平板菌落数,CFU;
v——采样流量,L/min;
t——采样时间,min。

一个区域空气中细菌总数的测定结果按该区域全部采样点中细菌总数测定值的最大值给出。

在采样开始前，确保所有试剂和材料为无菌状态，操作过程中避免人为污染。如需进行特定细菌（如乙型溶血性链球菌、嗜肺军团菌）的采样与检测，可按照《公共场所卫生检验方法　第3部分：空气微生物》（GB/T 18204.3—2013）的方法执行。

3.3.2　病毒采样和检测方法

不同病毒采样方法依标准的不同可能有所差异，以室内气溶胶中新型冠状病毒为例。样品采集应符合《室内环境空气质量监测技术规范》（HJ/T 167—2004）、《环境空气质量手工监测技术规范》（HJ 194—2017）的规定。采样点的设置应符合 HJ/T 167—2004、《环境空气质量监测点位布设技术规范（试行）》（HJ 664—2013）的规定。

采样前应根据采样任务和计划确定采样器类型、配件、辅助器材及其相应数量。根据不同类型空气采样器具体要求进行样本采集。采样器一般固定于支架上或置于平稳的表面上，采样高度应根据具体情境和需求进行调整，一般情况下采样器进气口距离地面高度建议为1.2～1.5m。调整采样器流量至设定范围并记录采样开始时间，确保采样器运行正常且气密性良好。采样过程中应避免采样器周围有人为因素的气流干扰时，采样时间应根据实际环境中病毒的浓度水平进行调整。一般情况下病毒气溶胶的采样时间建议为 15～30min。采样结束时，应记录采样结束时间、采样器流量、实时温度、气压和采样点等信息。

用于核酸检测的样本应尽快进行检测，24h 内可以完成检测的样本可置于4℃保存；24h内无法检测的样本则应置于−70℃冰箱保存（如无−70℃保存条件，则于−20℃冰箱保存）。

宜采用荧光定量 RT-PCR 诊断试剂盒说明书上建议的配套提取试剂。在 BSL-2 实验室内使用核酸提取试剂盒进行病毒核酸的提取。核酸提取后，应将核酸产物封盖分装，用于后续检测。

在 BSL-2 实验室中，采用经国家药品监督管理局批准的荧光定量 RT-PCR 诊断试剂进行病毒核酸检测。RT-PCR 反应体系和操作参考相关厂家试剂盒说明。每一次 RT-PCR 反应均应设置阴性对照、阳性对照和无模板空白对照，以确保扩增体系工作正常。按照相应标准、规范要求及厂家提供的说明书，对检测结果进行判读。

3.4　其他污染物检测

3.4.1　物理性污染物检测方法

物理性污染是指由物理因素引起的环境污染，室内空气中物理性污染物物质主要指颗粒物、纤维尘的污染。物理性污染物的检测包括以下方法。

① 外观检查：通过观察物体外表面的形态、颜色、大小、形状等特征，判断是否存在物理性污染物。

② 显微镜检查：使用显微镜观察样品中的微小颗粒、纤维、毛发等物质，以检测污染物的存在。

③ 颗粒计数：使用颗粒计数仪器对样品中的颗粒进行计数和分析，以判断污染物是否

存在。

④ 光学显微镜分析：使用光学显微镜观察样品中的微小颗粒和纤维，对污染物进行形态、尺寸和颜色等特征分析。

⑤ 粒径分析：通过粒径分析仪器对污染物的粒径大小进行测量和分析，以判断其来源和污染程度。

⑥ 悬浮颗粒物（SPM）采样及分析：通过 SPM 采样器对空气中的悬浮颗粒进行采样，然后使用质谱仪或元素分析仪等设备进行分析，以确定污染物的成分和来源。

⑦ 电子显微镜分析：使用电子显微镜观察样品中的微小颗粒和纤维，对污染物进行形态、尺寸、成分和结构等特征分析。

这些方法通常需要经过实验室检测，但是它们可以提供非常有价值的信息，以帮助确定污染物的来源、类型和程度，并且还可以指导污染物的治理和控制。

3.4.2 放射性污染物质检测方法

放射性污染物是指人类活动造成物料、人体、场所、环境介质表面或者内部出现超过国家标准的放射性物质或者射线。放射性污染物中常见的放射性元素有镭（^{226}Ra）、铀（^{235}U）、钴（^{60}Co）、钋（^{210}Po）、氚（^{2}H）、氩（^{41}Ar）、氪（^{85}Kr）、氙（^{133}Xe）、碘（^{131}I）、锶（^{90}Sr）、钷（^{147}Pm）、铯（^{137}Cs）等。放射性污染主要来源于核工业、核试验、核电站、核燃料的后处理以及人工放射性核素的应用等。放射性污染物对于人体和环境具有严重的危害，需要采取相应的防护措施。

氡被世界卫生组织列为致癌的 19 种主要物质之一，也是我国对人体健康影响较大的 5 种室内污染物之一，是仅次于香烟的第二大致癌诱因。此外白血病、皮肤癌以及出现在儿童中的某些癌症也与氡的照射密切相关。据报道我国每年因室内环境污染而导致的死亡人数达 11 万之多，其中一半（5.5 万人）归因于室内氡污染；全世界患肺癌死亡的人群中有 8%～25% 的人是由吸入空气中的氡造成的。调查表明肺癌的发病率与空气氡浓度成线性关系，可见氡对人体健康有着极大的危害。氡是由放射性元素镭衰变产生的自然界唯一的天然放射性惰性气体，广泛分布在自然界的岩石和土壤中，因此岩石、土壤是室内氡积累的直接来源。室内环境中的氡除与岩石、土壤中含量有关外，建筑物的地基处理方式、地基的裂隙发育程度也直接影响室内氡的含量水平，未加处理的土壤地基及地基裂隙发育的建筑物内氡的含量较高。任何天然水体中都含有一定量的氡，地下水中的氡含量往往比地表河水、溪水和湖水中的氡含量高。氡在水中具有一定的溶解度，随着地下水的使用，溶解在水中的氡会释放到空气中污染环境。

放射性污染物的检测是保障人类健康和环境安全的重要手段，也是监管机构、科研机构和工业企业的必备技术之一。放射性污染物检测方法主要包括放射性核素分析法、放射性同位素标记法、放射性荧光法、放射性核素谱仪法、放射性核素激发法和涂层剥离法，不同的方法适用于不同类型和不同程度的污染物检测。

（1）放射性核素分析法

放射性核素分析法是通过对样品中的放射性核素进行分析，确定放射性污染物的种类、数量和浓度。该方法主要测量样品中放射性核素的放射性、能谱、活度和半衰期等参数，以确定其中的放射性核素种类和数量。通过测量样品的放射性，可以计算出放射性污染物的浓度。

（2）放射性同位素标记法

放射性同位素标记法是将一定数量的放射性同位素标记到样品中，然后通过测量标记物的放射性来分析和检测其中的放射性污染物。这种方法适用于研究化学反应、生物活动和环境动力学等方面的放射性污染，能够快速、准确地确定样品中是否存在放射性污染物。

（3）放射性荧光法

放射性荧光法是将样品置于放射性荧光仪中，测量样品的放射性荧光来检测其中的放射性污染物。该法的原理是利用样品中放射性核素的辐射，使荧光物质激发出荧光，通过测量荧光光强度来确定样品中放射性核素的浓度。

（4）放射性核素谱仪法

放射性核素谱仪法是将样品置于谱仪中，通过测量样品放射性核素的特征能谱来检测其中的放射性污染物。这种方法可以快速准确地分析样品中的放射性核素种类和浓度，是目前较为常用的放射性污染物检测方法之一。

（5）放射性核素激发法

利用某些放射性核素的放射性衰变过程中放出的伽马射线来激发样品中的其他放射性核素产生伽马射线，通过测量这些伽马射线来检测其中的放射性污染物。

（6）涂层剥离法

将含有放射性核素的物质置于一层非放射性涂层上，然后剥离这层涂层并测量其放射性，以确定其中的放射性污染物。

第4章 室内环境空气污染物控制技术

室内环境空气污染物种类繁多、释放周期长，与室内人员接触时间长，对人体健康的影响是复杂的。室内环境空气质量与装饰材料、建筑材料、日用化学品、燃气燃料等诸多因素有关，同时也与建筑的设计构造、通风情况及室外污染物入侵有关。建筑和装修装饰材料、人体新陈代谢及生活和工作活动、室内用品等总是以不同的速率持续不断地将污染物释放到室内。而室内空间有限，若不采积极有效的措施，必然导致室内空气中污染物的浓度不断增加，甚至超过人体可接受的水平。

通风换气是指利用室外空气交换室内空气，从而稀释和排出室内污染物，是最方便、快捷的室内空气质量改善方法，也是在室外大气环境质量优良，温度和湿度适宜的条件下最经济有效的方法。

4.1 自然通风

自然通风是指风压和热压作用下的空气运动，即通过墙体缝隙的空气渗透和通过门窗的空气流动。自然通风不仅可以避免或降低机械通风系统运行能耗，改善室内热环境，而且能够提供新鲜、清洁的自然空气，有利于人体健康，并满足人们亲近自然、回归自然的心理需求。因此，自然通风是一种经济、有效的改善室内空气质量的措施，在条件许可时，应优先考虑。

4.1.1 自然通风原理

4.1.1.1 风压作用下的自然通风

气象学上把空气水平方向的运动称为风，风因水平方向的气压差而产生。若风在运动过程中遇到建筑物，则会产生能量转换，动压转变为静压。于是，迎风面产生正压（约为风速动压力的 0.5～0.8 倍），而背风面产生负压（约为风速动压力的 0.3～0.4 倍）。

为了利用风压进行自然通风，达到通风换气的目的，首先，应从建筑物选址和设计入手，外部风环境合适、平均风速不低于一定水平是建筑物选址的基本要求。此外，在建筑物设计时还需考虑朝向，朝向与当地夏季主导风向呈一定角度通常更有利于自然通风。其次，为了便于形成"穿堂风"，建筑物的进深不宜过大，一般宜小于 14m。最后，要组织好建筑平面和开口的位置及面积，为了引风入室，要从平面、剖面及建筑细部来考虑，如内外围护构件要尽量通透，尽可能将门窗对齐布置在一条直线上，以减少气流阻力，使通风顺畅。此外，由于自然风的变化幅度较大，在不同季节、风速和风向的情况下，应采取相对应的措施，如设计适当的洞口构造形式、百叶可调节的窗户等来调节室内气流状况，顺应外界气流变化，保证自然通风效果。

4.1.1.2 热压作用下的自然通风

热压作用下的自然通风是指因室内外或室内不同高度的空气存在温度差而形成的自然通风。

一般来说，在采暖季节，室外温度低于室内，建筑物内部暖空气上升，并从建筑物顶部附近流出。靠近建筑物底部的室外冷空气则通过开口或缝隙进入建筑物，补充排出的空气。在制冷季节，通常产生的空气流动方向相反。相对而言，采暖季节室内、室外温差较大时，热压作用产生的空气流量也较高。

在采暖季节，室内、室外温度差引起建筑物压力分布不均匀，热压作用随建筑物高度和温度差增大而增强。在高层建筑中，因存在电梯、楼梯井或其他辅助井等，热压作用更加明显。如果建筑物气密性好，各楼层之间无气流通道，则各楼层的热压作用互不影响。

4.1.2 影响自然通风的建筑因素

除风速（风压）和室内外温度差（热压）之外，建筑物渗透性和门窗设置方式及其开启程度也影响自然通风。

4.1.2.1 建筑物渗透性

在一定程度上，风压和热压作用下的通风量取决于建筑物的渗透性。影响建筑物渗透性的主要因素是墙壁缝隙和非常规开口的大小及其分布。渗透作用不仅决定着风压和热压作用下的空气交换量，还影响建筑物内部的气流分布。

建筑物的渗透性可用风机增压法进行评价，即将风机固定在门或窗上，四周密闭，以给定的通风量将空气送入或排出建筑物，通过改变通风量，可以得到室内外压力差与通风量的对应关系。

风机增压法测得的通风量也可用每小时的换气次数表示。尽管风机增压法和示踪气体法测得的通风量具有一定相关性，但是，两者并不等同，也不能直接转化。一般来说，风机增压法测得的通风量远高于实际自然通风量。

风机增压法测量渗透性不受天气条件的影响，便于比较不同建筑物的渗透性能，在涉及能耗之类比较测量时，意义重大。一般地，这样的比较在 4Pa 或 50Pa 下进行。

4.1.2.2 门窗开启程度

在建筑物全年室内小气候控制时代到来之前，人们通过开启门窗让空气流入或流出建筑物，以消除因长时间封闭建筑物而产生的窒闷感和陈腐气味，也可改善热舒适性。与通过缝隙的空气渗透相类似，通过门窗之类建筑物开口的空气输入和输出也是风压和热压作用的结果。与缝隙相比，通过门窗的室内外空气交换量通常要大得多。除风速和室内外温差之外，门窗开口大小和朝向，周围是否存在其他开启的门窗之类孔口，门窗开口与微气流和局地障碍物的方向关系，以及因屋檐和建筑物边缘诱导产生的负压等因素也都影响着通过门窗的自然通风量。

当风速较低时，建筑物的空气输入或输出主要受室内外温度差引起的热压作用，空气交换量随温差增大而增大。通过建筑物的空气交换量也与开口尺寸及其相对位置相关,进口与出口面积越接近,两者的垂直距离越大,通过建筑物的通风量越大。就单一开口而言,开口越靠近中性压力面,其通风量越小。通过门窗的自然通风效果及其可接受性受多种因素的制约,当天气较热时,门窗开启会导致隔热性能良好的建筑物的室内空气温度提高。大风时,门窗开启会导致建筑物内部出现无法接受的通风气流。尽管这两种通风有利于降低室内空气污染水平,但舒适度也会下降。相反,在静风和室内外温差小的情况下,可能只有很小或无空气通过建筑物,此情况下,只借助自然通风换气可能导致人体暴露的空气污染水平较高。

自然通风效果主要根据居住者的主观感受来判断。一般来说,新鲜的室外空气有助于降低室内污染水平。一项住宅甲醛污染相关诉讼案例的调查表明,在受调查的住户中,80%以上的居民描述:在夏季,当开启窗户时,室内甲醛污染引起的不适症状减轻;而采暖季节伊始,住宅密闭程度增加,相关症状明显增强。可见,居住人员调控自然通风对减轻室内空气污染暴露风险意义明显。在技术和经济条件受到制约的地区,由居住人员调控自然通风也可能是唯一的减轻室内污染的措施。

4.1.3 自然通风在建筑中的应用案例

人类在利用室内外条件,如建筑周围环境、建筑构造(如中庭)、太阳辐射、气候、室内热源、机械通风等,在组织和诱导自然通风方面已做了不懈的努力。

4.1.3.1 利用窗户调节自然通风

大多数情况下,自然通风以窗户作为通风口,所以窗户的形式、面积大小及安装方式是影响通风量、通风效率和室内气流分布的主要因素,进而影响室内空气热舒适性和空气质量。2008年,为了北京奥运会而建设的中国农业大学体育馆即为利用窗户调节自然通风的典型建筑。该体育馆顶部安装了400多块高低错落的玻璃天窗,自然光可以透过层次分明的窗户照射场馆,日间提供足够的照明,即使在多云天气条件下,不开灯也能满足一般性训练和娱乐的需要,从而大大节省场馆日常运营成本。除了采光之外,通过这些玻璃天窗,结合南北两侧设置的可电动调节的120个窗户和场馆进出口,可形成热压作用下的自然通风,实现场馆内、外空气交换,有效降低温度,减少空调运行能耗,并保障场馆空气质量。

4.1.3.2 利用中庭调节自然通风

中庭是指由回廊和房间围绕而成的中心庭院,最早的中庭采用露天模式,俗称天井。在炎热的季节,太阳不受阻碍的直射导致中庭温度上升幅度更大。于是,中庭空气向上运动,并诱导空气从中下部流入补充,形成中庭烟囱效应。这种效应可降低中庭气温,改善庭院气候环境。随着社会的发展,有中庭的大型建筑也越来越多,中庭结构模式也趋于多样化。北京奥运主场馆鸟巢和安徽宏村是利用中庭实现自然通风的典型建筑。以鸟巢为例,该场馆的中心位置设计了一个露天的中庭,可享受外部自然环境,还解决了观景与自然光线的限制、建筑成本和安全性等一系列问题。与此同时,借助场馆中心的温度高于场馆外部而形成的热压作用,可实现以场地出入口为进风,开放式馆顶为出风口的自然通风,保证馆内空气清洁。

值得注意的是,有的建筑中庭采用轻质网架结构上铺玻璃的顶棚结构。若不能开启且楼层高度大的话,有可能造成顶棚温度高,而且来自中性压力面以下楼层的污染气流可能进入中性压力面以上的楼层。

4.1.3.3 利用围护结构调节自然通风

围护结构是当今生态建筑普遍采用的一项先进技术，被誉为"可呼吸的皮肤"，既具有节能效果，又可以调节自然通风。围护结构有多种形式，通常采用由双层玻璃或三层玻璃构成的围护结构。在玻璃之间留有空隙形成空气夹层，并配有可调节的百叶。在冬季，空气夹层和百叶构成一个利用太阳能加热空气的装置，以提高建筑外墙表面温度，有利于建筑的保温采暖，并提高进入室内的空气温度；在夏季，利用热压原理使热空气不断从夹层上部排出，达到降温的目的。这种结构可大大减少建筑冷、热负荷，提高自然通风效率。与此同时，还具有避免开窗干扰室内气候、使室内免受室外交通噪声的干扰、夜间可安全通风等优点。

对于高层建筑来说，直接对外开窗容易造成紊流，不易控制，而围护结构则能够很好地解决这一问题。

清华大学环境节能楼是利用围护结构调节自然通风的典型代表。借助可调控的"智能型"外围护结构设计，可自动适应气候条件的变化，并满足室内环境控制的要求，从采光、保温、隔热、通风等多维度改善节能和自然通风效果。该建筑的东立面和西立面采用双层皮幕墙及玻璃幕墙加水平或垂直遮阳两种设计方式。双层皮幕墙可根据室内外的温度差，调节室外空气进出风口的开合，夏季室外空气经过热的玻璃表面加热后升温，在幕墙夹层形成热压通风，带走向室内传递的热量；冬季进风口和出风口关闭后，可减少向室内的冷风渗透。

4.2 空调通风

自然通风受自然条件的影响，具有不确定性，因此，随着人们对室内空气舒适度和洁净度要求的不断提高，以及社会发展和科学技术的进步，兼具通风和空气调节功能的空调系统应用越来越普及。我国大量新建、扩建和改建的酒店、商场、医院、学校、写字楼等大型建筑，基本上都采用了中央空调技术来营造舒适的人工环境。

在强调以人为本的今天，只有创造健康舒适的室内环境，实现建筑节能与环保的协调统一，才能实现建筑环境技术可持续发展。因此，对空调通风系统的空气质量及其影响因素进行分析，研究开发适合于空调通风系统中的新型净化装置，显得十分的迫切和重要。

4.2.1 空调系统

空调是通过各种空气处理手段，如加热或冷却、加湿或减湿和空气净化等，维持室内空气的温度和流动速度，以及洁净度和清新度，以满足舒适性或生产工艺要求的电器。根据空气调节目的，可将空调分为舒适性空调和工艺性空调两大类；舒适性空调以室内人员为服务对象，目的是创造一个舒适的工作或生活环境，提高工作效率或维持良好的健康水平，如住宅、办公室、影剧院、百货大楼的空调；工艺性空调的目的是满足科学研究或生产过程中的需求，如计算机房、电话总机房、精密电子车间和某些特殊的实验室、博物馆等，此时空调的设计应以保证工艺要求为主，室内人员的舒适感是次要的，当然两者通常可以兼顾。

一个完整的建筑物空调系统通常由空气处理设备、空气输送管道和空气分配装置组成，通过向室内不断送入经过处理的空气，来消除室内热、湿干扰及空气污染物，从而维持所需的室内温度、湿度、风速、压力和洁净度等。

空调设备分类如下：

（1）按空气处理设备的设置情况分类

① 集中式空调系统。在这种系统中，所有空气处理设备集中在空调机房。空气处理设备处理全部空气，处理后的空气由风管送到各空调房间。这种空调系统具有处理空气量大、运行可靠、便于管理和维修等优点，但机房占地面积较大。

集中式空调系统按风量是否变化可分为变风量系统和定风量系统，根据送入每个房间的送风管的数目又可分为单风管和双风管系统。

② 半集中式空调系统。在这种系统中，空调机房的空气处理设备仅处理一部分空气，各空调房间内的空气处理设备对室内剩余未处理的空气进行就地处理，并对来自空调机房的空气作补充处理。诱导系统、风机盘管系统是半集中式空调系统的典型例子。这种系统可以满足不同房间对送风状态的不同要求。

③ 分散式空调系统。在这种系统中，空气处理设备完全分散在各空调房间内，因此，又称为局部空调系统。家用空调器即属此类，其特点是将空气处理设备、风机、冷源、热源等都集中在一个箱体内，形成一个非常紧凑的空调系统，接上电源即可进行空气调节。这种空调系统使用灵活、安装简单、节约风管。

（2）按担负室内空调负荷所用的介质分类

① 全空气空调系统。由集中处理的空气来承担室内的热湿负荷。由于空气的比热容小，通常这类空调系统占用建筑空间较大，但室内空气的品质较好。

② 全水空调系统。室内的热湿负荷全部由水作为冷热介质来承担。由于水的比热容比空气大得多，所以在相同情况下，只需要较少的水量，从而使输送管道占用的建筑空间较少。但这种系统不能解决空调空间的通风换气问题，通常情况下不单独使用。

③ 空气-水空调系统。由空气和水（作为冷热介质）来共同承担空调空间的热湿负荷，这种系统有效地解决了全空气空调系统占用建筑空间大和全水空调系统中空调空间通风换气不足的问题，在对空调精度要求不高和采用舒适性空调的场合应用广泛。

④ 直接蒸发空调系统。这种系统中将制冷系统的蒸发器直接置于空调空间内来承担全部的热湿负荷。随着科学技术的发展，目前小管道内制冷剂的输送距离可达到50m，再配合良好的新风和排风系统，使得这类系统在小型空调系统中较多地被采用。其优点在于冷热源利用率高、占用建筑空间小、布置灵活，可根据不同房间的空调要求自动选择制冷和供热。

4.2.2 空调系统对室内空气质量的影响

空调系统的主要任务是将经过处理的空气送入室内空间，以维持室内温度、湿度、洁净度，以及空气流动速度等条件。不同的通风方式和气流组织形式稀释和排除室内污染物的效果不同，室内人员感受到的空气质量也不同。因此，空调系统的任务能否实现取决于空调系统设计和运行管理两个方面。设计欠科学、运行管理不严的空调系统不但无法改善室内空气质量，还可能成为室内空气污染物的发生源或传播途径。实际上，室内空气质量问题在很多情况下是由通风不当引起的。因此，研究空调系统对室内空气质量的影响非常重要。

4.2.2.1 空调系统通风效率

自从20世纪70年代由于节能要求、加强建筑气密性和减小新风量而出现病态建筑综合征以来，人们对新风量越来越重视，将病态建筑综合征归因于缺少新风。对于空调房间而言，改善室内空气质量的有效措施包括合理的室内气流组织和增加新风量两方面。增加新风量是必要的，但增加新风量会导致建筑能耗增大，而且未收到预想效果的实例也很多。因此，只考虑风量而不考虑新风自身质量以及实际效果的行为是不可取的。另外，一般新风过滤器效率不高，又无净化气体的功能，无法清除空气中所含气态污染物质。此外，传统的送风模式以全室空间作为新风稀释对象，当新风通过上部空间时污染物会掺混，再进入工作区时新风可能已经被污染了。

可见，如何在新风量有限的情况下组织合理的通风气流至关重要。通风效率是表示送风排出热和污染物能力的指标。排出污染物的能力也称排污效率，在相同送风量情况下，能维持较低的稳态污染物浓度或者能较快地将污染物浓度降下来（非稳态）的气流组织，其排污效率较高。

4.2.2.2 提高通风效率的措施

对于混合通风，由于送风在整个房间中进行扩散混合，易达到全室空间内温度和污染物浓度一致。因此，要求送风口紊流系数大，掺混性能好，以便增强二次混合气流，提高通风效率。均匀布置送风口有利于混合，排风口的影响相对较小，更有利于避免涡旋，消除死角。有条件的情况下排风口应尽可能靠近污染源以利于就近排除。

对候车室、候机厅等人群密度和空间较大的场合，污染物主要因人体新陈代谢及其活动产生，因此，在人的活动区要保持较高的空气流速，以防止污染物积聚。一般来说，上送上排式气流组织很不利于工作区形成良好的空气品质。另外人体排放的污染物温度通常高于周围空气温度，由上往下的气流并不利于向上浮升的热污染气流排出，其排污效果并不优于上送上排，除非可采用下送上排气流。

对于置换通风，送风量等于分层高度上热污染气流卷吸的空气量。若送风量过大，反而会导致通风效率降低，这通常是由于送风不均匀，局部风速过高，干扰污染物自然上升，或是因出现循环气流，而导致呼吸区污染浓度增加。对于置换通风，室温与人体温差越大，越有利于CO_2和其他污染组分自然上升，通风效率就越高。同样，室内空气平均温度与送风温度之差越大，越有利于改善室内空气品质。另外，送风口扩散性能好、紊流系数小有利于减轻送风气流与室内空气掺混，充分发挥置换作用，将污染物由上部排走。

4.2.2.3 空调系统对室内空气品质的潜在影响

空调系统对于室内空气品质来说是一把双刃剑，一方面可以排出或稀释各种空气污染物，另一方面，可能诱发或加重空气污染物的形成和扩散，形成不良的室内空气品质。从卫生学角度来讲，空调系统不仅要保证热舒适，更重要的是保证人体健康，以牺牲健康为代价的热舒适是不可取的。

经济的发展、摩天高楼的建造与空调设备的普遍应用，增加了某些疾病的传播机会。根据调查，集中式空调制冷设备对人体健康造成的危害或疾病种类高达数十种。根据其对人体的危害、疾病的性质、致病源等，空调病大致可分为三大类：即急性传染病、过敏性疾病（包括过敏性肺炎、加湿器热病等）以及病态建筑综合征。此外，空调形成的不冷不热环境，对人体的生理活动也有一定的影响。空调系统可能以两种方式对室内环境空气质量构成不利影响：一是作为污染物发生源；二是作为污染物的传播途径。

4.2.3 中央空调通风系统污染物传播

4.2.3.1 中央空调系统与严重急性呼吸综合征（SARS）

2003年SARS流行期间，人们开始关注SARS病毒是否可以通过中央空调传播。研究发现SARS病毒可以在空气中进行中短距离传播，至少可以在空气中传播25.3m，空气污染物气溶胶颗粒是这种疾病传播的重要载体，病毒可在空调机内存活较长时间。一些流行病学调查结果显示，部分SARS病例无任何接触史，但都有去过公共场所的经历，因此不排除与中央空调通风系统污染有关。另外，世界卫生组织证实了香港SARS流行事件是典型的SARS病毒污水的液滴和飞沫通过送风管道系统传播的事例。由此可见中央空调通风系统内不洁的尘埃可能成为病毒、细菌的载体，将病原体通过中央空调系统播散到人们活动的室内场所，从而引发经空气传播的呼吸道传染病。

4.2.3.2 中央空调与流行性感冒

中央空调的室内环境易引起感冒等呼吸系统疾病，调查发现，在工作场所和居室使用空调的人群夏季感冒的发生率显著高于工作场所和居室不使用空调的人群（显著性$P<0.01$）。使用中央空调时流感的发生率比不使用中央空调的季节显著提高。中央空调能否引起流行性感冒虽然没有明确的证据，但流感经空气传播的特性说明流感暴发也可能与使用中央空调有关。

4.2.3.3 中央空调与过敏症

过敏症包括过敏性鼻炎、哮喘、过敏性肺泡炎等。引起过敏症的过敏原有真菌、尘螨等。在使用中央空调的各种办公场所中，患过敏性鼻炎、皮炎的人员占较大比例，可能是由于在办公场所，人体、房间和空调机形成了一个封闭的系统，给尘螨提供了易于生存的环境，从而增加了人体与尘螨及其排泄物（变应原）的接触机会，从而引起过敏性鼻炎、皮炎等过敏性疾病。

4.2.3.4 中央空调与病态建筑物综合征

目前环境流行病学研究已证实，空调通风系统的卫生状况、空气交换率和室内空气污染状况与病态建筑物综合征有密切关系，当患者离开相关建筑物后，症状可以得到改善甚至自动消失。据报道，在发达国家，办公建筑物中的病态建筑物综合征的比例高达30%，这种现象普遍存在于写字楼、宾馆、商场等公共场所和住宅中。

4.2.4 中央空调通风系统污染控制方法

中央空调系统是由室内空气、冷冻水、制冷剂和冷却水在各自的系统里不断循环流动，把制冷或加热的能量通过送风系统连续不断地释放给室内空气。因此，必须对中央空调所有接触到空气的循环系统采取相应的控制措施，以减少对室内空气的污染。

4.2.4.1 防止中央空调水系统污染的措施

（1）防止冷冻水系统污染的措施

用喷水室处理空气的开式冷冻水循环系统易受污染，所以在设计、施工和运行管理中应注意采取以下措施：

① 用作热、湿交换的喷水室与冷冻水箱之间应采用重力回水方式，在空调箱中止运行期间，应使底池中的水全部返回冷冻水箱，防止细菌在底池内繁衍滋生；同时应在底池溢水管的溢水器上设置水封罩，水封罩四周必须浸没在喷水室底池的水面以下，以防喷水室内、外空气贯通，使未经过滤的空气进入空调箱内。

② 仅用于冬季加湿的喷水室，应经常更换底池存水，定期对底池清洗消毒，以免细菌和霉菌的滋生。

③ 建立定期清洗、检查、检测水质的制度，及时向水中投放合适的杀菌剂和净化剂，以达到杀菌、阻垢和防腐蚀的目的。

（2）防止冷却水系统污染的措施

防止冷却水系统污染的措施在于对微生物的控制，阻止微生物大量繁殖所造成的危害是循环冷却水系统的关键。控制微生物污染的主要途径有：

① 在开式循环水池上部加盖，避免阳光照射。表面冷却器的冷凝水排出口应设能自动防倒吸并在负压时能顺利排出冷凝水的装置。凝结水管不能直接与下水管道相接。

② 设置旁滤装置，使部分循环冷却水经旁滤池过滤，以除去水中的悬浮物以及藻类生物。

③ 加强补充水处理，改善补充水的水质。

④ 建立定期清洗、检查、检测制度，及时向水中投放杀虫剂和杀菌剂等，净化冷却水。

4.2.4.2 减少中央空调通风系统污染的措施

（1）对新风的处理

根据我国相关规范的要求，确定新风的引入和处理。对新风进行处理时，应尽量保持新风原有的品质；采用新风独立处理（或预处理），尽量减小系统对新风的污染。在设计空调系统时，尽量缩短新风的输送途径，最好使新风直接入室。

（2）回风口安装空气净化器或过滤器

粗效过滤网要定期用消毒液浸泡、清水刷洗，洗净、晾干后使用。每隔两个月清洗一次，对大型公共场所室内含尘量较大、又需要大量回风的系统，宜采用粗效和中效两级过滤进行净化处理。

（3）送风口安装粗效过滤网

对于大面积送风、送风量分配要求不是十分严格的空调系统，可在阻力较小的送风口上安装粗效过滤网，风口上安装过滤网的支管取消调节阀。这样可以降低空调系统的造价，又可使送入室内的空气多经过一级净化过滤。空调系统运行时，风管内壁往往会积累一层薄薄的灰尘，因此有必要在风管系统的干管上设置检查门。人员可以通过检查门定期用移动式高效真空吸尘器对风管内壁进行清洁，以减少空调系统对室内空气的污染；也可以通过检查门往送风管中喷洒一些刺激气味低、对人体健康无害、对风管系统无腐蚀作用的杀菌剂等来改善室内的卫生条件。

(4) 排风系统的设置

排风系统是空调系统重要的组成部分，对室内空气的换气次数影响很大。排风系统的设置应能够及时把室内污浊的空气排走，避免污浊程度较高的空气流向污浊程度低的地方。

(5) 室内相对湿度的合理和科学调节

通风空调系统在施工过程中，应严格按照国家颁布的有关规范、规程施工，减少风管的阻力，降低风管的漏风率，来保证室内的换气次数。有关科学研究显示，当室内相对湿度高于60%时，对微生物的滋长有利。空气处于较小相对湿度时能够抑制细菌的生存、繁殖。因此，空调系统运行时，室内日平均相对湿度应调节到不大于60%。

(6) 风管的清洗

空调系统风管内积聚灰尘不但会严重污染室内的空气，而且会增加风管系统阻力，使空调系统的风量下降。风管内空气的温度和湿度非常适宜某些细菌的生长和繁殖，因此空调风管系统本身就是一个污染源。风管系统的清洁维护是日常工作中最为重要的一个环节，不能只停留在过滤器的清洗或更换上。实践证明风管清洗不但可以提高室内空气的质量，而且可以确保空调系统的高效运行。

4.2.4.3 中央空调空气净化技术的研究与开发

(1) 现有中央空调空气净化技术与应用现状

目前国内外室内空气污染净化技术主要分为三类：除尘技术、气体净化技术和杀菌消毒技术。室内空气除尘采用较多的是纤维过滤式除尘和静电式除尘。活性炭过滤法仍是主要的气体净化方式。杀菌消毒技术现在主要采用O_3和紫外线进行。

近年来纳米二氧化钛光催化技术也得到了长足发展。以纳米二氧化钛为氧化剂，在紫外光的照射下，激发空气中的氧及水分子，通过具有强氧化性的羟基自由基氧化分解室内空气中的各种有机污染物，具有良好的应用前景。但是随着人们对光催化技术研究的深入，发现纳米二氧化钛光催化反应器应用于室内空气中污染物的净化需要有高强度紫外光的照射，污染物浓度较低时尤其如此。而且光催化氧化分解VOCs的动力学过程需经过许多中间步骤，容易生成其他毒性更强的中间产物。在采用中央空调通风系统的大风量、大流速的室内空气中，这些中间产物随着循环风被带到室内各个部位，会带来更大的污染。目前尚有许多机理性的问题需要进一步的深入研究和探讨，可以推断纳米光催化技术在中央空调通风系统中短期内较难进入实际应用阶段。

(2) 纳米生态酶中央空调空气净化装置的研究与应用

纳米生态酶空气净化技术经过多年的研究开发工作取得了重要进展。以表面具有纳米孔隙、具有多种活性基团的活性炭纤维与高分子纤维复合，负载模拟酶催化剂、纳米银杀菌剂后制作成超薄型、低风阻的空气净化材料，可针对室内空气污染的重要污染物——甲醛等有机污染物以及病毒、细菌、粉尘颗粒物、NO_x、SO_2、CO_2等污染物进行净化处理。

根据中央空调通风系统造成空气污染的特点，可用纳米生态酶空气净化技术对现行中央空调系统设备进行技术改造，分别在中央空调机组的新风机组送风管道、主送风管道、主回风管道以及送风口、回风口中加装空气净化单元，利用纳米生态酶空气净化技术，能有效净化室内空气中的各种污染物。

① 新风机组空气净化装置

新风机组是中央空调的重要部件，关系到引入新风的空气质量，现有新风机组内大部分采用纤维过滤网或活性炭过滤装置，其过滤能力、净化功能都受到一定限制。采用纳米生态酶空气净化技术，在新风机组纤维过滤网的后端加装由纳米生态酶空气净化材料制作的净化装置，可以提高新风机组引入的空气质量。

② 送风、回风管道空气净化装置

在中央空调的送风、回风管道的侧端加装与主风道并联的空气净化装置，在主风道上安装截止阀，调节主风道通过的风量，使主风道通过的部分或全部空气通过风量纳米生态酶空气净化装置，从而满足室内空气质量的要求。

③ 送风口空气净化装置

作为中央空调的末端送风口，由于送进室内的空气是通过内部循环，为避免循环空气引入的新风、回风以及送风管道、加湿器、表冷器、帆布连接头和法兰内产生的各种污染物引入室内，最有效的办法是对末端端口的空气进行净化处理。在送风口的净化装置设计上应考虑到如下因素：a. 对由于加装空气净化装置而引起的风压损失进行补偿，通常采用增大净化面积和折叠式固定床净化装置，以保证送风效率；b. 净化装置必须具有一定的容尘能力；c. 净化装置能够拆卸方便，便于清理和更换。

室内建筑装饰装修材料、办公用品、人体的新陈代谢等多种因素容易引起交叉污染，因此有必要在回风口加装空气净化器以对由室内引回到回风管道的空气进行净化处理。与新风机组、主风道、送风口的空气净化装置相比，回风口的空气流速相对较低，这对净化装置的设计比较有利。采用平面或折叠型固定床净化装置，在低风速状态下、能获得较高的室内净化率。

4.2.5 家用空调污染与控制

家用空调在使用过程中，长期循环通风，室内空气中粉尘颗粒物、各种有机物、油污易在空调器室内机组的部件表面附着，从而成为各种微生物滋生、繁殖的场所，繁殖的病毒、细菌通过空调器的送风部件，在室内空气中以气溶胶的形式传播，污染室内空气。开启空调器时，一般会关闭门窗，因此室内的各种污染物更易在空气中富集，对人体健康产生危害。

4.2.5.1 家用空调污染及对人体的危害

家用空调在使用一段时间后，过滤网和散热片上会积聚灰尘、油污及病毒、螨虫、霉菌等有害微生物。室内空气与潮湿的蒸发器表面接触后，再吹回室内。同时开启空调后房间很少开窗换气，这也给病毒、细菌和螨虫等微生物提供了滋生环境。当空调停机后，温度恢复到室温就会使螨虫、细菌繁殖，发生霉变，并产生异味，这样会直接影响到空调使用者的身体健康，引发呼吸道疾病、皮肤病等，导致空调综合征（俗称"空调病"）的发生，对人体的健康构成威胁，儿童、老人等人群更易患"空调病"。

4.2.5.2 家用空调的污染控制措施

（1）加强室内空气流通

在使用室内空调时，应加强室内空气的对外流通，引入一定的室外新鲜空气，来稀释室内空气中的污染物，这是减少室内空气中污染物对人体侵害的一种最直接和最有效方法。

(2) 空调器内部构件的消毒与清洗

许多国家都有立法规定，空调每年必须进行定期清洗消毒。我国也制定了中央空调的污染控制标准和规范，但对空调器内部的散热片、过滤网等部位的清洗消毒尚未引起足够重视。调查表明，家用空调的健康使用情况让人担忧，有报告表明，家用空调散热片上的菌落数为 100～400CFU/cm^2，超过国家制定的中央空调标准的 10000 倍。为此有关专家建议，空调在使用过程中应每 2～3 个月清洗一次，这样能有效去除空调散热片内的病原体，从根本上切断空调的隐形污染源。

对空调的普通清洗只是清洗过滤网、外观件和外壳除尘。但在防尘网后的轴流风扇、滚筒、蒸发器等部位附着有很多细菌和螨虫，也应进行清洁、杀菌。所以普通清洗不能满足大家对室内环境健康的要求。在普通清洗的基础上还应对内部部件进行除污、杀菌，在保证空调使用性能的同时，保障其送风的洁净度。

4.3 新风净化技术

4.3.1 大气污染与新风净化

尽管大多数污染物的室内浓度高于室外，但在特定时段或区域，会出现某些污染物的室外浓度高于室内的情况。传统的通风空调系统在新风入口仅配备粗、中效过滤器，主要针对大颗粒物，净化 PM$_{2.5}$ 的效率非常低。正因为如此，应对 PM$_{2.5}$ 的新风净化近年来受到广泛关注，独立式新风净化系统或者传统空调增加 PM$_{2.5}$ 净化模块也成为一个新发展方向。

4.3.2 新风净化系统分类与构成

新风净化系统是以实现空气清洁为主要目标的通风系统。新风净化系统有不同的分类方法，根据构建方式可分为隐蔽式和外露式；根据是否回风可分回风（或双向流）式和正压（不回风、单向流）式，双向流采用机械送风+机械回风，单向流采用机械送回+自然排回；根据是否配备热交换组件可分为热回收式和非热回收式。

4.3.2.1 隐蔽式新风净化系统

完整的新风净化系统由送风口、排风口、新风主机（包括风机、空气净化、热交换和导流组件）和风管等构成，隐蔽式新风净化系统的新风主机和风管部分通常都隐藏在吊顶天花板或立式布置的包管中，或阳台、储物间和厨房等对噪声要求较低的空间，只有送、排风口和检修维护口外露在室内。隐蔽式新风净化系统属隐蔽工程，必须与建筑工程或建筑物装修同步规划、同步设计、同步施工。这类系统主要用于学校、办公场所和酒店等公共建筑以及私人别墅和成套住宅等，大多与传统的空调系统偶合使用，或作为通风空调系统的一个模块。与传统通风空调系统的本质区别是，新风净化要求更高，具体体现在净化细颗粒物的效率更高，或净化的污染物范围更广。

4.3.2.2 外露式新风净化系统

外露式新风净化系统的构成和运行方式与隐蔽式相同,区别在于外露式新风净化系统的主机外露于室内。因此,系统安装、运行维护要方便得多,而花费通常比隐蔽式少,但会降低室内空气利用率。隐蔽式新风净化系统的进、排风口一般设置在吊顶天花板上,相应地采用上送上排的气流组织模式,而外露式新风净化系统布置要灵活得多,其主机可采用落地和壁挂两种安装方式。

外露式新风净化系统主要用于空间较小或房间数量较少的建筑,否则,需设置多套净化系统,以弥补送风或回风空间受限的不足。有些小型外露式新风净化系统不配置送、回风管道系统,直接利用主机上的风口送、回风。也有仅配置送风、不配排风的系统,使室内空气处于正压状态,利用门窗洞口和墙体缝隙排风。

4.3.3 新风净化、热回收和热湿处理

4.3.3.1 新风净化

与传统空调不同,新风净化系统或单元配备的净化模块净化污染物的范围更广、净化效率更高。其中,能够高效净化细粒子的纤维过滤或高压静电模块、紫外杀菌模块通常是新风净化系统的必备模块。根据实际需要,还可增配吸附、催化净化模块,分别应对挥发性有机物和臭氧之类气态污染物。因此,即使在沙尘和雾霾等污染天气,甚至在传染病流行的地区,设计配置科学、选材和制造可靠、运行维护到位的新风净化系统也能确保进入室内的新风安全、清洁。

4.3.3.2 新风热回收

小型的户式新风净化系统通常采用板式热回收装置或冷凝热回收装置进行热湿处理。板式热回收又分为全热回收和显热回收两种,全热回收装置的换热核心采用特制的纸质材料构造,一般需要定期更换;显热回收装置的换热核心多采用铝合金等金属材料构造,使用寿命较长。冷凝热回收装置由于内置压缩机等运动部件,选择时应注意考察产品噪声和质量。对于集中式新风净化机组,也可考虑转轮热回收装置和热管热回收装置等。热回收新风净化机宜设置旁路,在过渡季节旁通换热核心,以便延长其使用寿命,并降低气流阻力。当新风净化系统需要承担室内全部潜热负荷时,新风温度需要调节到露点温度以下,以便除湿。为避免室内送风口结露,除湿后的新风再热处理后才能送入室内。

4.3.3.3 新风热湿处理

新风热湿处理主要涉及以下方面:

① 冷却减湿处理。利用表面式冷却器,可使温度低于空气终状态温度的制冷工质对新风进行冷却,新风的焓值、温度及含湿量均降低。

② 等湿加热处理。利用蒸汽、热水或电热直接加热新风,可使新风的焓值及温度增加而含湿量保持不变。在严寒地区,为防止冻坏热水盘管,需要对室外引入的寒冷空气进行预热处理,预热热源可以考虑蒸汽、高温热水或电热。

③ 等温加湿处理。利用干蒸汽对新风进行加湿处理,可使新风的焓值及含湿量增加而

温度不变。在有蒸汽源的情况下，可以优先考虑使用干蒸汽加湿器，电加湿器（电热或电极）也可以实现等温加湿过程，但其耗电量过高及对水质要求高的特点限制了其应用范围。

④ 降温升焓加湿处理。利用水喷雾的方式对新风进行加湿处理，新风的焓值及含湿量增加而温度下降。常用的加湿器种类有高压喷雾加湿器、超声波加湿器、湿膜加湿器等。

4.3.4 新风净化系统的运行管理

新风净化系统的风管、风口、过滤网和换热核心等不及时清洗或更换，会造成风管、风口、过滤网上积灰过多而引起二次扬尘，并造成换热核心堵塞而降低换热效率；冷盘管或加湿设备等不及时清洗并消毒，易滋生霉菌，随新风送入房间将对室内人员的身体健康构成直接威胁。因此，加强维护、定期清理过滤网和热交换器的换热核心以及风管和风口等，显得非常重要。

很多建筑为了节约电费或者减少工作量，常年关停新风净化系统，无人操作，全靠开窗通风。在天气寒冷或雾霾风沙天气下室内密闭，室内空气状况严重，因此，新风净化系统的日常管理也非常重要。针对以上情况，一方面，应宣传新风净化对于保障身心健康和提升生活环境品质的重要性，普及相关知识，强化新风健康意识。另一方面，应加强运行管理人员的技能培训，提高新风净化系统运行管理能力，确保面临室外大气污染时，新风净化系统能有效发挥作用，并及时消除二次污染隐患。

4.3.5 新风净化系统调控技术

经过最近几年的发展，我国新风净化技术和产品的研究与应用已取得显著的进步，并且初步形成了一个具有较大发展潜力的产业。但是，在工程应用中也发现，部分净化设施的净化效果并不理想，净化技术和产品在工程应用中表现出很多不足。另外，新风净化系统运行调控技术也有待进一步完善。新风净化系统调控需考虑的问题主要涉及以下方面：

① 基于什么参数的监测进行调控？温度、湿度和二氧化碳是最基本，也是实践证明技术可行、行之有效的监测参数。此外，还需全面考虑应用场景的实际情况，尤其是对空气污染指标和监测技术可得性等进行补充。近年来，在新风净化系统中，已将 $PM_{2.5}$ 和 O_3 浓度等参数纳入常规监测范畴，而甲醛、VOCs 和微生物等指标因监测技术还处于开发、完善中，尚未得到广泛应用。

② 对哪些组件或因素进行调控？可调控的因素主要包括风量和净化组件姿态，需要根据监测参数值，兼顾健康（净化功能）、节能、温度和湿度舒适性需要，进行综合考虑。

参考文献

[1] 张寅平. 国内外新风系统标准现状与趋势 [J]. 现代管理，2017（10）：61-63.
[2] 赵彬. 空气净化系统的设计 [J]. 制冷，2000，19（1）：47-50.
[3] 赵玉磊. 新风系统的技术现状与发展前景探讨 [J]. 洁净与空调技术，2019（2）：22-25.
[4] 郑茜璞. 全新风净化系统用复合过滤材料的研发及性能研究 [D]. 石家庄：河北科技大学，2017.
[5] 祝秀英，陈晓玲，史济峰，等. 集中空调冷却塔军团菌污染卫生管理措施探讨 [J]. 上海预防医学，2012，24（11）：637-640.

[6] Ellacott M V. Reed S. Development of robust indoor air quality models for the estimation of volatile organic compound concentrations in buildings [J]. Indoor & Built Environment, 1999, 8 (6): 345-360.

[7] Faber J, Brodzik K, Lomankiewiez D, et al. Temperature influence on air quality inside cabin of conditioned car [J]. Combustion Engines, 2012, 149 (2): 49-56.

[8] Fan X, Zhu T L, Sun Y F. The roles of various plasma species in the plasma and plasma-catalytic removal of low-concentration formaldehyde in air [J]. Journal of Hazardous Materials, 2011, 196: 380-385.

[9] Gong S Y, Xie Z, Chen Y F, et al. Highly active and humidity resistive perovskite $LaFeO_3$ based catalysts for efficient ozone decomposition [J]. Applied Catalysis B: Environmental, 2019, 241: 578-587.

[10] Han Y J, Li X H, Zhu T L. Characteristics and relationships between indoor and outdoor $PM_{2.5}$ in Beijing: A residential apartment case study [J]. Aerosol and Air Quality Research, 2016, 16: 2386-2395.

[11] Hong W. Shao M P. Zhu T L, et al. To promote ozone catalytic decomposition by fabricating manganese vacancies in e-MnO_2 catalyst via selective dissolution of Mn-Li Precursors [J]. Applied Catalysis B: Environmental, 2020, 274: 1-13.

[12] Hong W, Zhu T L, Sun Y, et al. Enhancing oxygen vacancies by introducing Na into OMS-2 tunnels to promote catalytic ozone decomposition [J]. Environmental Science & Technology, 2019, 53 (22): 13332-13343.

第5章 室内环境空气污染物净化治理技术

室内环境空气污染物净化治理技术是指借助物理、化学和生物等手段降低室内环境空气污染物的浓度，改善室内环境空气质量的技术。因室内环境空气污染物中的颗粒物、气态污染物和有毒有害微生物三大类的性质不同，故采用的净化技术也存在较大的差异。

5.1 有机污染物净化治理

室内环境有机污染物主要是甲醛和苯系物之类的挥发性有机物。室内环境空气的污染源广泛、污染物种类繁多，污染物间具有协同效应，导致室内环境空气对人体健康危害效应十分复杂。

目前针对室内环境有机污染物的净化方法包括吸附净化、催化净化、光解净化、臭氧氧化净化和光催化净化等技术中的一种或多种技术协同催化。

5.1.1 吸附净化技术

吸附净化技术是使用活性炭这一类多孔、表面积大的固体吸附剂将气态污染物富集于表面，从而从气流中分离出来的方法。吸附法具有净化效率高、适用的污染物范围宽、技术成熟和易于推广的优势，是净化室内空气低浓度有机类污染物最常用、最有效的方法。

根据固体吸附剂表面与被吸附质分子之间作用力的不同，吸附可以分为物理吸附和化学吸附。物理吸附是由分子间引力（范德华力）引起的，可以是单层吸附，也可以是多层吸附。化学吸附是由固体吸附剂表面与吸附质分子之间的化学键力引起的，固体吸附剂与吸附质分子之间发生化学反应，因此只能发生单层吸附。在吸附剂上添加氧化还原反应剂或酸性、碱性物质，可使吸附的气体发生氧化或中和反应转变为无害气体，实现气态污染物的去除。另外，还有一些通过电化学聚合反应，使吸附剂或纤维成为具有离子交换功能的净化材料。

5.1.1.1 吸附剂

（1）活性炭

活性炭是许多具有吸附性能的碳基物质的总称，孔结构丰富、吸附性能好，是应用最早、用途最广的吸附剂。活性炭基于各种含碳物质（如煤、木材、锯木、骨头、椰子壳、果壳等）经低于873K的炭化和1123~1173K的活化处理制得。其中最好的原料是椰子壳，其次是核桃壳或水果壳等。

活性炭的比表面积大多为600~1400m^2/g，孔径分布较宽，大部分为微孔（<2nm），

也有中孔（2～50nm）和大孔（>50nm）。微孔适合小分子的吸附，而中孔适合吸附挥发性有机物及半挥发性有机物之类的大分子。大孔和中孔是通向微孔的被吸附分子的扩散通道，支配着吸附分离过程中吸附速度这一重要因素。

（2）活性炭纤维

活性炭纤维（activated caron fiber，ACF）是近年来出现的一种新型高性能吸附材料，一般利用黏胶丝、酚醛纤维和腈纶纤维之类超细有机纤维等作为原料加工制成。活性炭纤维具有很大的比表面积，多数为 $800\sim1500m^2/g$，适当的活化条件可使比表面积达 $3000m^2/g$。活性炭纤维在表面形态和结构上与普通碳基活性炭存在很大区别，活性炭纤维增加了大量的微孔，这些微孔分布狭窄且均匀，孔宽大多数分布在 $0.5\sim1.5nm$，微孔体积占总孔体积的90%左右。因此，活性炭纤维特别适合吸附小分子挥发性有机物。

（3）活性氧化铝

活性氧化铝是将含水氧化铝在严格控制升温条件下，加热到773K，使之脱水而制得的具有多孔、大比表面积结构的活性物质分子筛。根据晶格构造，氧化铝分为α型和γ型。具有吸附活性的主要是γ型，尤其是含一定结晶水的γ型氧化铝，吸附活性高。晶格类型的形成主要取决于焙烧温度，三水铝石在773～873K下焙烧，所得的氧化铝即为不含有结晶水的γ型活性氧化铝；温度超过1173K时，则变成α型氧化铝，比表面积和吸附性能急剧下降。

（4）沸石分子筛

沸石分子筛是一种人工合成的泡沸石，与天然泡沸石一样是水合铝硅酸盐晶体。分子筛具有多孔骨架结构，其分子式为 $Me_{x/n}[(Al_2O_3)_x(SiO_2)_y]\cdot mH_2O$。式中，$x/n$ 是价态数为 n 的金属阳离子 Me 的数目。分子筛在结构上有许多孔径均匀的孔道和排列整齐的洞穴，这些洞穴由孔道连接。洞穴不但提供很大的比表面积，而且只允许直径比其孔径小的分子进入，从而对大小及形状不同的分子进行筛分。根据孔径大小和 SiO_2 与 Al_2O_3 分子比不同，分子筛有不同的型号，如 3A（钾 A 型）、4A（钾 A 型）、5A（钾 A 型）、10X（钾 A 型）、Y（钾 A 型）等。

在室内空气净化中，活性氧化铝和分子筛主要用于吸附小分子有机气体组分和无机气态污染物，或用作改性吸附剂的前体物。

（5）改性吸附剂

室内空气污染物具有浓度低、组分多等特点。通过对上述常用吸附剂或其他多孔材料（包括天然多孔材料）进行改性处理，可增大吸附容量和吸附速率，增强吸附选择性和疏水性，拓宽吸附污染物范围或同步吸附多种污染物的能力。吸附剂改性可立足于改变吸附剂原料配比或制备过程，也可借助改变成品吸附剂的表面物理化学性能实现。目前，应用较多的改性方法包括：①表面氧化改性，目的是提高表面极性，从而改进对极性污染物的亲和力；②表面还原改性，目的是降低表面极性，从而改进对非极性污染物的吸附能力；③表面负载金属氧化物改性，目的是增强吸附剂与污染物的结合力；④表面负载可与污染物发生化学反应的组分，目的是改进化学吸附性能，例如，通过负载有机胺的方式将氨基引入活性炭表面，可大大提高活性炭吸附醛类物质的性能。除此之外，表面非热等离子体改性，微波改性和电化学改性等也是研究的热点。

5.1.1.2 吸附过程的影响因素

吸附过程的影响因素主要包括以下几个方面：

(1) 吸附剂的物理化学性质

吸附剂的物理化学性质包括比表面积、颗粒尺寸及分布、孔隙构造及分布、表面化学结构和电荷性质等。吸附剂种类和制备方法不同，得到的吸附剂物理化学性质也各不相同。这些差异不仅影响吸附量或吸附程度，也会对吸附过程产生影响。比表面积通常被认为是与吸附量关系最密切的参数，一定条件下，吸附量随比表面积增大而增加。但并不是所有的表面都具备吸附能力，只有那些污染气体分子能进入的孔道表面才具有吸附能力。有效吸附表面又与微孔尺寸有关。由于位阻效应，一个分子不易进入小于某一直径的孔道，这个直径也称为临界直径，与吸附质分子的动力学直径有关。

(2) 吸附质的物理化学性质

吸附质本身的性质和浓度及其与吸附剂的匹配性也是影响吸附过程和吸附量的主要因素。例如，采用活性炭吸附有机物时，对于结构类似的有机物，其分子量越大，沸点越高，吸附量越大；对于结构和分子量都相近的有机物，不饱和性越大，越容易被吸附。实际上，只有当吸附剂与吸附质相匹配时，才能获得理想的吸附效果。例如，对于非极性大分子挥发性有机物，非极性活性炭属于理想的吸附剂；对于 SO_2 和 NO 等极性污染物，极性分子筛的吸附能力较强。为了改进非极性活性炭对弱极性分子（包括甲醛等小分子有机物）的吸附能力，需要对其进行氧化、负载金属氧化物或其他化学组分的表面改性处理。

(3) 吸附操作条件

吸附是一种放热过程，降低吸附温度有利于提高吸附量，所以物理吸附总是希望在较低的温度下进行。但对于化学吸附，由于提高温度会加快化学反应进程，所以从提高吸附速率角度考虑，希望适当提高吸附温度。尽管提高操作压力有利于增大吸附速率和吸附量，但是增压会造成系统设备复杂，并增大能耗。对于污染物浓度很低的室内环境空气净化，增压效应更弱。气体通过吸附床层的速度会影响传质过程，从而影响吸附速率。固定吸附床装载的吸附剂体积不变时，增大气流速度（吸附床的断面减小、长度增大）有助于提高吸附速率。但是，气流速度提高会导致气流通过吸附床层的阻力增大，风机能耗提高，因此必须综合考虑各方面因素，确定长径比。

除了上述因素之外，吸附剂装填量、气流分布、共存气体组分、湿度等因素也会对吸附性能产生影响。

5.1.1.3 吸附净化技术在室内空气净化中的应用

吸附净化对低浓度污染物净化效果好，可使污染物浓度降至很低水平。吸附剂具有普适性，部分吸附剂可同步消除多种污染物，因而特别适用于室内环境空气污染物的净化。目前适用于室内环境空气污染物净化的吸附剂主要为颗粒状和蜂窝状。

(1) 活性炭吸附净化苯系物

苯系物和甲醛是室内存在的最主要有机污染物，吸附是降低苯系物浓度的最有效方法。目前，活性炭被广泛应用于净化室内空气中苯系物等分子量较大的挥发性有机物。为了确保或改善活性炭的吸附性能，应用时应关注以下问题：

① 活性炭的预处理。将活性炭原料制成商用室内空气净化产品，必须进行恰当的预处理。例如，对活性炭进行酸或酸碱交替以及清洗处理，去除活性炭中的酸碱可溶性物质和降低灰分，通常是基本的预处理要求。酸碱处理不会破坏活性炭的结构，但可显著提高活性炭的比表面积，使内孔得到充分暴露，从而改善吸附性能。有研究表明，通过酸碱交替处理煤

质活性炭可使其比表面增大将近 1 倍，苯饱和吸附量提高 50% 以上。由于活性炭吸附量与其表面含氧官能团量成反比，因此不宜采用氧化性酸进行预处理，通常采用盐酸水溶液。

② 活性炭对不同苯系物组分的吸附性能存在差异。室内空气苯系物组分多、浓度低，除非进行特殊改性处理，否则活性炭并不能吸附净化所有污染组分。若苯和甲苯共存于空气之中，初期活性炭可同步吸附这两种污染物，后期吸附能力相对较强的甲苯可将吸附态苯置换出来。此外，一些共存于空气中的组分可能劣化活性炭的性能，如室内电器或空气净化器件产生的臭氧会氧化（烧蚀）活性炭，不仅损耗活性炭，而且会改变活性炭的孔结构，从而降低活性炭的吸附性能。

（2）改性活性炭或极性吸附剂吸附净化甲醛

从气固吸附作用机制考虑，甲醛与苯系物的物理化学性质存在显著差异。甲醛的分子量、沸点和分子动力学直径明显小于苯系物，而极性、酸性和水溶性明显大于苯系物。正因为如此，普通活性炭并不能有效净化甲醛，需对活性炭进行改性处理或采用其他吸附剂。目前，常用的甲醛吸附剂主要包括改性活性炭、活性氧化铝和沸石分子筛等。近年来，人们也在研究石墨烯等新材料在甲醛净化中的应用。

对活性炭进行改性处理，使其对甲醛的吸附作用由单一的物理吸附转为物理-化学联合吸附，可显著提高其吸附甲醛性能，已被证明行之有效的改性方法至少包括表面氧化、负载金属氧化物和负载胺类化合物三种。表面氧化改性是指用氧化性酸和过氧化氢氧化处理活性炭。研究表明，采用硫酸、硝酸或过氧化氢处理活性炭，使得表面酸性含氧官能团含量明显提高，可改进对甲醛的吸附能力。负载金属氧化物改性是将活性炭浸渍于金属盐溶液中，再经干燥和焙烧处理，改变活性炭表面化学性能。氧化锰被认为是最有效的金属氧化物，负载其他过渡金属氧化物也能显著提高活性炭吸附甲醛性能。有研究表明，浸渍碳酸钠或亚硫酸钠溶液，也能提高活性炭吸附甲醛容量、延长吸附作用时间。一般认为，负载金属氧化物之所以能够提高活性炭吸附甲醛性能，是由于活性炭具有比表面积大和多孔的优势，并协同利用了金属氧化物的催化氧化作用。负载胺类化合物是指借助加热使有机胺气化，继而渗透进入活性炭孔道并附着在活性炭表面。为了防止胺类化合物在应用过程中自然挥发，引起二次污染，必须采用非挥发性有机胺。研究表明，利用六亚甲基二胺（HMDA）改性活性炭可以使吸附穿透时间延长 20 倍以上。由于有机胺与甲醛的反应作用能力强，所以有机胺改性实质是使吸附过程由物理吸附转变为化学吸附。

与活性炭相比，分子筛的微孔结构更多，因而吸附甲醛等小分子有机物的能力更强。另外，甲醛等醛类有机物含有羰基极性基团，分子筛作为极性吸附剂对甲醛的吸附性能优于活性炭。阳离子和骨架结构对分子筛吸附甲醛分子的性能有很大影响，例如，用 Co^{2+} 改性 13X 分子筛可使其吸附甲醛性能显著改善。

（3）吸附法净化其他室内空气污染物

除了苯系物和甲醛之外，室内空气还存在很多其他污染物。目前，通常是借助活性炭的广谱吸附进行净化处理。例如，氡作为一种无色无味的放射性惰性气体，广泛存在于放射性水平较高地区的室内环境，可借助活性炭进行广谱净化。此外，室内空气存在的含氟气体、烟味、人体和仪器排放的多种异味，也可利用基于活性炭或活性炭纤维制成的空气净化器进行净化。

5.1.2 催化净化技术

催化净化法是指借助催化剂的催化作用使室内空气中有机气态污染物转变为无害的二氧化碳和水等无害物。该方法在室内环境空气甲醛净化中已得到应用，但净化其他污染物的技术尚不成熟，这主要是因为室内环境空气净化不允许空气温度出现大的变化，这也给催化净化提出了更大的挑战。

催化剂可以加快化学反应速率，而本身并不发生变化。根据反应物与催化剂的相态，催化反应可分为均相催化和多相催化。通常催化剂为多孔固体，室内空气污染物为气体，故室内空气催化净化为气固相催化反应，即在相对温和的条件下催化气态污染物转化为无害物或者低害物。

5.1.2.1 催化剂

气固相催化反应所用固体催化剂一般由载体、活性组分和助催化剂三部分组成。载体起承载活性组分的作用，使催化剂具有一定的形状与粒度，从而增加表面积、增大催化活性、节约活性组分用量，并有传热、稀释和增强机械强度的作用。活性组分是催化剂的主体，能单独对化学反应起催化作用，可作为催化剂单独使用。助催化剂本身无活性或活性不高，但是能显著提高活性组分的活性，增强催化剂的催化效果，并不是所有催化剂都含助催化剂。为了满足降低阻力、均布气流和防止磨损等多样化的应用需求，商用催化剂需要成型为颗粒状、蜂窝状和波纹状。部分催化剂还需要附载在惰性多孔载体材料的表面，以适应特定的应用环境。室内空气净化中，为了提高净化效率，降低气流阻力，催化剂最好制备成蜂窝状。

5.1.2.2 催化反应过程

气固相催化反应通常按下述七步进行：

① 反应物外扩散。反应物从气相主体向催化剂外表面扩散。
② 反应物内扩散。反应物从催化剂外表面扩散至催化剂孔道表面。
③ 化学吸附。反应物吸附在催化剂的表面。
④ 表面化学反应。在催化剂催化反应过程表面反应物转化为无害或低害产物。
⑤ 产物脱附。产物从催化剂表面脱除。
⑥ 产物内扩散。产物通过催化剂孔道扩散至外表面。
⑦ 产物外扩散，产物从催化剂外表面扩散至气流主体。

其中化学吸附是最重要的步骤，化学吸附使反应物分子得到活化，降低了化学反应的活化能。因此，若要催化反应进行，必须至少有一种反应物分子在催化剂表面上发生化学吸附。

5.1.2.3 影响催化净化的因素

（1）催化剂的物理化学性质

就气固催化反应而言，影响催化反应过程的催化剂物理化学性质主要包括催化剂比表面积、孔径分布和孔体积，活性组分分散度、电子结构和电性，催化剂表面酸碱性和表面官能团，催化剂对反应分子的吸附性能、晶格缺陷和暴露晶面等。催化剂的构成和制备方法均会影响催化剂的物理化学性质。

（2）催化反应温度

反应温度对催化剂的活性影响很大，绝大多数催化剂都存在活性温度范围。温度太低时，催化剂的活性很小，反应速度很慢，随着温度升高，反应速度逐渐增大，但温度过高容易导致催化剂性能下降。部分催化反应还会得到不希望的目标产物。对于室内空气净化而言，一般要求反应在室温下进行。

（3）催化反应气氛

尽管从理论上说，催化反应前后催化剂并不发生改变。但是，实际上，催化反应反应条件多变和反应气氛复杂等因素，往往导致催化剂性能出现下降现象，包括老化和中毒两种类型。老化是指催化剂在正常工作条件下逐渐失去活性的过程。这种失活是由低熔点活性组分的流失、表面低温烧结、内部杂质向表面的迁移和冷、热应力交替作用造成的机械性粉碎等因素引起的。中毒是指反应气氛的某些组分使催化剂的活性快速降低或完全丧失，并难以恢复到原有活性的现象。催化剂的有效作用时间为催化剂的寿命，取决于化学反应的类型和操作条件，有的仅几小时，有的长达数年。室内空气中大多不含催化剂中毒组分，因此中毒可能性较低，但在室温下使用，湿度较高时往往易导致催化剂性能降低。

除以上因素之外，催化反应床的设计、气流组织、反应压力、反应时间等也是催化反应过程的影响因素。

5.1.2.4 催化净化技术在室内空气净化中的应用

（1）催化法净化室内空气甲醛

中国科学院生态环境研究中心围绕甲醛室温催化净化进行的系统研究表明，在 TiO_2 表面负载贵金属，可实现甲醛的室温催化氧化。不同活性组分表现出的催化活性顺序为 $Pt\text{-}TiO_2 > Rh/TiO_2 > Pd/TiO_2 > Au/TiO_2 > TiO_2$，在空速为 $50000h^{-1}$ 的条件下，$PtTiO_2$ 几乎可实现 100% 的甲醛转化率，而且除 CO_2 和 H_2O 之外，不产生其他氧化不完全的产物。

为了降低催化剂成本，目前正围绕掺杂碱金属和新的催化剂体系展开工作，已完成的研究表明，空速和甲醛浓度分别增大到 $120000h^{-1}$ 和 $738mg/m^3$ 后，尽管 $PtTiO_2$ 室温催化甲醛的转化率仅为 20%，但掺杂适量 Na 离子的 $Pt\text{-}Na/TiO_2$ 催化剂可使转化率提高到 100%。在同等甲醛净化效率的情况下，碱金属 Na 的引入显著降低了催化剂成本。研究也注意到，其他载体和贵金属催化剂净化甲醛效率远低于 Pt/TiO_2。总的来说，迄今研究的甲醛室温催化剂体系中，非贵金属净化甲醛的效率很低；贵金属 Au、Pt、Pd、Ag 催化剂中，Pt 作为活性组分的性能最优。

不过，Pt 价格昂贵，部分或全部替代 Pt，以降低催化剂成本，是室内环境空气甲醛净化催化剂研发的努力方向。

（2）催化法净化室内空气其他污染物

热催化氧化净化苯系物已广泛应用于工业部门，但室温催化应用于气相苯系物净化尚未见报道。不过，相关研究已进行数十年，研究表明，室温条件下在 MnO_x/Al_2O_3 催化剂表面，O_3 可将苯系物氧化为 CO_2 和 H_2O，但要求 O_3 浓度较高，且随着反应时间延长，催化剂会失活。

最近，也有研究表明，在室温条件下利用电催化氧化技术，可实现对氧化系物。其原理是阳极氧化水分产生的羟基自由基、过氧化氢等高活性物种，可用来氧化苯系物。

5.1.3 其他净化技术

除了吸附、催化技术外，光解、臭氧氧化、光催化和植物净化也是气体有机污染物的有效去除手段。

5.1.3.1 光解净化

光解净化技术是借助能量较高的紫外光子激发气体，使其离解成类似气体放电产生的强氧化性物种，如波长254nm的紫外光对应4.12eV，波长185nm的紫外光对应6.75eV，后者可以将O_2(5.17eV)解离。气体污染物的化学键能一般较高，如苯的C—H键键能为4.30eV，C═C键键能为6.36eV，因此光波需要足够的能量才能有效净化室内空气。光解催化还可能产生二次污染，如臭氧污染，因此需要协同催化才能成为可行技术。

5.1.3.2 臭氧氧化净化

臭氧在标准状态下的氧化还原电位为2.07V，是极强的氧化剂。臭氧在平流层中可以吸收对人体有害的短波紫外线，防止地表生物遭受紫外线的辐射。在近地面，人们也常常利用臭氧来进行消毒以及进行催化氧化反应。臭氧发生器、静电除尘器、紫外消毒灯、低温等离子体设备等都是常见的臭氧发生源。不过，值得注意的是，人体接触高浓度臭氧会引发不良反应。

臭氧氧化法是一种高级氧化技术，可以氧化大多数无机物和有机物，因而普遍用于难脱除的有机污染物处理方面。臭氧与有机物的反应极其复杂，能够与有机物发生普通化学反应、生成过氧化物以及臭氧分解或生成臭氧化物等不同方式的反应。而臭氧分解是指在极性有机化合物双键的位置上，臭氧与极性有机物反应，将其结构一分为二。臭氧和芳香族化合物反应时反应速率很缓慢，臭氧对部分常见有机物的氧化顺序为链烯烃＞酚＞多环芳香烃＞醇＞醛＞链烷烃，可见芳香烃化合物较难脱除。

由于产生臭氧的过程大多与高能电子或紫外光相伴，因此除臭氧之外，通常也有其他活性基团共存。臭氧之所以应用于室内空气净化，主要是因为其强氧化性可以氧化挥发性有机物之类污染物。由于氧化效率有限，而且还可能产生二次污染物。因此，臭氧偶合催化净化也成为最近20年的研究热点。目前广受认可的臭氧催化净化挥发性有机物的机制是臭氧首先在催化剂表面为分解氧化性更强的氧原子；然后，活性氧物种与有机物反应生成一些中间产物；最后，臭氧进一步将中间产物氧化为CO_2和H_2O。负载型氧化锰催化剂是应用最多的催化剂，大量研究表明，负载锰氧化物的y型氧化铝具有较高的强化臭氧氧化挥发性有机物活性，可以将甲醛氧化为二氧化碳和水，而苯系物的反应产物则除了二氧化碳和水之外，还会形成其他有机产物，不能完全氧化为二氧化碳和水。

5.1.3.3 光催化净化

光催化是指光催化剂在吸收特定波长的入射光之后，晶体表面产生光电子和空穴，进而与吸附在其表面的水分子和氧气反应，生成氢氧自由基、活性氧等活性基团，这些基因具备很强的氧化性，不仅可以杀菌，还可以将其彻底降解成二氧化碳、水等无机物，同时可以降解空气中的其他有害物质。可见，光和催化剂的结合是实现光催化反应的必要条件。

以 TiO₂ 为例，其禁带宽度为 3.2eV，对应的光吸收波长阈值为 387.5nm。当受到波长小于 387.5nm 的光照射时，价带上的电子会被激发，越过禁带进入导带，同时在价带上产生相应的空穴。光致空穴的标准氢电极电位为 1.0～3.5eV，具有很强的得电子能力，可夺取吸附在催化剂表面的有机物或其他组分的电子，使其氧化；而光致电子的标准氢电极电位为 -1.5～0.5eV，具有强还原性，可使半导体表面的电子受体被还原。水分子存在时，TiO₂ 表面会形成·OH 基团，对光催化氧化的贡献不可忽视。不过，当有机物与水分共存于气相时，有机物本身更易作为光致空穴的俘获剂，因而有机物吸附在光催化剂表面是高效光催化氧化的必要条件。光催化净化有机物的原理如图 5-1 所示。

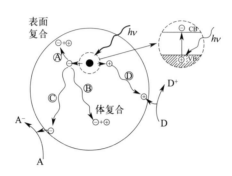

图 5-1 光催化净化有机物的原理

常见的光催化剂多为金属氧化物或硫化物，如 TiO₂、ZnO、ZnS、CdS 及 PbS 等，由于光腐蚀和化学腐蚀，实用性较好的有 TiO₂ 和 ZnO。其中 TiO₂ 具有良好的抗光腐蚀性和催化活性，而且性能稳定、廉价易得、无毒无害，是目前公认的最佳光催化剂。

对于光催化技术的可行性，一直存在争议，因为光催化反应的最终产物取决于反应时间和反应条件等因素，且催化剂制备要求高、种类效果参差不齐、易受外界影响而中毒失活，所以净化效果不稳定，且会形成各种各样的副产物。目前，光催化净化污染物的研究主要侧重以下几个方面进行：①高性能可见光催化材料研制及应用；②光催化效果强化研究；③延长光催化材料的使用寿命，解决其失活问题；④有害中间产物的控制；⑤光催化与其他方法的协同作用；⑥光催化反应器的结构和性能优化研究；⑦光催化技术在室内净化方面的应用方式和应用系统研究。

5.1.4 室内甲醛的净化治理

甲醛治理可归结为源头预防和后期治理两类。但单纯的源头治理或单纯的后期治理均不能使室内的甲醛污染降到最低的程度，所以应该提倡综合治理。

5.1.4.1 木材甲醛含量控制技术

（1）我国相关控制技术

近年来，随着装饰和家具业的发展，我国政府和科技人员愈来愈重视室内甲醛污染问题，在政策上加强了管理，采取了一些有效的措施，技术上也取得了一些进展。甲醛主要来源于甲醛系树脂胶和涂料，其中又以原料易得、价格低廉、性能较好且产量最大的脲醛胶为主。我国脲醛树脂的年产量为 40 万吨，约占整个人造板（胶合板、刨花板和纤维板）用胶的 80%。其释放甲醛的原因大致为：树脂合成时，余留未反应的游离甲醛；树脂合成时，已参与反应生成不稳定基团的甲醛，在热压过程中又会释放出来；在树脂合成时，吸附在胶体粒子周围已质子化的甲醛分子，在电解质的作用下也会释放出来。

针对上述各方面的原因，国内科技人员紧紧围绕脲醛树脂的合成工艺，积极寻找和研究降低甲醛含量和释放量的方法，大致可分为如下几种：

① 降低甲醛/尿素（F/U）比，分批加尿素。
② 降低脲醛缩聚段的 pH 值。
③ 在脲醛树脂中添加甲醛捕捉剂。
④ 对脲醛树脂进行浓缩处理。
⑤ 对脲醛树脂木制品进行后处理。

（2）国外相关控制技术

国外室内甲醛污染控制技术方面起步早、发展快、范围广，尤其是日本，每年都有数十篇相关文章发表，涉及低释醛材料、捕捉醛材料以及非醛材料等各个方面。

① 含电气石微粒的低醛木材胶合剂。把粒径 $0.9 \sim 100 \mu m$ 的电气石细粉加入甲醛系树脂中，其水解生成的氢气和游离甲醛反应，把毒性强、气味大的甲醛转变为毒性较弱的甲醇，从而减少了甲醛的含量和释放量。甲醛释放量比没有添加电气石的对比试验降低了 90%（从 20mg/L 降到 $0.19 \sim 0.21$ mg/L）。

② 具有甲醛捕捉剂的装饰板。表面保护层是由含异氰酸基聚氨酯的二液型硬化树脂组成，里面含有吸附着对氨基苯磺酸的无机 SO_2 微粒。两层中的甲醛捕捉剂同时发挥作用，捕捉性能更佳，效果更好。

③ 含水溶性甲醛捕捉剂的纸。纸上附着的水溶性亚硫酸氢钠与空气中的甲醛和乙醛反应，生成羟甲基和羟乙基钠，从而达到捕捉甲醛的目的。

④ 含乙酰乙醚基吸收醛的热切性树脂。含乙酰乙醚基的热固性树脂对使用甲醛系黏合剂的木制品具有很强的吸收甲醛作用，其中乙酰乙醚基的含量为 $0.01\% \sim 40\%$。

⑤ 从天然植物中提取的捕醛材料。从枫树叶、柳杉叶、松树叶和扁柏叶中提炼的香精油对甲醛的捕捉率较高，其中柳杉叶为 91.4%、扁柏叶为 65%。这些香精油可混入甲醛系树脂黏合剂中使用，也可把含有香精油成分的铝酸盐系矿物放置于空气清洁器的过滤部位，或空调机中空气的吸入或吹出部位。

⑥ 含植物聚酚类的捕捉剂。植物聚酚类主要含黄烷-3-醇，主要来源于白坚树、含羞草、苹果、葡萄等，与甲醛的反应性强，故可达到高效去除甲醛的目的。

⑦ 非醛系黏合剂。非甲醛系黏合剂主要指聚氨酯、乙烯基脲树脂、环氧树脂以及不饱和聚酯树脂等。用非醛系黏合剂制作的木削板吸湿性低、尺寸稳定、抗弯曲和剥离强度好，且防虫、防菌、防蚁。

5.1.4.2 后期治理技术

目前，国内外采取了多种方法来治理室内空气甲醛污染，各种方法在特定的环境下都有其优缺点。治理方法总的概括有脱臭法、化学反应法、吸附法和生物法。

脱臭法就是常见的空气清新剂等产品，以强的其他气味（香料、茶叶的抽提物）掩盖有害气体的刺激性味道，使人们对有害气体辨认的程度减弱，从而达到感觉上脱臭的目的，但环境中有害成分仍然存在，仍会对人体产生毒害作用，因而此法没有从根本上解决环境的污染问题。

化学反应法是根据有害气体的化学性质特性，利用某些物质与有害气体产生反应或分解有害气体，从而降低有害气体的浓度，分别有氧化还原反应、加成缩合反应、中和反应和催化氧化法等。例如甲醛消除剂等产品，其原理是使用某些专用的化学试剂或催化剂来捕捉、催化、降解甲醛。

吸附法主要是利用多孔性物质的吸附性能对甲醛进行吸附脱除。其中活性炭是最常用的吸附剂，活性炭对甲醛吸附前存在扩散过程，吸附速率慢，效果不明显。

生化处理法用微生物中的酶具有分解作用，基于生化反应的特点，对于某些强毒性、难分解的成分，必须控制在允许浓度以下；另外，由于生物活性温度一般为 $10 \sim 40℃$，因此必须维持一定的温度，这样就使生物处理法的应用受到了一定的限制。

综上所述，后期治理室内空气甲醛污染宜采取一种综合的、有效的、持久的和性价比合适的治理方法。先用化学方法，选用对人体和环境无害、反应速度快的消除甲醛的产品，施于家具内表面、人造板和地毯上，这类甲醛消除剂能渗入木板（不带饰面的），与木板中释放出来的甲醛进行反应，对于经饰面处理的木板或家具，多次使用甲醛消除剂，可以加速甲醛从夹板内向外释放，与甲醛消除剂反应，从根源上消除甲醛。此外，使用可吸附甲醛的产品，如吸附纸、吸附盒，吸附低浓度的甲醛。

5.2 无机污染物净化治理

室内环境空气颗粒物净化是指从空气中将颗粒物分离出来。室内环境空气颗粒物主要是动力学直径小于 $2.5\mu m$ 的细粒子（$PM_{2.5}$），所以只有那些能高效分离细粒子的技术才适用于室内空气净化。另外，净化后的空气需送至室内，与人体直接接触，其温度和湿度等参数应与人体感觉需求相一致。如此，室内空气净化有别于工业上采用的除尘技术。实践中，主要采用纤维过滤和静电除尘两类技术净化室内环境空气颗粒物。

5.2.1 纤维过滤技术

5.2.1.1 纤维过滤技术原理

依照分离的颗粒物大小，纤维过滤技术主要依靠重力沉降、筛分、惯性碰撞、拦截、扩散和静电等机械作用力实现。当颗粒物或纤维自身带电时，也存在静电作用力，如图 5-2 所示。

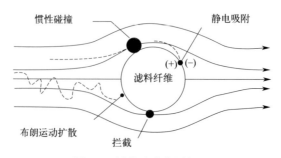

图 5-2 纤维过滤作用机理

(1) 重力沉降作用

粒径和密度大的颗粒，进入纤维过滤器后，在气流速度不大时，颗粒物可借助自身重力沉降作用，在被气流带出过滤器之前，沉降下来，即实现从气流中分离。由于气流通过纤维过滤器的时间较短，绝大多数颗粒物粒径较小，重力沉降速度小，在沉降到捕集物体之前即被气流带出过滤器，因此重力沉降作用较弱。

(2) 筛分作用

纤维过滤层内纤维排列错综复杂，并形成无数网格。当颗粒物粒径大于纤维网孔或沉积在纤维表面的颗粒物构成的间隙时，颗粒物就会被阻留，从而实现从气流中分离。

(3) 惯性碰撞作用

气流通过纤维层时，其流线不断改变，但颗粒物因质量大会产生惯性。在惯性作用下，颗粒物脱离气流流线，碰撞到纤维上，即沉积下来，实现从气流中分离。

(4) 拦截作用

当气流接近纤维时，细小粒子随气流绕着纤维运动，若粒子半径大于流线中心到纤维表面的距离，则粒子与纤维表面接触而被截留，从而使气流中分离。

(5) 扩散作用

在气体分子热运动引起的碰撞作用下，非常细的粒子像气体分子一样作不规则的布朗运动，即扩散运动，颗粒尺寸越小，扩散运动越强烈，迁移距离越长。

对于粒径为 $0.1\mu m$ 的粒子，常温下每秒钟扩散距离可达 $17\mu m$，比纤维间的距离大几倍至数十倍，因而使颗粒物有更大的机会运动到纤维表面而沉积下来，从而实现从气流分离。

(6) 静电作用

除了以上机械作用效应之外，新纤维滤材大多带有电荷，部分颗粒也带有电荷。遵循同性相斥、异性相吸的原理，带异电荷的颗粒与纤维之间或带电体与中性物体会相互吸引，从而促使颗粒附着在纤维表面。由于电荷中和后不再具有静电作用，所以如何实现纤维滤材连续荷电，是新型纤维滤材的重要发展方向。

总的来说，用于室内环境空气颗粒物净化的纤维过滤与工业袋式除尘的技术原理一致。但室内环境空气净化面对的颗粒物浓度通常要比工厂低三个数量级以上，滤材可连续运行的时间远大于工业级。

5.2.1.2 过滤材料

室内环境空气净化常用的过滤材料包括玻璃纤维过滤材料和熔喷非织造过滤材料。近年来抗菌型的室内空气过滤材料也成为研究热点和发展方向。

(1) 玻璃纤维过滤材料

玻璃纤维过滤材料也称玻璃纤维滤纸。玻璃纤维是将玻璃球置于约 1500℃ 下熔融，然后利用高压熔喷或者拉丝等方式加工成的纤维状材料，具有尺寸稳定性强、不易变形、电绝缘性好及耐酸碱、耐油、耐腐蚀、耐热性好等优良特性。玻璃纤维滤纸由玻璃纤维抄造而成，通过加入相应的化学试剂，玻璃纤维在水中均匀分散形成悬浮液，在成型网上滤水成形。由玻璃纤维为主原料制备出的玻璃纤维滤纸具有极高的空气过滤效率和良好的化学稳定性，是理想的空气过滤滤材，用玻璃纤维滤纸制作的空气过滤器，过滤效率可高达 99.9%～99.9999%，是室内空气净化以及高档家用吸尘器、高效洁净领域的主要过滤材料。

美国早在 1940 年就成功开发出玻璃纤维材料，并将其应用于空气过滤，从而提出高效过滤器（high efficiency particulate air filter，HEPA）的概念。随后，20 世纪 80 年代针对粒径为 $0.1\mu m$ 的粒子又研制出超高效空气过滤器（ultra-low-penetration air filter，ULPA），为需要高洁净度环境的电子、光学、宇航等尖端技术的飞速发展创造了有利条件。我国近年来逐步跟上了国际最先进技术的步伐。

现代玻璃纤维滤纸具有良好的韧性，可折叠成波纹状，从而增大有效过滤面积。同时，还具有较高的机械强度，不会因为生产、运输、储存及使用过程中不可避免的冲击或挤压而损坏。因此，效率进一步提高，阻力显著降低，而且适用范围更宽。

（2）熔喷非织造滤材

熔喷是制作非织造材料的一种工艺方法，其流程是先用螺杆挤出机将聚合物熔融并由喷丝口喷射出，熔融的高聚物在高压高热气流作用下，形成一定长度的超细纤维。然后，纤维由冷空气急冷固化并落在接收装置上，形成纤维网，再通过纤维的余热黏合在一起，形成非织造材料。

单组分熔喷织造材料的力学性能较差，不适合作为过滤材料。在单组分熔喷工艺基础上发展起来的双组分熔喷技术，可以改善产品的强度、柔软性、弹性和耐用性等，其产品的纤维更细，因此具有比单组分熔喷产品更好的性能。其工艺过程是将两种不同性能的聚合物树脂，经过不同螺杆挤压机熔融挤压后，再经过熔体分配流道到达特殊设计的熔喷模头，熔体细流经气流牵伸，在成网滚筒上凝聚成网。双组分熔喷技术的难点在于熔喷模头的设计，具备和满足熔融温度、黏度等性质存在差异的双组分成型工艺，以及产品的特性要求，不同的模头可制备皮芯型、并列型、三角形等多种类型的双组分熔喷非织造材料。

熔喷非织造材料自问世以来，因其纤维直径小（小于 $10\mu m$）、比表面积大、孔隙度高、过滤阻力小等优点，受到空气过滤行业的广泛关注。另外，经后处理后，还可吸附异味、有毒有害气体等，因而应用领域不断拓宽。不过，熔喷非织造材料属于一次性易耗品，高过滤精度的滤材往往造价昂贵，在使用一段时间后，滤材积累颗粒物较多，不能继续使用，造成资源的极大浪费，因此可重复使用的复合型空气滤材以及可应用于挥发性有机物的功能纳米颗粒改性熔喷材料成为关注焦点。

（3）驻极体熔喷非织造滤材

驻极体熔喷非织造滤材主要是指聚丙烯（PP）熔喷驻极滤材，是由改性 PP 熔喷材料经电晕放电处理制备而成。具体地说，是将熔融状的 PP 从模头喷丝孔中挤出，形成熔体细流，并经热气流牵伸和冷空气冷却形成超细纤维，依靠自身黏合或其他加固方法成为 PP 熔喷非织造材料，经电晕放电驻极后，形成 PP 熔喷驻极材料。近年来伴随熔喷超细非织造材料的问世，以及高分子化学纤维生产技术的发展和驻极体技术的逐渐成熟，驻极体静电合成纤维过滤材料在口罩、家庭及车载空调和建筑用空气过滤器等行业的应用不断拓展。

PP 熔喷驻极复合滤材具有低阻力、高效率、长寿命、高集尘能力、废弃物易于焚烧处理等优点。过滤颗粒物时，除原有的机械阻挡作用外，PP 熔喷驻极复合滤材主要依靠静电吸引作用捕获空气中的颗粒物，尤其是细粒子。近年来，功能性熔喷驻极滤材的开发又赋予了滤材抗菌、除臭等功能，扩展了熔喷驻极滤材的用途。值得注意的是，PP 熔喷驻极复合滤材的静电吸引作用会随着颗粒物的积聚和使用时间的延长而减弱，导致过滤性能变差，缩短使用寿命。因此，维持驻极的长期静电性能或静电再生性能又成为新的努力方向。

除了以上纤维过滤材料之外，无机膜（陶瓷膜、金属无机膜等）和有机膜（聚偏氟乙烯膜、聚四氟乙烯膜等）等微孔膜材料，以及微孔覆膜过滤材料也在高效空气过滤领域得到越来越广泛的应用。

5.2.1.3 影响过滤效率的因素

（1）颗粒物性质

颗粒尺度对过滤效率的影响显而易见，颗粒尺度决定各过滤机理所起作用的大小。对同一种过滤材料，孔隙度、纤维直径和内部结构不变，大尺度颗粒物的惯性效应和重力作用比小尺度颗粒物大得多，因此颗粒物越大捕集效率越高。相反，微细粒子的扩散效应随着其尺度减小而增强，所以存在一个效率最低点，即最易穿透粒径。在大多数情况下，纤维层过滤器的最易穿透粒径为 0.1~0.4μm。但最低效率对应的粒径并不是一个定值，而是随颗粒物的性质、纤维的特性以及过滤速度的变化而改变。随着过滤速度的提高，穿透率最大值向粒径减小的方向移动。

除了粒径之外，颗粒物的形状也影响过滤效率，不规则外形颗粒物的过滤效率通常比球形颗粒物高。

（2）纤维粗细

在填充率不变的情况下，纤维直径变大，纤维之间的距离相应增加，使得纤维本身的拦截作用增加，但是扩散效应和惯性效应减小。此外，纤维直径变大时，纤维间空隙增大，这会导致含尘气流通过滤材的通道变大，颗粒更易穿透滤材，过滤效率下降。正因为如此，在选择高效过滤器滤材时，力求采用尽可能细的纤维。不过，过滤器的阻力随纤维直径减小而增大。

（3）过滤速度

与最大穿透粒径类似，每一种过滤器都有一最大穿透滤速。扩散效率随着过滤速度增加而下降，惯性碰撞和拦截效率随着过滤速度增加而提高，所以过滤效率随着过滤速度增加呈现先降后升趋势，存在一个最低效率或最大穿透率对应的过滤速度。

单一纤维的过滤效率与过滤速度存在定量关系，如对于 $d_r=20\mu m$ 的玻璃纤维，$d_p=0.7\mu m$ 颗粒物的最大穿透率出现在 0.8m/s 附近，而 $d_r=2\mu m$ 颗粒物在 0.2~0.3m/s 附近出现最大穿透率。因此，设计过滤器时，应根据粒径范围和纤维直径，选择合适的过滤速度。

5.2.1.4 纤维过滤组件类型与设计

（1）过滤组件分类

纤维过滤的核心组件为滤芯，根据过滤效率，可将其分为粗效过滤组件、中效过滤组件（亚高效过滤组件）和高效过滤组件三种类型。粗效过滤组件主要用于阻挡粒径为 $10\mu m$ 以上的沉降性颗粒物和各种异物，其过滤等级用 G1~G4 表示；中效过滤组件主要用于阻挡粒径为 $1~10\mu m$ 的悬浮性颗粒物，以避免其沉积在高效过滤器中，导致高效过滤组件寿命缩短，其过滤等级用 F5~F9 表示；高效过滤组件主要用于过滤数量最多、粗效和中效过滤组件过滤效率低的粒径小于 $1\mu m$ 的颗粒物，其过滤效率分 H10、H11、H12、H13 和 H14 共五个等级，对应 $0.3\mu m$ 粒径的标准过滤效率分别不小于 90%、99%、99.9%、99.99% 和 99.999%。为有效净化空气中各种粒径的颗粒物，延长净化组件的使用寿命，通常将粗效、中效和高效过滤组件串联组合使用。

（2）高效过滤组件设计

高效过滤滤芯的过滤效能与过滤面积成正比，因此需要先将过滤材料折叠成多层，再固定在框体内。折叠的纤维滤材展开后，其面积通常是框体截面积的数十倍。过滤面积增大，过滤风速会相应减小，既有助于提高过滤效率，也有利于降低风阻。但是，在有限的净化器组件断面尺寸内，滤芯折叠数量过多，滤材堆积密度过大，会造成相邻折叠滤材之间的中空面积过小，反而增大风阻。因此，设计滤芯时，要综合考虑风机效能、洁净空气量（CADR）和滤芯尺寸等多个因素，确定折叠数。

总的来说，室内空气颗粒物粒径小，高效纤维过滤是最有效、运行维护最简单的分离净化技术。其缺点是过滤材料大多为一次性使用，更换滤芯会增大运行费用，而且过滤材料的有效使用寿命判断困难，使得更换时机难以准确把握。不过室内空气颗粒物浓度低，过滤材料的使用寿命通常较长。另外，过滤材料阻留的一般性粉尘和生物性气溶胶长期附着在滤材表面，可能挥发出有机组分，也可能成为微生物的滋生源或繁殖场所。因此，及时对过滤材料进行消毒处理或更换滤芯非常重要。

5.2.2 静电除尘技术

静电除尘具有净化效率高、气流阻力小、风机噪声低等优点，在微电子、高精度光学仪器和航天等需要营造高洁净空气环境的领域，应用已久。近年来，在室内空气（包括新风）净化中的应用也越来越普遍。

5.2.2.1 静电除尘技术原理

（1）电晕放电

电晕放电（corona discharge）是指气体介质在不均匀电场中的局部自持放电，是最常见的一种气体放电形式。实现静电除尘需要在曲率半径很小的尖端或细圆线电极附近形成激发气体电离的电场强度，从而使气体电离，即发生电晕放电。

维持持续、稳定的电晕放电而不发生火花放电，是实现静电除尘的前提条件。电晕放电的特征是伴有"嘶嘶"的响声，电晕放电时，尖端附近的场强很高，尖端附近气体被电离，电荷离开导体，而远离尖端处场强急剧减弱，电离不完全，因而只能建立起微小的电流。电晕放电可以是连续放电，也可以是不连续的脉冲放电。电晕放电的能量密度远小于火花放电的能量密度。

（2）静电除尘过程

含尘气流进入静电除尘电场后，在电晕放电和静电场作用下实现颗粒物从气流中分离要经历四个过程：

① 颗粒荷电。含尘气体通过电极间隙时，在电场作用下定向运动的电子和负离子与颗粒碰撞，使颗粒荷电。

② 荷电颗粒定向运行。荷电颗粒在电场作用下也作定向运动。对于负极性放电，荷负电荷的颗粒向收尘极（接地极）方向运动，荷正电荷的颗粒向放电电极方向运动；对于正极性放电，情况相反。

③ 电极沉积。荷电颗粒到达收尘极板或放电电极后，附着在极板或极线上，同时释放自身所带电荷，以收尘极板沉积为主。

④ 电极清灰。当收尘极板或放电电极积聚一定颗粒时，继续工作会出现除尘效率下降的现象。此时，应采用吹扫和水洗的方法进行清理，以便恢复良好的除尘工作状态，这种清理作业可根据实际情况，采取在线或离线的方式进行。

5.2.2.2 影响除尘效率的因素

影响静电除尘效率的因素主要涉及颗粒性质、放电条件和比集尘面积三个方面。

(1) 颗粒性质

与静电除尘相关的颗粒性质主要是粒径和粉尘比电阻。除尘效率与驱进速度成正比，而颗粒驱进速度与粒径和电场强度密切相关。随着颗粒增大，驱进速度提高，而且电场强度越高，这种作用越明显。

除了粒径之外，颗粒比电阻也会影响除尘效率。颗粒比电阻是衡量颗粒导电性的一个指标。当颗粒比电阻太低时（如炭黑颗粒），颗粒达到收尘极后，会迅速释放电荷达到中性而脱离收尘极，形成二次扬尘，使除尘效率降低。当颗粒比电阻太高时，荷电颗粒达到收尘极后，一方面不易释放电荷，从而排斥随后到达的颗粒，降低电除尘效率；另一方面，还可能引起反电晕，进一步降低除尘效率。一般情况下，电除尘器运行最适宜的比电阻范围为 $10^4 \sim 10^{11} \Omega \cdot cm$。室内空气净化面临颗粒物的比电阻基本在适应的范围内，若能及时清理电极上沉积的颗粒，就不会因为比电阻问题带来不利影响。

(2) 放电条件

就放电电极的极性而言，负电晕放电的稳定性要高于正电晕放电，因而可以施加更高的放电电压，形成更高的电场强度，这有利于提高除尘效率。然而，电晕放电过程会产生臭氧，臭氧浓度过高会形成二次污染，对于室内空气净化来说尤为如此。与正电晕放电相比，负电晕放电产生的臭氧浓度更高。正因为如此，尽管在工业电除尘领域，普遍使用负极性电晕放电，但在室内空气净化领域，为了控制臭氧浓度，大多采用正电晕放电。当然，室内空气净化面对的气体组分恒定、温度和湿度适中、颗粒浓度低，这些都为在较高电压下，实现持续、稳定的正电晕放电创造了条件。

(3) 比集尘面积

比集尘面积是综合考虑静电除尘组件总收尘面积和处理空气量（或气流速度）的指标，是表征气体在电场区停留时间的一个参数。比集尘面积越大，停留时间越长，除尘效率越高。具体体现为，当处理气量不变时，若电场通道数固定，则极板长度越长，比集尘面积越大；若极板长度固定，则电场通道数越多，比集尘面积越大。当电极配置不变时，比集尘面积增加意味着处理气量减小，或气体通过电场的速度降低。

5.2.2.3 纤维过滤与静电除尘的比较

纤维过滤与静电除尘技术的比较见表 5-1。

表 5-1 纤维过滤与静电除尘技术的比较

项目	纤维过滤	静电除尘
主要作用力	筛分、惯性碰撞、拦截、扩散、静电（可选）	静电（库仑作用力）
最大除尘率	95%以上	90%～95%
运行阻力	80Pa	20Pa 左右

项目	纤维过滤	静电除尘
使用寿命	短,一次性使用	长,清灰后可重复使用
其他性能	可能释放有机物,释放微生物	有灭菌效果,但会释放O_3

与工业应用相类似,为了充分发挥纤维过滤与静电除尘两种技术各自的优势,并克服其不足,室内空气净化也可采用静电除尘在前、纤维过滤在后的串联组合方式,以实现在高效除尘的同时,延长纤维过滤组件寿命和防止二次污染的目的。考虑到静电除尘过程会产生臭氧,应用这种组合时,应特别关注臭氧对纤维的氧化破坏性。

5.2.3 其他无机污染物的净化治理

室内空气中还存在其他各种类型的有害无机污染物气体,如氨、氡、臭气等,应根据其特点采用有针对性的方法。

5.2.3.1 氨——吸附净化法

常用吸附剂有分子筛、硅胶、沸石、活性炭和活性炭毡等材料,考虑到室内氨污染的特点、对氨污染净化的效果、技术可行性以及费用等综合因素,采用价格低廉的活性炭作原料、金属铜盐作浸渍物制备除氨的改性活性炭,利用铜盐与氨进行化学反应生成铜氨络合物,从而扩大吸附剂对氨气的选择性,极大地提高净化氨气的能力。

(1) 吸附剂的预处理

改性活性炭按下列步骤进行处理:

活性炭→筛选→干燥→浸渍→加热→静置→过滤→干燥→称取样品备用。

根据测试要求,通过通风管道将氨气净化装置连接在净化装置的进、出口管道上,设置采样孔,对填充改性活性炭的氨气净化装置进行评价。

(2) 处理装置

处理采用两种形式,即一次性净化法和封闭空间循环运行法。

① 一次性净化。采用氨水挥发法制取氨气。用纳氏试剂比色法对装置进出口的氨气浓度进行分析、检测。氨气净化系统见图5-3。该装置为不经循环净化的一级氨气处理装置,对氨气的净化效率为一次性净化效率。

净化装置规格为 $580mm \times 580mm \times 450mm$;管道直径为300mm,风量为450~500$m^3/h$;改性活性炭截面积为$0.34m^2$,厚度为50mm。

调节净化装置内风速为0.3~0.7m/s。

② 封闭空间循环运行。在$16m^3$的封闭小室,对处理风量为160~200m^3/h的氨气净化装置进行循环试验,评价改性活性炭的净化效率,氨气也采用氨水挥发法制取。每小时封闭小室换气10次。

(3) 处理结果

① 一级净化的氨气浓度与净化效率的关系。从图5-4可以看出,改性活性炭对氨气的一级净化效果明显,在氨气发生浓度为1~6m^3/h的范围内,对氨气的净化效率随氨气原始浓度的增加而缓慢上升,在氨气浓度较高的情况下(大于4m^3/h),对氨气的去除效率较高,达到60%以上;而在氨气浓度较低时(1~3m^3/h),对氨气的去除率较低。因此,改

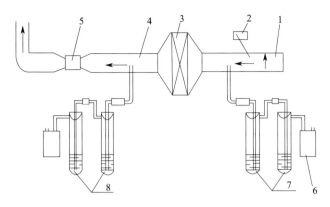

图 5-3 试验室氨气净化系统

1—氨气发生室；2—风速仪；3—氨气净化装置；4—管道；5—风机；6—采样泵；7—进气口采样器；8—出气口采样器

性活性炭对氨气有良好的净化效果，但由于氨气原始浓度较高，一级净化后的氨气浓度仍然较高，很难达到净化去除的目的。所以，应考虑该净化装置的循环使用，使氨气经过多次净化，达到最终浓度降低的目的。

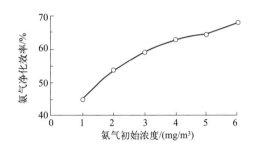

图 5-4 经过一级净化的氨气初始浓度与净化效率的关系曲线

② 封闭小室实验。从一次净化的试验结果可知：在氨气初始浓度较高的环境条件下，仅采用一级净化是不能满足要求的。为考察改性活性炭对氨气的净化能力和净化装置的多级循环净化效果，在 $16m^3$ 的封闭小室内，对氨气净化装置进行循环实验，从表 5-2 可以看出，使用改性活性炭的装置，在氨气初始浓度为 $10.2mg/m^3$ 条件下，2h 后降到 $0.5mg/m^3$；而使用普通活性炭的装置，氨气浓度从 $10.2mg/m^3$ 降到 $0.45mg/m^3$ 循环净化了 6h。结果表明，改性吸附剂对氨气的吸附性能明显优于普通活性炭。

表 5-2 循环实验结果

循环时间/h	改性活性炭净化后的氨气浓度/(mg/m³)	普通活性炭净化后的氨气浓度/(mg/m³)
0	10.2	10.2
0.5	4.1	6.0
1	1.2	3.1
2	0.5	0.5
6	0.4	0.45
10	0.3	0.4

5.2.3.2 氡

几十年前，人们在矿山就发现了氡的危害，生活环境中氡气作为一种具有放射性的元素，对呼吸系统、神经系统、遗传等方面都会产生危害，所以减少氡危害的首要任务就是要增大宣传力度，使群众提高这方面的保护意识，让更多的人积极参与宣传防治氡的危害。可从以下几个方面开展防氡与降氡工作：

① 控制氡源。对地基土壤或岩石、建筑材料的裂隙，各种管线穿墙的空隙和洞眼，以及含氡地下水的渗漏等部位，使用不透气的密实材料作抹面或喷涂，以阻止氡从建材中放射。目前国内应用的改性氯偏乳液涂层，降氡率可达80%以上。对含氡的地下水要用暗沟排走，可通过贮水罐使水中氡衰减，也可用活性炭或炭膜去除水中的氡。

② 曝气法。该法可经济而有效地除去水中的氡。

③ 通风法。加大新风换气量可以把室内的氡及其子体排至室外，用各种风扇强制室内空气循环流动；利用附壁效应增加氡在室内墙壁上的沉积，可使室内氡减少28%，与离子发生器结合效果更好。在设计通风空调系统尤其是地下建筑时，应考虑防氡通风所需的新风换气次数。

④ 过滤法。采用过滤法可以滤除一些氡，采用聚乙烯材料制成的过滤器一般去除率可达到80%以上。国外广泛采用静电除尘器，效果也很好。

⑤ 防氡涂料。在墙壁和地面涂某些涂料可以有效抑制氡的析出，砖外附有白灰或油漆也会降低氡的析出。采用双层膜物质交叉聚合成膜技术，可提高漆的密实性和耐久性，防氡防潮。

5.3 有毒有害微生物净化治理

微生物是个体难以用肉眼观察到的一切微小生物的统称，包括细菌、病毒、真菌和少数藻类等。其中，病毒是一类由核酸和蛋白质等少数几种成分组成的非细胞微生物，它的生存必须依赖于活细胞。空气中的微生物主要来源于土壤、水体表面、动植物、人体及生产活动、污水污物处理等，以气溶胶形式存在。空气中微生物的传播历经发射（自污染源进入空气）、传播（在空气中扩散或弥散）和沉降（沉积在各种物体表面或进入人体并沉积）三个过程。例如，罹患传染病的患者咳嗽、打喷嚏、谈话或正常呼吸时，所含病毒即从人体发射；进入空气后，先在短距离内以飞沫方式传播，再在较远距离以气溶胶或病毒核（干燥空气环境中）形态传播；最后，附着在物体表面或被附近的人吸入，可能导致新的感染。干燥空气通常并不适合微生物生存，这使得微生物保持生物活性的时间有限。不过，也有不少微生物可以特殊的机制抵抗各种环境因素，以免失去活性。另外，在气溶胶浓度较高的空气环境中，微生物大多附着于这些气溶胶表面，形成带有微生物的微生物气溶胶。

微生物与人体关系密切，从这个意义可将微生物分为有毒有害微生物和有益微生物两大类。空气微生物净化是指分离并灭活其中的有毒有害微生物，这类微生物也称为病原微生物或致病微生物。因此，空气有毒有害微生物净化技术也称为有毒有害微生物消毒技术或空气消毒技术。必须指出的是，利用各种技术净化有毒有害微生物时，对有益微生物通常也具有消毒作用。

灭活微生物通常与微生物的脱氧核糖核酸（DNA）和核糖核酸（RNA）被破坏有关。DNA是分子结构复杂的有机化合物，作为染色体的一个成分而存在于细胞核内，功能为储藏遗传信息。RNA是存在于生物细胞以及部分病毒、类病毒中的遗传信息载体，由核糖核苷酸经磷酸二酯键综合而成的长链状分子。一个核糖核苷酸分子由磷酸、核糖和碱基构成。其中，碱基主要有4种，即腺嘌呤、鸟嘌呤、胞嘧啶和尿嘧啶。尿嘧啶取代了DNA中的胸腺嘧啶而成为RNA的特征碱基。RNA是以DNA的一条链为模板，按照碱基互补配对原则，转录而形成的一条单链，其主要功能是实现遗传信息在蛋白质上的表达，是遗传信息传递过程中的桥梁。

5.3.1 物理法净化技术

紫外线照射空气消毒技术具有广谱性好、消毒效率高、无二次污染、能耗低、投资小和应用灵活等优点，在空气消毒领域内的应用非常广泛。除此之外，空气过滤协同紫外线照射或臭氧氧化等技术也是常规的空气消毒技术。

5.3.1.1 紫外线照射空气消毒技术

(1) 工作原理

紫外线按波长分为UVA（320～400nm）、UVB（275～320nm）、UVC（200～275nm）和真空紫外线（100～200nm）四个波段，UVC波段中波长为250～270nm的紫外线消毒能力最强。紫外线照射微生物时，可以直接破坏微生物细胞内的DNA，使其失去复制能力或活性，从而达到消毒的目的。医院等病原微生物高发场所通常将紫外线照射作为常规消毒手段。通风管道中安装紫外灯管也是消毒和防止交叉感染的有效措施，尤其是在传染病流行期。

(2) 影响因素

紫外线消毒局限于无人状态下照射消毒并且照射过程产生的臭氧对人体有害，照射不易穿透尘埃。微生物种类、紫外线光源、温度、湿度、距离、灯架和灯箱的结构及材质等都会影响紫外线照射空气消毒效果：不同微生物对紫外线的抵抗力不同，有时相差几千倍或几万倍。一般来说，病毒最弱、细菌次之。对于大多数病原微生物，当辐射剂量在500～2500 $(\mu W \cdot s)/cm^2$ 时，杀菌率随紫外线辐射剂量变化明显，当辐射剂量低于 $500(\mu W \cdot s)/cm^2$ 时，紫外线的杀菌效果非常有限，高于 $2500(\mu W \cdot s)/cm^2$ 时杀菌率趋于稳定。2002年卫生部发布的《消毒技术规范》规定，在消毒的目标微生物不详时，照射剂量不应低于100000 $(\mu W \cdot s)/cm^2$。对于一支15W的紫外灭菌灯（波长200～272nm），在距灯管50cm处平面照射强度为 $120(\mu W \cdot s)/cm^2$，对应该紫外灯照射条件下，需要14min才能将细菌或病毒全部杀灭。因此，在使用紫外线进行室内空气微生物污染物治理时，需要根据实际情况来选择合适的紫外线灯管，并严格控制照射时间和照射位置，以确保达到最佳的杀菌效果。

紫外线光源包括低压灯、中压灯和脉冲紫外线共三种，波长为200～280nm的紫外线具有消毒作用，又以254～257nm波长范围的紫外线消毒效果最佳，其原因是微生物细胞中的核酸、嘌呤、嘧啶及蛋白质等对该波段紫外线有很强的吸收能力。低压汞灯产生的紫外线非常接近这个波长范围，因此应用最为广泛。适合的病原微生物消毒温度为20℃左右，其原因是低压汞灯发出紫外线时，会产生热量，环境温度过高会影响紫外灯散热，进而影响灯管内部的温度场，使灯内压强增加，辐射输出减小；相反，环境温度太低时，低压汞灯不能产生理想波长的紫外线辐射，在一定的温度范围内，随环境温度升高，紫外光源强度增大。与之相类似，水分子吸收紫外线，会减弱紫外线的穿透力，因此过高的环境空气湿度会导致消毒效果降低。相对湿度为 40%～60% 的消毒效果通常明显优于相对湿度高于 60% 的情况。同理，空气中悬浮的颗粒物或者灯管表面被污染会导致紫外线辐照强度下降，消毒能力减弱。有研究表明，对于某些特定的病原微生物，湿度的影响可能完全相反，即湿度高有利于微生物存活。

（3）应用方式

在建筑及通风空调系统中，紫外线照射空气消毒的应用方式主要有以下三种。

① 开放式紫外线空气消毒。开放式紫外线空气消毒广泛应用于病房、洗手间、食堂等污染源数量多或人员流动大的场所。将紫外灯以吸顶或壁挂方式安装于房间稍高位置，通过照射室内上层空气，并结合空气对流即可达到灭杀室内空气中病原微生物的目的。在这种应用中，组织自下而上的气流非常关键，可以通过风机驱动或强化热对流等方式来实现这一目标，增强消毒效果。

② 对截留的微生物气溶胶进行消毒。将紫外灯管安装在通风或空调系统的管道中，由于空气流速较高，微生物暴露于紫外线的时间短，接受的照射剂量通常较小，消毒效果较差。考虑到微生物会附着于颗粒表面成为微生物气溶胶，将紫外灯与纤维过滤等结合使用，利用紫外灯长时间辐照纤维过滤分离出来的颗粒物，从而灭杀其表面附着的病原微生物。

③ 循环风紫外线照射空气消毒。循环风紫外线空气消毒是有组织地促使空气循环通过紫外灯照射区，增加紫外线照射时间，从而达到消毒的目的。在传染病流行期间，可利用循环风紫外线消毒器对医院空气做消毒处理。这种消毒器借助屏障遮挡紫外光，可防止紫外线伤害人体，同时使用无臭氧紫外灯，减少臭氧的发生。因此，可在有人停留或作业的情况下持续运行，适用于病房等需要局部消毒的场合。其缺点是存在风机噪声。

5.3.1.2 其他物理法空气消毒技术

（1）纤维过滤消毒技术

纤维过滤分离常规颗粒物时，也会分离空气中尺度相对较大的微生物（包括微生物气溶胶），甚至小到 120nm 的病毒，其工作原理与常规颗粒物的分离完全相同。在分离过程中，部分微生物被灭活，但也存在微生物未被灭活的情况。在一定温度、湿度，以及营养环境中，纤维表面会生长、繁殖新的微生物。因此，需要采取措施对截留下来的微生物作灭活处理。常用的方法包括对纤维过滤材料进行改性处理，使其具有灭活病原微生物的能力或者利用紫外线辐照和消毒剂熏蒸的方法灭活纤维表面的活体微生物。

对纤维过滤材料进行改性赋予其灭活病原微生物的能力可通过在纤维表面涂覆抗微生物制剂和嵌入驻极体实现。抗微生物制剂与病原微生物直接作用，可破坏细胞壁、细胞膜，氧化蛋白酶、核蛋白，阻碍代谢过程，灭活这些病原微生物。驻极体空气过滤材料是通过驻极体的强静电场和微电流刺激微生物，使蛋白质和核酸变异，破坏细胞质和细胞膜，进而破坏微生物的结构，灭活微生物。

高效过滤器对空气微生物的阻留率可达 99%，超高效过滤器可达 99.9% 以上。该方法的最大优点是安全可靠、可以直接将微生物阻留在室外，从而保证室内无菌环境，医院的洁净室通常采用此方法，但是该方法成本高，过滤器需要频繁更换，而且并没有真正杀灭微生物。

（2）高压静电空气消毒技术

与纤维过滤不同，静电吸附除菌法利用了其吸附除尘的原理，一般微生物带有负电，微生物较长时间被置于高能电子和臭氧等具有较高能量或强氧化性的物种之中时，会发生分解、死亡，同样具有较好的空气消毒效果。研究表明，高压静电场对于细菌繁殖体、细菌芽孢和真菌均有一定的灭杀作用，这可能是由于当细胞受到外加电场作用时，细胞内的带电物质发生极化，按电场力方向移动到细胞膜两侧，形成一个微电场。随着作用时间的延长或者电场强度的增大，极化现象加剧，细胞膜两侧异性离子间相互吸引的作用力不断加大，导致细胞膜厚度不断减小。当微电场的电位差即跨膜电位达到1V时，细胞膜局部将会遭到破坏，当跨膜电位继续增大时，细胞膜上会出现更大的穿孔和破裂，从而导致细胞死亡。

该方法阻力小、可重复利用吸附材料，延长其使用寿命，但是该方法运行噪声大，除菌效果不稳定，会随着使用时间延长而降低。

(3) 负离子消毒技术

负离子消毒是借助气体离子的凝聚和吸附作用，与空气中的微生物或微生物气溶胶结合在一起，形成更重的粒子从而沉降，沉降的颗粒会附着在室内家具、电视机屏幕等物品表面。在此过程中微生物并未灭活，且人的活动会使其再次飞扬到空气中。另外，长久使用高浓度负离子易导致墙壁、天花板等蒙上污垢。

5.3.2 化学法净化技术

与其他生命体一样，微生物也是由 C、H、O、N、P 和 S 等元素组成。化学净化法是利用化学物质与微生物发生络合、氧化等化学反应，而使微生物的结构或代谢功能发生改变，从而达到杀灭病原微生物的目的。所用化学药剂称为化学消毒剂，常用的化学消毒剂有臭氧、过氧乙酸、过氧化氢、次氯酸钠、二氧化氯和氧化电位水等，日常生活所用消毒液的主要组分大多是这些化学消毒剂中的一种或多种，如84消毒剂的有效成分是次氯酸钠。

5.3.2.1 基于臭氧氧化的空气消毒技术

(1) 臭氧消毒法工作原理

臭氧具有强氧化性，常温下为气态，不稳定，易分解生成氧气分子和氧原子，氧原子是其消毒作用的主要物质，加入催化剂后可以加快该分解反应，提高氧原子等活性粒子的产生速率。臭氧消毒是通过直接破坏微生物的 DNA 或 RNA 完成的。臭氧消毒的机制是通过生物化学氧化反应影响细胞的物质交换，具体包括：作用于细胞膜，导致细胞膜的通透性增加，细胞内物质外流，使细胞失去活力；使细胞活动所需的酶失去活性，包括维持基础代谢和合成细胞重要成分所需的酶；破坏细胞内遗传物质，使其失去功能。将臭氧释放到室内，在气流传输、对流和扩散作用下，气态臭氧可分布到整个室内空间，因而消毒范围广而且不留死角。臭氧消毒可用于医院、人员流动量较大的公共场所如候车（机）室、电影院、股票交易厅、会议室、银行、酒店等。

(2) 影响因素

影响臭氧消毒效果的因素主要包括臭氧浓度、作用时间、环境温度和湿度等，臭氧消毒效果随臭氧浓度增大而提高，而且臭氧浓度越高，所需的消毒时间越短，与紫外线照射消毒类似。

一般情况下，低温度而且相对湿度大于70%有利于臭氧消毒。其原因是臭氧的自分解速度随温度升高而增大，而湿度高会促使细胞膨胀、细胞壁变薄，因而更容易受到臭氧的渗透溶解，加快与芽孢结构中有机物的反应。

臭氧消毒的优点是广谱性好，即可以消杀的有毒有害微生物种类多。空气中臭氧浓度很低时就可表现出杀菌效果，其消毒作用快、无残留。不过，由于臭氧具有强氧化性，过高的臭氧浓度会危害人体健康，包括刺激机体的黏膜组织，引起支气管炎和肺部组织发炎等病变，以及咽喉干燥、咳嗽、胸闷和哮喘等呼吸道疾病。因此，不能在有人的场合采用臭氧进行空气消毒。此外，臭氧对各种有机物物品也具有损害作用，所以在存在此类物品的场所，也不宜采用高浓度的臭氧进行空气消毒，其消毒后的残留浓度需加强控制。

5.3.2.2 基于液态化学消毒剂熏蒸或喷雾的消毒技术

当采用液态化学消毒剂进行室内空气消毒时，需要熏蒸或喷雾，其中熏蒸是通过加热或加入氧化剂，使消毒剂呈气态，从而充满待消毒的空间；喷雾是借助普通喷雾器或气溶胶喷雾器，使消毒剂以微粒气雾的形式弥散在待消毒的空间。相同条件下，采用气溶胶喷雾器喷雾的空气消毒效果通常优于普通喷雾器，其原因是普通喷雾器产生的雾滴较粗，分散不充分而且容易沉降；相反，气溶胶尺度小，分散度高，而且在空气中停留时间长，因此具有更好的消杀效果。

所使用空气消毒剂的原材料、安全性、杀灭微生物效果应符合 GB 27948 的要求。气溶胶喷雾器雾粒直径在 $50\mu m$ 以下，其中直径 $<20\mu m$ 的雾粒占 90% 以上，喷雾流量为 100mL/min 以上。其优点是药物利用率高、快速便捷，但会有药剂残留、对室内物品有腐蚀作用等缺点，且操作人员需要严格的个人防护。

（1）过氧乙酸空气消毒技术

过氧乙酸外观为无色透明液体，是一种强氧化剂，可高效、快速地杀灭各种微生物，包括细菌繁殖体、细菌芽孢、真菌、病毒等。其机理是：①依靠强大的氧化作用使酶失去活性，造成微生物死亡；②通过改变细胞内的 pH 而损伤微生物。

影响过氧乙酸消毒效果的因素包括：

① 湿度。当空气相对湿度低于 20% 时，消毒效果较差；当相对湿度为 20%~80% 时，消毒效果好。

② 浓度和作用时间。过氧乙酸的消毒效果随浓度增高、作用时间延长而增强。对密闭房间进行熏蒸消毒时，60%~80% 相对湿度下，$1g/m^2$ 的过氧乙酸熏蒸 2h 可杀灭细菌繁殖体和病毒；$3g/m^2$ 则可杀灭细菌芽孢。

过氧乙酸空气消毒的优点是广谱、高效、速效、无残留毒性。过氧乙酸毒性低，熏蒸消毒后，通风半小时，空气中的过氧乙酸几乎全部分解、消散，分解产物为醋酸、水和氧气，无残留毒性。此外，过氧乙酸合成工艺简单，价格低廉，便于推广应用。但过氧乙酸也存在以下问题：①易挥发、不稳定，储存过程中易分解，遇有机物、强碱、金属离子或加热时分解加快；②浓度超过 45% 时，剧烈振荡或加热可引起爆炸；③对金属有腐蚀性，对织物有漂白作用；④有强烈酸味，对眼睛和皮肤黏膜有强烈的刺激作用。

（2）过氧化氢空气消毒技术

过氧化氢（水溶液俗称双氧水）是室内空气消毒常用的化学消毒剂，外观为无色透明液体，具有强氧化性，可破坏组成微生物的蛋白质，导致微生物死亡。过氧化氢具有灭菌作用快、灭菌能力强、灭菌谱广、刺激性小、腐蚀性低、容易气化、无残留毒性等优点，但消毒效果受有机物影响大。过氧化氢纯品稳定性好，但稀释液不稳定，常温下可以缓慢分解为氧气和水，在加热或加入催化剂后分解反应加快。

过氧化氢对人体无明显黏膜刺激和过敏反应，但浓度过高的过氧化氢溶液或蒸气有较强的刺激作用，会损害人体健康。此外，过氧化氢对织物有漂白作用。

（3）二氧化氯空气消毒技术

二氧化氯是红黄色有强烈刺激性臭味的气体，具有强氧化性，属于新一代广谱、高效的灭菌剂。研究表明，二氧化氯在极低的浓度（0.1×10^{-6}）下即可杀灭大肠杆菌、金黄色葡萄球菌等致病菌；即使在有机物的干扰下，在低使用浓度下也可完全杀灭细菌繁殖体、肝炎病毒、噬菌体和细菌芽孢等所有微生物。二氧化氯杀灭微生物的机理是靠其强氧化能力破坏微生物细胞赖以生存的酶，阻止蛋白质的合成。

试验结果表明，当浓度低于0.05%时，二氧化氯对人体的影响可以忽略；0.01%以下不会对人体产生任何影响。实践中，二氧化氯的使用浓度一般低于0.01%，因此对人体无毒害作用。此外，二氧化氯不与有机物发生氯代反应，不产生"三致"（致癌、致畸、致突变）物质和其他有毒物质。因此二氧化氯成为获得世界卫生组织认证的A1级安全（即便被食用也很安全）高效消毒剂。

二氧化氯消毒剂中的二氧化氯以亚氯酸盐的形式存在，经活化剂活化后，才能放出具有消毒作用的二氧化氯。二氧化氯消毒剂释放的速度与酸碱度有一定关系，酸性条件下迅速释放，pH>5.0时二氧化氯消毒剂释放速度减慢，活化不完全，消毒作用较弱。

5.3.2.3 其他化学法消毒技术

（1）氧化电位水空气消毒技术

氧化电位水是在水中加入适量氯化钠，通过离子隔膜电解而产生的消毒剂，其氧化还原电位大于1100mV，pH小于2.7，含有一定浓度次氯酸、过氧化氢和羟基等活性氧化物质的水。氧化电位水对细菌、真菌及病毒具有广谱、高效消毒效果，且作用后还原成水，不污染环境，无刺激性气味。氧化电位水在低温下具有较好的稳定性，在4℃存放1天的陈化氧化电位水与刚生产的氧化电位水对鼠伤寒沙门氏杆菌及李斯特菌具有相同的消毒效果。

（2）次氯酸钠空气消毒技术

次氯酸钠是84消毒液的主要有效组分，次氯酸钠消毒主要借助自身水解后形成次氯酸，并进一步分解形成新生态原子氧，新生态原子氧具有极强的氧化性，可使微生物的蛋白质变性，从而达到消毒的目的。次氯酸钠的水解程度受pH的影响，碱性条件下次氯酸钠以次氯酸根的形态存在，其消毒杀菌作用很弱。pH降低有利于增强消毒作用。另外，次氯酸在消毒过程中，不仅可作用于细胞壁、病毒外壳，而且次氯酸分子小、不带电荷，还可渗入菌（病毒）体内与菌（病毒）体蛋白质、核酸和酶等发生氧化反应或破坏其磷酸脱氢酶，使糖代谢失调而致细胞死亡，从而杀死病原微生物。次氯酸产生的氯离子还能显著改变细菌和病毒体的渗透压使其细胞丧失活性而死亡。同样，次氯酸钠的浓度越高，杀菌作用越强。在一定范围内，升高温度可增强杀菌作用，此现象在浓度较低时更加明显。

除了上述主要的消毒技术外，一些其他的消毒技术也逐渐得到应用。氧化电位水和次氯酸钠作为消毒剂已应用于医疗卫生、农业、食品加工等多个行业和领域。在空气消毒方面，也具有广谱高效、作用速度快、性质稳定、腐蚀性小、无残留药物、无毒无副作用、对皮肤和黏膜无刺激性、价格低廉等特点。

5.3.3 生物法净化技术

利用生物体及其代谢产物净化病原微生物的方法称为生物净化法，如中草药消毒法、生物酶消毒法等。

(1) 中草药消毒法

利用中草药的抗菌、抗病毒作用，可以治疗人体疾病。同样地，许多中草药也能灭杀空气中的微生物。烟熏中草药是古老、传统的空气消毒方法，民间至今有端午节时有用苍术、艾叶熏房间以驱瘴、除秽的习俗。中草药消毒的机理是药物成分随烟雾作用于蛋白质上的氨基、巯基等部位，使微生物新陈代谢发生障碍而死亡。

中草药消毒具有价格低廉、取材方便、刺激性小、毒性低、对仪器设备腐蚀较小、消毒过程人员无须避让等优点。但传统的烟熏法不仅在原料上是一种浪费而且中草药燃烧时产生的大量烟雾会造成二次空气污染。因此，设法提取中草药中的灭菌有效成分并加以精制，开发出高效、易用、无毒和无污染的空气消毒新剂型是推广应用中草药进行室内空气消毒的关键。

(2) 生物酶消毒法

生物酶是指来源于动植物组织提取物或其分泌物、微生物体自溶物及其代谢产物中的酶活性物质。可用于消毒的生物酶主要有细菌胞壁溶解酶、酵母胞壁溶解酶、霉菌胞壁溶解酶和溶葡萄球菌酶等。生物酶在消毒中的应用研究源于20世纪70年代。近年来，应用生物酶消毒的研究取得了很大进展，先后解决了酶的稳定性、提高纯度和降低成本等工艺难题，开拓了生物酶在日常消毒领域的广阔应用前景。为了实现空气消毒的目的，同样需要采用合适的方式，将生物酶分散到空气之中。

5.4 室内环境空气净化产品性能评价

室内环境空气净化产品包括净化材料和空气净化器，主要用于去除室内环境空气污染物，改善室内环境空气质量。目前用于室内环境空气净化的材料包括各种滤材、吸附剂、(光)催化剂、生物酶制剂等，而室内环境空气净化器按净化原理可分为过滤式、吸附式、静电式、化学催化式、光催化式、负离子式、等离子式以及复合式等多种类型。为了客观准确地反映不同室内环境空气净化产品净化污染物的性能，规范净化产品的生产与销售，以及指导消费者合理选购和使用室内空气净化产品，需采用科学的性能指标和检测试验方法对其进行检测和评价。

2002年，我国发布了《空气净化器》(GB/T 18801—2002)标准，并分别于2008年、2015年和2022年进行了修订。最新的《空气净化器》(GB/T 18801—2022)于2023年5月正式实施，为比较和评价各类空气净化器的性能提供了科学依据和技术支撑。我国目前暂还没有专门针对室内空气净化材料的评价标准，可将其视为没有配备风机的空气净化器，参照GB/T 18801—2022规定的性能指标及其试验方法进行检测和评价。

参考文献

[1] 丁山. 探讨家具检测对室内污染控制的影响 [J]. 轻工标准与质量, 2021 (02): 119-121.

[2] 张仁祥, 张廷嘉. 人工负氧离子与人体生理生命活动的相关性 [C]. 中国管理科学研究院商学院, 中国技术市场协会, 中国高科技产业化研究会, 中国国际科学技术合作协会, 发现杂志社. 中国管理科学研究院新兴经济产业研究所; 中科亿东; 美国圣何塞州立大学, 2022.

[3] 杨婷婷, 潘刚伟, 景晓辉. 纳米 TiO_2/沸石复合光催化剂的制备及光催化性能 [J]. 南通大学学报 (自然科学版), 2021, 20 (04): 72-77.

[4] 张永航. 空气中甲醛净化处理的研究进展 [J]. 广州化工, 2020, 48 (22): 24-27, 89.

[5] 李术标. 室内空气污染及空气净化关键技术探究 [J]. 皮革制作与环保科技, 2021, 2 (24): 170-172.

[6] 刘爱梅. 空气净化技术在中央空调中的应用综述 [J]. 制冷与空调, 2021, 21 (3): 1-3.

[7] 胡文龙. 应用于室内空气净化的离子风技术研究 [D]. 北京: 北京交通大学, 2020.

[8] Renelle M, Michael B, Trevor D, et al. High Ambient Air Pollution Exposure Among Never Smokers Versus Ever Smokers with Lung Cancer [J]. Journal of thoracic oncology: official publication of the International Association for the Study of Lung Cancer, 2021, 16 (11): 1850-1858.

[9] 端木亭亭. 室内空气状况及污染防治措施 [J]. 云南化工, 2019, 46 (01): 145-146.

[10] 周智敏. 5 种室内植物对苯和甲醛复合污染的敏感监测能力研究 [D]. 济南: 山东建筑大学, 2021.

[11] 王承敏, 菅潇扬, 张鑫等. 磷酸三丁酯诱导下海洋浮游植物活性氧产生的分子机制研究 [J]. 生态毒理学报, 2023, 18 (04): 313-323.

[12] 裴淑兰, 王凯, 雷淑慧. 4 种植物对水体中苯的净化效果及其抗性响应 [J]. 生态环境学报, 2018, 27 (03): 573-580.

[13] 徐翠. 苯以及取代苯的大气氧化降解机理 [D]. 广州: 华南理工大学, 2013.

[14] 杨裔. 室内空气净化器技术应用效果及研究进展 [J]. 数码世界, 2019 (06): 284.

[15] 黄德明, 陈永军, 王庆文, 等. 甲醛及 TVOC 在轨道客车中的危害及其含量的检测与治理 [J]. 广东化工, 2019, 46 (17): 146-147.

[16] 赵艳磊, 田华, 贺军辉, 等. 催化氧化去除室内气态化学污染物的研究进展 [J]. 化学通报, 2014, 77 (9): 832-838.

[17] 王晗. 室内芳香植物对甲醛污染的净化修复机制研究 [D]. 济南: 山东建筑大学, 2023.

[18] 丁珍. 室内苯污染的植物生态修复技术研究 [D]. 济南: 山东建筑大学, 2017.

[19] 张雯湉. 绿色植物对室内空气污染的净化作用 [J]. 中国战略新兴产业, 2018 (04): 65.

[20] 李佳琪. 贵金属基催化剂设计、制备及其催化氧化苯的性能研究 [D]. 北京: 中国科学院大学, 2017.

[21] 张文凯. TiO_2 纳米棒阵列的低温制备、复合结构及光电化学性能研究 [D]. 襄阳: 湖北文理学院, 2023.

[22] 刘莹昕. 光催化技术在室内空气净化中的应用研究 [J]. 中外企业家, 2018 (13): 107.

[23] 杜长明, 黄娅妮, 巩向杰. 等离子体净化苯系物 [J]. 中国环境科学, 2018, 38 (3): 871-892.

[24] 郭晶晶. 植物净化技术在室内空气污染治理方面的应用研究 [J]. 山西化工, 2022, 42 (04): 157-158, 166.

[25] 解凌远, 宋月, 李欣昱. 室内空气苯污染的治理研究 [J]. 科技创新导报, 2020, 17 (07).

[26] 吴志翀. 广州市住宅室内空气中甲醛污染检测与调查分析 [J]. 建材与装饰, 2019 (11): 59-60.

[27] 赵立峰. 焦作市住宅室内空气中甲醛污染检测与调查分析 [J]. 河南预防医学杂志, 2018, 29 (11): 850-852, 856.

[28] 高丁丁. 室内甲醛浓度变化规律及典型污染源中甲醛清除方法研究 [D]. 桂林: 广西师范大学, 2018.

第6章 室内环境空气净化

大气是必不可少的基本环境要素之一,也是我们不可或缺的生存条件。典型的空气污染物有 NO_x、VOC 等。目前 NO_x 治理属于我国大气环境管理的短板,如何有效实现 NO_x 治理也纳入了"十四五"的空气污染防治重点规划。因此,开展 NO_x 的高效控制新技术与机制研究,是我国空气污染控制领域的迫切需求。

鉴于光催化技术良好的光敏性、温和的反应条件、较低的能耗、可控的反应程度、较高的催化效率、对自然环境及人体健康均无毒害等特点,光催化技术逐步成为当前最有前景的环境净化技术之一。

6.1 室内环境空气净化材料

室内环境空气净化材料就是近年来适应室内环境污染市场的需要而发展起来的。按照净化材料的使用方法来区分,可以把目前我国市场上的室内环境空气净化材料大致分为七种类型:

(1) 封闭型材料

封闭型材料利用了高分子材料流动性、固化性好的特点,产品具有超强的渗透能力和封闭能力:一方面渗透到板材中,与挥发或游离态的污染物质发生聚合反应,使低分子污染物质结合在高分子物质的基团上;另一方面在材料表面形成一层具有硬度的耐候性的膜将材料内部游离状态的污染物质封闭起来。

某些封闭型材料在使用过程中可能引起家具板材的变形,需先测试再使用。

(2) 熏蒸型材料

熏蒸型材料的原理是化学药剂经高温焙烧散发出大量的挥发性雾状气溶胶,弥散到室内的每一个角落,与空气和物体表面的有害物质进行反应或靠其药性直接杀灭细菌等微生物。这种方法既可以消除已经散发到空气中的各种异味以及氨、苯、甲醛等有机挥发物,还可直接扩散到室内的各个角落,直接清除污染源达到标本兼治的效果。

这种材料在使用时会产生有毒气体,不能在室内有人的情况下使用。使用后,要打开门窗进行全面通风,等室内有害气体全部散尽后,人员才能进入。

(3) 喷雾型材料

喷雾型材料是从天然植物中提取的活性物质,本身无毒无害。其活性成分可以与空气中的污染物质发生反应,生成无毒无害的物质。喷雾型材料具有天然的清香,对室内的异味有一定的作用,如烟酒味、霉味、臭味等刺激性气味。

喷雾型材料使用方便,一喷即可,特别适用于通风差的场所(如酒吧、咖啡厅、歌舞厅、饭店等）的日常净化处理。用于室内空气净化的喷雾型材料一般在空气中形成气溶胶，可以在空气中停留1h或更长时间，这种方法为不连续的净化方法，有的产品设计成定时机械喷雾的结构形式，可以根据需要设定喷雾时间，以弥补不能连续净化的缺陷。但在有污染的室内，气溶胶会吸附空气中的污染物质，在沉降的过程中被吸入人体，造成危害。因此，喷雾净化的方法一般不建议在有人的情况下使用。

（4）熏香型材料

从植物中提炼出来的香精与化学燃料配制成特殊的熏香型材料，配合特制的燃烧器皿，在500℃下燃烧产生含负离子的芳香气体，弥散到室内空气中可以消除空气中的各种有机挥发物、细菌、螨虫等，达到净化空气、美化环境的目的。熏香时会有气溶胶产生，因此不宜在有人的情况下使用。

（5）涂刷、喷雾两用型材料

这类产品利用具有较强渗透能力的物质作为承载体，将能够使甲醛稳定的有机物输送至板材中，使不稳定的醛类聚合物稳定下来以达到中和的目的。使用时将中和型喷刷剂直接喷刷在家具中裸露的板材表面，直接渗透进入板材内部，主动捕捉、中和板材中的游离甲醛，具有强大的消除甲醛能力。这类材料无毒、无色、无臭、无腐蚀，施工方便、效果明显，可以直接涂刷在物体表面，也可以通过喷雾器或气雾剂进行喷涂施工。

这种材料的用途较广，品种也较多，一般不具有广谱性，使用时要明确治理的污染物种类。

（6）固体吸附型材料

此类产品以活性炭和分子筛为主要材料，具有无毒、无味、无腐蚀、无公害的特点。所用材料的孔径与空气中异味有极强的亲和力，属纯物理吸附，无化学反应。放入需要净化的房间、家具橱柜中或者冰箱内，能驱除有害气体和异味。

（7）涂料添加型材料

涂料添加型材料是指普通涂料中加入药剂所形成的能释放负离子的新型涂料，如硅藻泥环保涂料。这种新型涂料具有抗菌和去除甲醛、苯、氨等有害气体的作用，并能增加室内空气中的负离子浓度，适用于水溶性涂料和内墙乳胶漆，使用十分方便，可以在生产过程中加入，也可以添加在市场上出售的成品涂料中。

在环境治理领域，治理效果的成败与所采用的方案密切相关，而方案的优劣又与使用材料的品质紧密相连。如何制备或选用合适的材料已成为提高工艺效率不可或缺的核心技术手段。如何稳定保持材料的性能是研究的重点问题。

6.2 光催化技术

6.2.1 光催化原理

光催化（photocatalysis）是光（photo-light）＋催化剂（catalyst）的合成词，光催化剂是一种在光照条件下，自身不发生变化，却可以促进化学反应的物质。通常认为光催化剂的吸收阈值与带隙之间的关系式为

$$K = 1240/E_g(\text{eV})$$

式中，K 为吸收阈值；E_g 为带隙。

常见的半导体光催化剂的吸收波长阈值处在紫外光区域。

如图 6-1 所示，在太阳光的照射下，当输入的光子能量高于半导体光催化剂吸收能量时，半导体光催化剂的价带（valence band，VB）产生电子发生带间跃迁，即从 VB 跃迁到导带（conduction band，CB）产生光生电子（e^-，具有还原性）；而在 VB 上产生相应光生空穴（h^+，具有较强的氧化能力）。光生电子与吸附在光催化剂表面的氧气分子相互作用形成超氧自由基（$\cdot O_2^-$），而空穴则可将表面吸附的 OH^-/H_2O 氧化生成羟基自由基（$\cdot OH$）。$\cdot O_2^-$ 和 $\cdot OH$ 具有较强的氧化性，可将大部分有机污染物转化为无毒无害的水（H_2O）和二氧化碳（CO_2）；还可破坏细菌的细胞壁和病毒的蛋白质，从而杀灭细菌病毒。目前，该技术已被广泛应用于室内空气净化、有机废水净化、杀菌消毒、肿瘤治疗、除臭、防污防雾等领域。

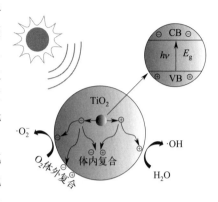

图 6-1　光催化原理

6.2.2　光催化基本过程

6.2.2.1　光激发过程

当半导体光催化剂吸收大于其吸收阈值的光子能量时，会在 CB 和 VB 上分别产生具有还原能力的电子和氧化能力的空穴。受光激发生成的光生电子与空穴统称为光生载流子，光生载流子的产生是诱导光催化反应的前提。

6.2.2.2　光生载流子的分离与迁移过程

光生载流子因受库仑力作用，在迁移过程中存在着以下四种可能：

① 直接复合（体内）。指光生载流子在半导体光催化剂内部重新结合，放出光子或热量。在半导体中，载流子的寿命与其密度成反比，即半导体电阻率越低，载流子的浓度越高，彼此相遇的概率就越大，其寿命也就越短。

② 间接复合（体内）。指半导体光催化剂内少量杂质原子、缺陷的引入会促进非平衡载流子的复合，是利用带隙中某些杂质（或缺陷）能级作为"中间跳板"来实现的，中间杂质（缺陷）能级俘获导带底附近的电子与满带中的空穴间接复合。这种杂质（缺陷）能级统称为复合中心。间接复合每次所释放的能量比直接复合少得多，即分阶段释放能量，通常间接复合决定着半导体光催化剂的寿命。

③ 表面复合。指半导体光催化剂在制备过程中，表面存在着严重损坏或内应力，进而在体内产生较多的缺陷和晶格畸变，而这些缺陷可形成能够接受或释放电子的表面能级，当光生载流子迁移到表面时，依靠产生的表面能级对电子或空穴的俘获来进行复合。

④ 有效分离。指在内建电场作用力下，光生载流子迁移到光催化剂表面（导带电子—强还原剂，价带空穴—强氧化剂），参与后续的氧化还原反应。

因此，为了提高光催化反应的转化效率，应采取有效措施尽量避免发生前三种复合过程。

6.2.3 光催化剂的特点和改性策略

6.2.3.1 光催化剂的特点

① 光催化剂表面的氢氧自由基能破坏细胞膜使细胞质流失,从而造成细菌死亡和抑制病毒的活性,故能杀灭各种细菌、病毒,有效分解霉菌。

② 通过氢氧自由基分解空气中的有机物气体,可除去空气中的臭味。

③ 对空气中的甲醛、苯、氨及其他挥发性有机物有强大的氧化分解作用,使之变为二氧化碳和水,从而达到净化空气的效果。另外,光催化剂还能释放负氧离子,达到一个真正绿色的生存环境。

④ 光催化剂涂层具有高亲水性,可形成防雾涂层;同时具有强大的氧化作用,可氧化表面的油污,保持自身清洁。

6.2.3.2 光催化剂的改性策略

光催化技术高效实施的核心内容是光催化剂的选择。未经过改性的本征光催化剂由于其结构上的缺陷,展现出较差的光催化活性和稳定性。因此,为获取最佳的光催化活性及稳定性,可对本征光催化剂进行各种各样的改性措施。以下是几种常见的催化剂改性策略。

(1) 离子掺杂

离子掺杂通常是利用物理或化学方法,将外离子引入催化剂晶格内部,使晶体内产生新电荷,形成缺陷或转变晶格类型,进而改变催化剂的能带结构和电子迁移性质,形成新的杂质能级;此外,还可改变催化剂的激发光波长,使催化剂展现出可见光光谱响应,增强对太阳光的转化能力。离子掺杂通常包括金属离子和非金属离子掺杂两种方式。金属离子掺杂一般是在催化剂的价带顶构建施主能级,或在导带底构建受主能级,进而在半导体材料中引入新的杂质能级,缩小催化剂的禁带宽度。而非金属离子掺杂是在晶格中引入缺陷能级,攫取光激发电子,提高光子利用率。

(2) 金属/贵金属沉积

研究表明,金属颗粒作为助催化剂,与催化剂复合后能有效改善催化剂的催化性能,其原因归因于以下一种或多种机制共同作用:①表面电子状态发生混合,提高了催化剂中的电荷分离效率,有利于光生电子在金属/半导体界面之间进行转移,进而延长载流子的寿命;②在两者的接触面处,费米能级逐渐趋于稳定,两者之间会构建成肖特基势垒,形成陷阱,利于光生载流子的分离,降低光生载流子的复合概率;③金属单质的引入可促进具有低过电位的氧化还原反应;④贵金属的表面等离子体共振(surface plasmon resonance,SPR)有利于拓宽催化剂对可见光的响应范围,提升对光的利用率。总而言之,金属的负载促使催化剂在光催化活性方面得到极大提高。

(3) 构建异质结

构建异质结是提高光催化剂催化能力的有效手段之一,异质结复合光催化剂需由两种或两种以上半导体催化剂在微纳米尺度上以某种方式进行结合,相当于是一种半导体催化剂的电荷对另一种半导体催化剂中电荷的修饰,结合两种材料的优势能有效调节单一半导体催化剂的性能。在异质结界面处,光激发产生的载流子可有效地分离与传输,进而提高材料的光催化性能。值得注意的是,不同半导体复合需考虑三方面的问题:两者之间的能带结构是否匹配？两者之间的有效接触面积如何调控？在构建异质结之后是否能实现有效的电荷定向传输？

（4）形貌调控

形貌调控是另一种常见的催化剂改性手段，从微观角度来看，形貌直接决定了催化剂的晶粒尺寸、暴露晶面、比表面积和孔结构等特性。一般认为晶粒尺寸会影响光生载流子传输性能，纳米级晶粒尺寸有利于载流子由催化剂的体相向表面传输；晶面会直接影响催化剂对污染分子的吸附，不同的暴露晶面，其氧化、还原能力各不相同，进而不同程度地影响界面电荷的分离效率；比表面积与孔结构则会为催化反应提供活性位点，通常，比表面积和孔容越大，可为目标污染物的吸附提供的接触面也越多。

（5）缺陷工程

缺陷工程被认为是一种调控半导体催化剂微观电子结构和宏观物化性质的有效策略。通常在催化剂的合成过程中会不可避免地引入缺陷，不同程度地改变催化剂的光催化性能，缺陷可大致分为点缺陷（空位或掺杂）、线缺陷（位错）、平面缺陷（晶界）和体相缺陷四种。目前，有大量文献报道了关于利用缺陷工程来提高催化剂的催化性能，如通过本征缺陷拓宽催化剂的光吸收范围、表面缺陷提供反应活性位点等。因此，有目的地构筑缺陷并深入研究其在光催化反应过程中的催化机理至关重要。

目前，光催化剂在华东市场药剂的市场占有率相对较高，发达国家已将光催化剂技术应用于去除高速公路上的氮氧化物及地下水中的致癌物，下水道、港湾的除油处理，建筑物外墙与玻璃的保洁处理以及居室空间的表面材料处理等方面。这些处理方法都是利用了光催化剂材料对有害物质具有长期、缓慢净化效应的性能。光催化剂在环保科技领域的价值是无可限量的，它带来的是一场"光清洁革命"。目前，在国内每年仅居室的净化市场就有超过200亿元的需求，加上水质处理、空气净化、新材料、新能源等的需求更是庞大。所以，随着技术的不断更新，光催化剂将越来越多地使用在各个领域。

6.3 光催化剂的种类

6.3.1 TiO_2 光催化剂

6.3.1.1 TiO_2 的基本性质

TiO_2 为最高价态的具有晶体结构的钛氧化合物。在自然界中，常见的 TiO_2 晶体结构一共有三种，分别为金红石（rutile）、锐钛矿（anatase）以及板钛矿（brookite），这三种 TiO_2 的部分物理化学性质如表6-1所示。其中，板钛矿为亚稳态，容易转变为锐钛矿或者金红石，普遍认为其光催化活性较弱，因此不做详细介绍，只着重介绍锐钛矿和金红石的性质。

锐钛矿和金红石都是四方晶系，锐钛矿的空间点群为第141号空间群（$I4_1/amd$），$a=3.777$，$c=9.501$，$\alpha=\beta=\gamma=90°$，每个晶胞中含有两个 TiO_2 分子，Ti原子占据4b位置，O原子占据8e位置；金红石的空间点群为第136号空间群（$P4_2/mnm$），$a=4.5933$，$c=2.9592$，$\alpha=\beta=\gamma=90°$。如图6-2所示，在金红石和锐钛矿的晶格中，Ti原子的配位数均为6，O原子的配位数均为3，因此可认为金红石和锐钛矿都是 $Ti-O_6$ 八面体通过共用顶点和棱边的方式所连接形成的，区别是两者晶体结构中八面体的畸变程度和八面体间相互连接的方式不同。金红石晶体中的 Ti-O$_6$ 八面体沿着 c 轴呈链状排列，并与其上下的 Ti-O$_6$ 八面体共用一条棱边，链间由 Ti-O$_6$ 八面体共顶点相连，所构成的八面体不规则；锐钛矿晶体中每个 Ti-O$_6$ 八面体与其邻接的 4 个 Ti-O$_6$ 八面体各有一个共用棱，八面体呈明显的斜方晶畸变，其对称性低于前者。

表 6-1　金红石、锐钛矿和板钛矿的常用理化性质

理化性质	金红石	锐钛矿	板钛矿
空间群	四方，$P4_2/mnm$	四方，$I4_1/amd$	斜方，$Pbca$
生成热/(kJ/mol)	-943.5	-912.5	—
绝对熵/[J/(K·mol)]	50.25	49.92	—
熔点/℃	1855	变成金红石	变成金红石
熔化热/(kJ/mol)	64.9	—	—
密度/(g/cm^3)	4.27	3.9	4.13
莫式硬度	7.0~7.5	5.5~6.0	5.5~6.0

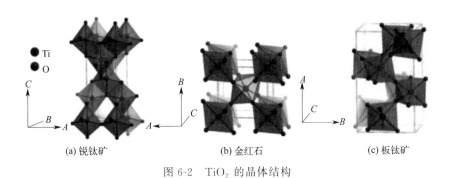

图 6-2　TiO$_2$ 的晶体结构

6.3.1.2　TiO$_2$ 的光催化应用

TiO$_2$ 不仅可以产生·OH 等强氧化性基团，用于氧化分解有机污染物，还能够产生具有高还原性的光生电子以及·O$_2^-$，可以将毒性较强的高价态重金属离子还原为毒性较低的低价态金属离子，因此其可以应用于以下领域。

（1）水体环境净化

尽管工农业污水中的有机污染物含量受到严格限制，但是仍然有痕量浓度的污染物被排放到自然水体中，会对水生生物造成危害，破坏水环境生态；同时，由于生物链的富集作用，人类也会受到毒害，如抗生素排放造成的耐药性等；而且，有机污染物会造成水体富营养化，造成蓝藻等生物滋生，影响用水安全。TiO$_2$ 光催化材料不仅可以降解水中的有机污染物，对滋生的藻类也有杀灭效果，能够全方位净化水体环境。目前光催化材料被广泛应用于水体中酚类、染料、农药、抗生素、藻类等的净化研究。

（2）室内空气净化

据世界卫生组织统计，目前人类约有 80% 的时间生活在室内，然而由于室内空间的密闭性以及大量使用的装饰装修材料，室内空气中充斥着大量化学污染物（苯、甲醛等 VOC）和生物污染物（大肠杆菌、白色念珠菌等致病微生物），会对人体健康造成严重危害，甚至引起白血病等绝症。室内空气中污染物浓度低（10^{-6} 至 10^{-9} 级别），持续时间长（数十

月），因此常见的方法不能有效净化室内空气。TiO_2 光催化材料可以在光照下矿化 VOC 气体、杀灭细菌病毒等致病微生物，且不需要额外提供能量，适用于室内空气的净化。

（3）室外大气净化

与室内空气相比，室外大气中的污染物来源更为复杂，不仅有工农业生产中所排放的废气，日常生活中的各种行为（如机动车排放尾气）也会对大气环境造成污染。除了 VOC 等有机气体外，大气环境中的污染物还包括 NO_x、SO_2 等无机污染物，TiO_2 不仅可以氧化分解 VOC，也可以将 NO_x、SO_2 氧化为 NO_3^- 和 SO_4^{2-}，并将其固定在表面，在雨水的作用下进入地表，避免其与空气中的 O_2 反应形成 $PM_{2.5}$ 等后续污染物。

（4）环境微生物消毒

对于医院、车站、机场等人员密集的区域，微生物污染也是一个不可忽视的问题。目前常用的微生物消毒方法有物理法（主要为紫外线照射、高温蒸汽灭菌法等）和化学消毒法（主要使用 ClO_2、NaClO、臭氧等强氧化性物质进行灭菌），但是，这些方法除了可以杀灭微生物，还会对人体产生一定的危害，因此存在消毒间隔期，而上述方法的作用原理不具备长效性，导致微生物数量在消毒间隔期内迅速上升，并且会产生抗药性。而 TiO_2 光催化材料可以在光照下持续发挥消毒作用，使环境中的微生物数量在较长时间内维持在一个较低水平，并且消毒过程只发生在材料表面，对人体没有伤害。

（5）能源领域

TiO_2 产生的光生电子具有较强的还原性，能够将一些高价态元素还原为低价，可以应用在新能源领域。比如将水裂解为 H_2 和 O_2，将 CO_2 还原为乙醇、甲烷等有机染料，或者将 N_2 还原为 NH_3，可以减缓化石能源枯竭所带来的能源危机，降低碳排放，在一定程度上缓解温室效应。

6.3.1.3 TiO_2 光催化应用的局限性

尽管 TiO_2 可以在常温下将环境中的光能转变为化学能，达到环境净化效果或者合成能源燃料的目的。然而，纵观国内外，目前大多数 TiO_2 光催化技术的应用仍处于实验室研究探索阶段，主要是以下因素限制了其在实际环境中的应用。

（1）光吸收范围窄

光催化研究中最常用的 TiO_2 为锐钛矿相 TiO_2，其禁带宽度为 3.2eV，所对应的光子波长为 387.5nm，即锐钛矿只有在受到波长低于 387.5nm 的紫外光照射时，价带中的电子才能被激发产生光生电子和空穴。然而在自然界的太阳光中，大部分能量为可见光（45%）和红外线（52%），紫外光（波长＜380nm）的能量仅占地球接收到的光能总量的 3% 左右，因此自然光中大部分的能量不能被锐钛矿吸收。

（2）光生载流子复合率高

表 6-2　TiO_2 光催化反应中各步骤所需时间

反应步骤	反应方程	时间
激发	$TiO_2 + h\nu \rightarrow h_{VB}^+ + e_{CB}^-$	fs 级（非常快）
捕获	$h_{VB}^+ + Ti^{IV}OH \rightarrow \{Ti^{IV}OH\cdot\}^+$	10ns（快）
捕获	$e_{CB}^- + Ti^{IV}OH \longleftrightarrow \{Ti^{III}OH\cdot\}$	100ps（快，浅捕获）
捕获	$e_{CB}^- + >Ti^{IV} \rightarrow >Ti^{III}$	10ns（快，深捕获）

续表

反应步骤	反应方程	时间
复合	$e_{CB}^{-}+\{>Ti^{IV}\cdot\}\rightarrow>Ti^{IV}OH$	100ns(慢)
	$h_{VB}^{+}+\{>Ti^{III}OH\cdot\}\rightarrow>Ti^{IV}OH$	10ns(快)
反应	$\{>Ti^{IV}OH\cdot\}^{+}+R\rightarrow>Ti^{IV}OH+R^{+}$	100ns(慢)
	$\{>Ti^{III}OH\}+Ox\rightarrow>Ti^{IV}OH+Ox^{-}$	ms级(非常慢)

注：R表示有机物，Ox表示氧化物。

在TiO_2光催化过程中，载流子主要经历激发、捕获、复合、反应几个过程，各个过程所需的时间如表6-2所示，载流子激发所需的时间最短，为fs级别；随后是载流子的捕获，其中空穴的捕获时间约为10ns，而电子分为浅捕获和深捕获，深捕获状态较为稳定，但花费时间比浅捕获长；除了被捕获外，电子和空穴还会发生复合，其中，空穴的复合速度最快，为10ns，与空穴和电子深捕获时间相同；最后是载流子与表面的反应物质发生反应，所需时间从100ns至ms级，速度最慢。由上述信息可知，在TiO_2光催化过程中，电子空穴与表面物质反应所需的时间最长，因此，大部分光生电子空穴自身发生复合，导致光催化效率较低，因此，需要抑制TiO_2中光生电子和空穴的复合，提升其光催化性能。

6.3.1.4 TiO_2光催化剂的优化方法

目前对TiO_2材料的制备和光催化性能的研究已经取得了巨大的进展，但是TiO_2的带隙较宽、光诱导产生的载流子复合率高、量子效率低等问题还是阻碍了其在光催化领域的实际应用。在多年的研究中，全球的学者已经开发出较多的光催化性能优化方法，主要可分为以下几类。

(1) 掺杂改性

掺杂改性是将其他元素的原子引入TiO_2晶格，使其替换TiO_2晶格中的Ti原子或者O原子，或者将其引入晶格间隙位置。外来杂质原子的掺杂伴随着新的电子能级的引入，可以对TiO_2的电子结构进行修饰，从而降低电子从TiO_2的价带跃迁到导带所需要的能量；同时还可以通过改变价带顶空穴和导带底电子的有效质量，影响载流子的迁移速率，改变载流子的复合率。根据掺杂元素的种类，可以将其划分为金属离子（M^{n+}）掺杂与非金属掺杂，如图6-3所示。其中，金属离子掺杂主要使用V、Cr、Mn、Fe、Co、Ni、Ag、Pt等过渡金属元素，由于Ti-O结合能与M-O结合能差别不大，因此通常情况下金属离子主要占据TiO_2晶格中Ti^{4+}的位置，为取代掺杂，并且会在TiO_2的导带底下方引入杂质能级，充当电子跃迁的台阶，减少价带电子激发所需的光子能量。同时，过渡金属离子通常具有一定的氧化能力，因此适当掺杂金属离子可以充当光生电子的捕获中心，延长光生载流子的寿命，降低光生载流子的复合率。

与金属离子掺杂不同，在非金属（C、N、S、F等）掺杂TiO_2中，非金属原子既可以取代TiO_2晶格中的O原子，又可以进入TiO_2的晶格间隙形成间隙掺杂，且掺杂位点的不同会对TiO_2的电子结构产生不同的影响。以氮掺杂TiO_2（N-TiO_2）为例，当N取代晶格中的O时，认为N 2p轨道和O 2p轨道发生杂化，形成新的杂化能级，新能级处于原先TiO_2价带的上方，从而减小了电子跃迁所需的能量，实现可见光响应；而当N位于间隙掺杂位点时，会在TiO_2价带上方约0.73eV引入一条N 2p杂质能级，在可见光的照射下，N 2p杂质能级上的电子可以跃迁至导带，实现可见光吸收。

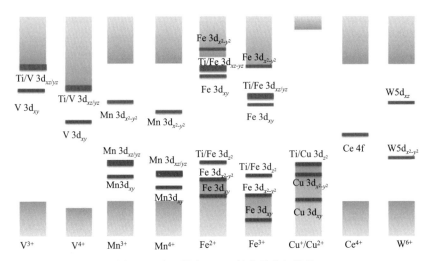

图 6-3 表面掺杂 TiO_2 的电子能级结构

在 TiO_2 掺杂改性中，除了掺杂的元素种类外，掺杂浓度也是一个重要因素，无论是金属离子掺杂还是非金属掺杂，过多的掺杂浓度会形成电子和空穴的复合中心，反而降低光催化效率，因此需要对掺杂浓度进行研究和控制。

(2) 半导体复合

半导体复合主要利用不同半导体之间的空间电场达到对光生电子和空穴在物理空间上的隔离，其主要类型有三种，如图 6-4 所示。

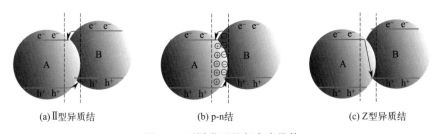

(a) Ⅱ型异质结　　　　(b) p-n 结　　　　(c) Z 型异质结

图 6-4　不同类型的复合半导体

① Ⅱ型异质结。由另一种 n 型异质结与 TiO_2 复合而成，两者价带和导带的氧化还原电位不同，所产生的光生电子和空穴会自发向能量低的电场方向迁移，即电子转移到 A 半导体，空穴转移到 B 半导体，在空间上将电子和空穴隔离，降低复合，与 TiO_2 构建Ⅱ型异质结的半导体主要有 WO_3、SnO_2、CdS、C_3N_4 等。

② p-n 结。由 p 型半导体与 n 型 TiO_2 复合而成。在 p-n 结中，存在由 n 型半导体指向 p 型半导体的内建电场，从而促使光生电子向 n 型半导体迁移，光生空穴向 p 型半导体迁移，达到分离电子和空穴的效果，目前主要使用 SnO、Cu_2O、NiO 等半导体与 TiO_2 构建 p-n 结。

③ Z 型异质结。在 Z 型异质结中，通过在两种半导体界面添加 Au 等导电材料或直接调控界面性质，使 A 半导体上的电子与 B 半导体上的空穴发生复合，而 A 半导体上的空穴和 B 半导体上的电子参与最终反应。与普通异质结相比，Z 型异质结中的光生电子和空穴的还原和氧化能力更强，应用范围更广。可与 TiO_2 组成 Z 型异质结的材料有 CdS、C_3N_4 和

AgBr 等。

（3）贵金属修饰

Ag、Au、Pt 等贵金属纳米颗粒具有表面等离子体共振效应，在受到可见光的照射时，外层的自由电子被激发产生电子偶极振荡，当使用 Ag 等贵金属纳米颗粒与 TiO_2 发生负载后，其表面等离子体共振效应可使 TiO_2 在可见光下激发，拓宽其光响应范围，同时由于肖特基势垒的存在，光生电子容易转移到金属纳米颗粒，提高光生电子和空穴的分离效率，增强 TiO_2 的光催化效率，如图 6-5 所示。

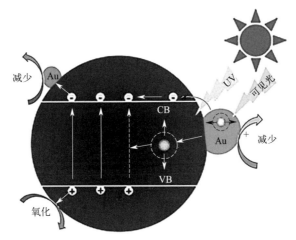

图 6-5　在紫外线和可见光下对 TiO_2 光催化活性的促进效应

（4）与碳材料复合

由于独特的电子结构，碳材料，如碳纳米管、石墨烯、还原石墨烯等，具有良好的导电性。当 TiO_2 与碳材料复合后，光生电子可以快速迁移到碳材料上，从而实现光生载流子的有效分离。碳材料可以制备成片状、孔状、管状等特殊形貌，抑制 TiO_2 的团聚，增大其比表面积。

（5）与 MOF 复合

MOF（metal-organic framework）是金属离子和有机配体通过自组装形成的一种具有周期性网格结构的金属-有机骨架材料，具有结晶度高、孔隙率大、比表面积高等特点，通过对金属离子和有机配体的调控，可以对 MOF 的电子结构、形貌等实现调控。因此，使用 MOF 与 TiO_2 进行复合，可以拓宽 TiO_2 的光吸收范围、提高光生电子和空穴的分离效率。

6.3.2　g-C_3N_4 光催化剂

6.3.2.1　g-C_3N_4 的基本性质

氮化碳（C_3N_4）作为一种传统的聚合物，具有密度低、化学稳定性高、生物兼容性好、耐磨性强等优点，在高性能耐磨涂层、膜材料、催化剂及催化剂载体、金属氮化物的制备等领域具有广阔的应用前景。近年来，由于超硬材料的制备要求较高，人们对氮化碳材料的研究主要集中在石墨相氮化碳（g-C_3N_4），希望通过对 g-C_3N_4 的深入研究来加深对氮化碳的了解和认识。g-C_3N_4 作为具有典型二维层状结构和窄带隙的聚合物半导体，表现出优异的可见光吸收能力、稳定的物理化学性能和优秀的光催化活性。

g-C_3N_4 可能的两种化学结构如图 6-6 所示,其中以三嗪环(C_3N_3)为结构单元的 g1-C_3N_4 属于 R3m 空间群,以七嗪环(C_6N_7)为结构单元的 g2-C_3N_4 属于 P6m2 空间群。在这两种结构中,C、N 原子均发生 sp^2 杂化,通过 p_z 轨道上的孤对电子形成一个类似于苯环结构的大 π 键,组成一个高度离域的共轭体系。在 g1-C_3N_4 中,每个三嗪环通过末端的 N 原子相连形成一个无限扩展的平面网格结构。其中,环内的 C—N 键长 0.1315nm,C—N—C 键角为 116.5°;环外的 C—N 键长 0.1444nm,C—N—C 键角为 116.5°。在 g2-C_3N_4 中,则用七嗪环替代三嗪环以相同的连接方式构筑 C_3N_4。其中,环内的 C—N 键长 0.1316nm,C—N—C 键角为 116.6°;环外的 C—N 键长 0.1442nm,C—N—C 键角为 120.0°。在这两种同素异形体中,结构中氮孔大小的差异导致电子结构的不同,理论上认为 g2-C_3N_4 更稳定,其热力学能量比 g1-C_3N_4 低约 30kJ/mol。但在实际的反应体系中 g2-C_3N_4 的结构与原料和制备方法密切相关。

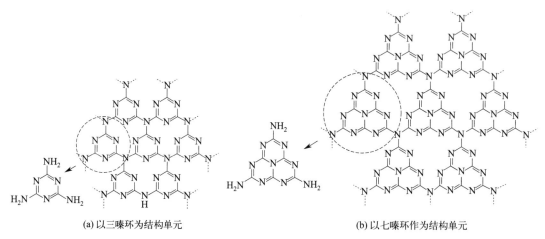

(a) 以三嗪环为结构单元　　　　(b) 以七嗪环作为结构单元

图 6-6　g-C_3N_4 的两种可能结构

6.3.2.2　g-C_3N_4 的光催化反应原理

半导体 g-C_3N_4 光催化制备 H_2、还原 CO_2 和降解污染物的原理如图 6-7 所示。在可见光照射下,半导体光催化材料吸收光能,当吸收的能量超过阈值,材料将被激发产生光生电子和光生空穴,电子和空穴具有强大的氧化还原电位,并且当半导体具有合适的 E_{CB} 和 E_{VB} 时,电子可以与 O_2 结合生成超氧自由基(O_2^-)、与 H^+ 结合生成 H_2 或者将 CO_2 还原成各种碳氢化合物,空穴与 H_2O 结合生成 O_2 或者与—OH 和 H_2O 结合生成羟基自由基,可用于 H_2 的制备、CO_2 的还原和污染物的降解等。

6.3.2.3　g-C_3N_4 的光催化应用

g-C_3N_4 独特的类石墨层状堆积结构和 sp^2 杂化的 π 共轭电子能带结构,使其具有多种优异的物理和化学性质,在材料、催化、电子和光学等领域具有诱人的应用前景。

(1) 传感器

g-C_3N_4 有机半导体表面含有大量的氨基,近年来开始作为传感器用于金属离子的监测、酸性气体的检测和生物成像等方面。例如,将 3D g-C_3N_4 作为荧光传感器,用于检测溶液

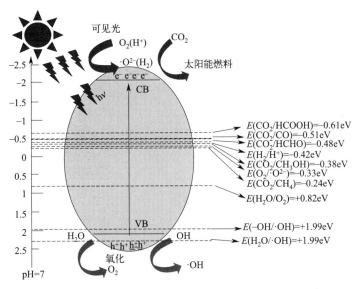

图 6-7　半导体 g-C_3N_4 光催化制备 H_2、还原 CO_2 和降解污染物原理

中痕量的金属离子，发现其对 Cu^{2+} 具有很好的选择性和很高的灵敏度。在此基础上，以 Cu^{2+}-g-C_3N_4 组合作为传感器，用于检测水溶液和人体血液中 CN^- 的浓度，发现 CN^- 的检出限低至 80nmol/L。根据 g-C_3N_4 电化学的发光特性，将其用于电致发光检测溶液中的 Cu^{2+}，拓展了 g-C_3N_4 在电化学检测方面的应用（图 6-8）。

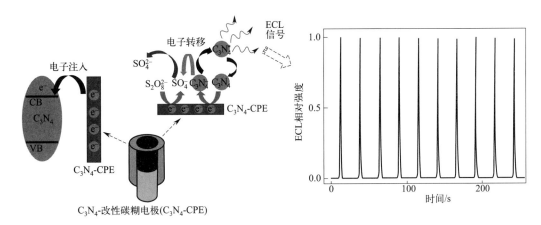

图 6-8　g-C_3N_4 在电化学检测方面的应用

（2）氧还原催化剂

阴极上氧还原反应对于燃料电池的性能具有非常重要的作用。目前，最高效的氧还原催化剂是 Pt，但 Pt 昂贵的价格和易失活的缺点，极大地限制了燃料电池的商业化应用。因此，开发 Pt 替代材料成为燃料电池研究的一个中心任务。N 掺杂 C 由于出色的氧还原能力，已经作为一种非金属氧还原材料广泛应用于燃料电池的研究中。最近，g-C_3N_4 由于类石墨层状结构特点，也作为一种氧还原材料广泛应用于燃料电池的研究。g-C_3N_4 具有氧还原能力，在酸性介质中其催化活性明显高于炭黑。但 g-C_3N_4 材料较差的导电能力（10^8～$10^{10}\Omega$）和较低的比表面积（约 $10m^2 \cdot g^{-1}$），严重抑制了其氧化还原的能力，使反应电流

密度和还原起始电位远小于商品化的 Pt/C，制约了 g-C_3N_4 在燃料电池中的应用。在此基础上，通过提高煅烧温度（约 1000℃）或使用炭黑作导电载体，可以在一定程度上降低 g-C_3N_4 氧化还原的过电位和提高电流密度。

（3）污染物的降解

工业废水中的污染物具有毒性和难降解性，严重威胁着人类健康和自然环境。g-C_3N_4 作为优异的光催化材料在污染物降解方面也得到了广泛的应用。光生电子具有强还原性，光生空穴和羟基自由基具有很强的氧化性，可使污染物被氧化成 CO_2 和 H_2O，起到防污、杀菌、净化的作用。

（4）二氧化碳还原

为解决 CO_2 排放量急剧增加带来的温室效应，众多研究者通过能耗低的光催化技术将 CO_2 还原成碳氢化合物燃料。其中，g-C_3N_4 的有序结构和特殊缺陷可以选择性地将 CO_2 还原成不同的碳氢化合物（CH_4、HCOOH 和 CH_3OH 等）；而对于具有氮空位和氰基的 g-C_3N_4，其结晶度的提高有助于促进电子沿面内方向和从体向表面的传递，氮空位和氰基可以促进 CO_2 的吸附和活化，从而提高光催化还原二氧化碳的能力。

6.3.2.4　g-C_3N_4 光催化应用的局限性

传统含氮前驱体热诱导聚合产生的 g-C_3N_4 结构不完全，主体是非晶或半晶质结构的 melon 基氮化碳，其体相和表面存在较多缺陷，导致电导率低、限制光激发电荷的分离以及电子-空穴对重组率较高等缺点，大幅降低了其催化活性，若想将 g-C_3N_4 真正用于光催化领域，需要协同优化可见光吸收、电子电导率、活性点位密度和结晶度等，而提高 g-C_3N_4 结晶度，不仅能在共轭平面之间建立电荷转移通道从而提高层内电荷转移效率，还可以与其他改性手段糅合以实现高效的协同效应，因此制备高结晶度 g-C_3N_4 成为了研究的热点。

6.3.2.5　C_3N_4 光催化性能的优化方法

（1）缺陷调控

高结晶度代表着晶体结构中分子链排列规则，而缺陷往往是破坏了晶体结构从而降低了材料的结晶度。但是聚合物光催化剂中缺陷会产生部分结构畸变，使聚合物结构定位域的电子亲和度不同，从而提高电荷迁移率和调控可见光响应。利用 H^+ 去除熔盐制备 g-C_3N_4 末端氨基中的一些 K^+，使聚合位点被释放，从而进一步提高了样品的结晶度。另外，合理有效地控制 g-C_3N_4 中的碳氮空位缺陷，也能提高或者保持 g-C_3N_4 的高结晶度，促进载流子的转移，以增强 g-C_3N_4 的光催化性能。比如，g-C_3N_4 高温氧化产生 N 空位是脱 N 过程，而一些还原性气氛（NH_3）会对 N 空位浓度产生影响，采用尿素分解原位产生 NH_3，来调解 g-C_3N_4 在热处理时产生 N 空位的浓度，结果表明，NH_3 不仅可降低 g-C_3N_4 材料中的 N 空位浓度，而且能提升 g-C_3N_4 材料的结晶度。因此合理地控制缺陷和结晶度的平衡，有利于 g-C_3N_4 光催化性能的提升。

（2）形貌控制

光催化材料的微观结构对光催化剂的活性位点、比表面积和光利用率等有着重要影响。目前有许多研究者制备出特定结构的 g-C_3N_4，比如纳米片、纳米棒、微球、柳叶状、海胆状和藤状等。以尿素为原料、KCl/LiCl 为高温溶剂，采用离子热法制备纳米棒状 g-C_3N_4，在可见光照射下，纳米棒状 g-C_3N_4 具有优异的光催化降解活性。钠掺杂垂柳形 g-C_3N_4 合成的光催化剂具有天然的柳叶仿生结构，柳叶通过根部连接，形成一定的堆积角度。这种天然的柳叶仿生结构不仅能促进更大的比表面积和额外活性位点的形成，还有助于接收更多的阳光。

研究人员以植物叶镶嵌的优良光能利用为灵感，合成了一种藤状 g-C_3N_4（图6-9），独特的叶片镶嵌结构使该光催化剂具有更大的比表面积，能更有效地捕获光，从而提高了光激发速率。通过 XRD 和 HRTEM 分析结构表面可知，该材料也具备较高的结晶度，能够提高材料的电荷转移效率。因此模拟自然光合系统的精细结构特征，可为开发具有高效可见光光催化性能的 g-C_3N_4 纳米结构开辟新的途径。

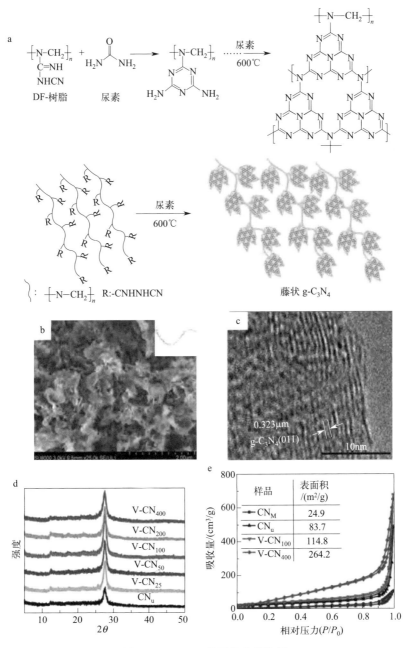

图6-9　g-C_3N_4 基可见光催化剂

（3）二维/三维半导体异质结

三维结构表面的大量微孔具有较多的活性位点，且三维结构具有较大的比表面积，可提供更大的异质结界面。因此，构建二维（2D）/三维（3D）异质结也是提高光催化活性的一种有前途的结构设计方法。比如，采用溶剂热法和两步煅烧法构建 2D/3D 高结晶 g-C_3N_4/3D 蛋黄壳 $ZnFe_2O_4$ 异质结（HCCN/ZFO），即在 ZFO 表面上构建 2DHCCN 纳米片，3D 蛋黄壳结构不仅能增大比表面积，提供更大的异质结界面，而且允许入射光在其腔内进行多次反射和散射，提高光利用率，HCCN 和 ZFO 的协同作用增强了Ⅱ型异质结对电子-空穴对的分离和迁移，因此 HCCN/ZFO 复合材料具有优异的光催化活性。

6.3.3 钙钛矿类光催化剂

6.3.3.1 钙钛矿的基本性质

全无机卤化钙钛矿来源于我们所熟知的钙钛矿型纳米晶体，钙钛矿是 1839 年被一位俄罗斯矿物学家所发现的，为了纪念这一伟大发现，钙钛矿（perovskite）也以这位科学家的名字所命名，钙钛矿被发现以来备受关注而且得到了广泛应用。"钙钛矿"一词在早期仅指氧化物型钙钛矿。随着研究的发展，它通常被认为是一种结构类似于 $CaTiO_3$ 的材料，ABX_3 是它的结构通式。

ABX_3 型材料具有特殊的八面体结构，八面体结构有六个结点，这些结点就是阳离子（B 或者 A），如图 6-10 所示。其中阳离子 A 通常为金属离子或有机小分子（例如较为常见的甲胺 $CH_3NH_3^+$，通常简化为 MA^+，也可以被代替为 Cs^+、FA^+、DA^+ 等），阳离子 B 通常为二价或三价金属离子（如 Pb^{2+}，Sn^{2+}，Bi^{3+} 等），阴离子 X 通常是硫族元素或卤族元素（例如 O^{2-}，Cl^-，Br^- 等）。从通式中可得出：①中心离子是 B 离子，顶点上的离子是 X 离子，而且这些 X 离子共用同一个顶点，连接这些离子的化学键被称为强配位键；②八面体由卤族元素组成，因此称为卤素八面体；③上述提到的连接方式构成了网络状的框架结构并在三维空间内持续延伸。A 位上的离子分布于以卤族元素共平面的四个顶点上，形成立方体结构。利用几何关系我们可以得出 A、B、X 这三种元素的离子半径的关系为

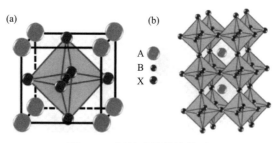

图 6-10 钙钛矿的结构模型

$$t=\frac{R_A+R_X}{\sqrt{2}(R_A+R_X)}$$

式中，t 为容限因子，当卤化钙钛矿为立方体类的钙钛矿时，容限因子 t 的取值范围在 0.8～0.9 之间，但是当 A 位上的阳离子或者有机分子团过大时会导致容限因子变大，此时卤素八面体结构就会崩塌，形成二维或准二维的钙钛矿结构。

6.3.3.2 钙钛矿的光催化反应原理

根据能带理论,与金属物质、绝缘体材料对比,光催化材料的能带结构是不同的,其导带与价带之中存在着禁带。当半导体吸收阈值小于可见光或紫外光照射下所接受的能量时,就可以发生电子的跃迁,电子迁移到导带,并在导带上形成高活性电子。同时,在价带位置,由于电子跃迁,原来价带位置就形成带正电荷的空穴。这个过程的发生,使得在半导体表面形成了高活性的电子空穴对。半导体光催化过程包括三个主要步骤:①能量大于等于半导体材料带隙的入射光子激发导带产生电子空穴对;②光生电子和空穴进行分离和传输,到达催化剂表面;③催化表面的反应物种被吸附,导致活性氧(ROS)的产生,光催化氧化还原

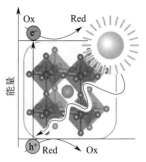

图 6-11 钙钛矿光催化反应

反应是通过 ROS 进行的。钙钛矿光催化原理如图 6-11 所示,当钙钛矿吸收紫外线(UV)或能量高于或等于其带隙的可见光时,电子从其价带(VB)跃迁到导带(CB),在 CB 中产生一个电子,并在 VB 中留下一个空穴。利用这些光生电子反应物进行还原反应以产生更有价值的产物。

6.3.3.3 钙钛矿的光催化应用

(1) 光催化降解

随着工业化程度不断提高,环境污染等问题也在不断加重,在水资源环境中的污染源有抗生素、有机染料等。若是长期放任这些有机废物而不处理,对人与自然都将造成不良影响。拥有清洁无污染、催化剂可重复利用等优点的光催化技术在解决生态环境污染问题上有独特的优势,而钙钛矿材料具有优异的光催化降解性能,故可用于降解环境中的有机废物。

(2) 光催化还原 CO_2

大气中的 CO_2 含量不停升高,对环境产生了较大的影响。自然界中通过植物的光合作用将 CO_2 转变为有机物,但这远远不够,需要寻找人为的、高效的固化 CO_2 方法。由于具有优异的光电转换性能,钙钛矿材料被用于光催化还原 CO_2。

(3) 光催化产氢

近年来,对可再生清洁能源的开发和利用中研究最为广泛的是太阳能和氢能。太阳能是地球上最丰富的能源,氢能是最适合代替化石燃料的能源之一。利用太阳能产氢无疑是最清洁的可持续发展方式,如何提高光催化剂的产氢性能是研究的重点。钙钛矿作为重要的光催化产氢材料可以有效地将太阳能转换成氢能。

6.3.3.4 钙钛矿的光催化应用的局限性

① 卤化物钙钛矿的带隙影响了其对太阳光的吸收程度。通常,半导体材料的光响应波长阈值(即吸收边 λ_g)与其带隙 E_g 存在反比例关系($\lambda_g = 1240/E_g$)。对于卤化物钙钛矿,带隙宽、能量高的光子才能被捕获,即钙钛矿的吸收边越靠近紫外区,其对太阳光的吸收程度越小;带隙窄、能量低的光子也可以被钙钛矿捕获,即钙钛矿的吸收边越靠近红外区,其对太阳光的吸收程度越大。然而当带隙过窄时,钙钛矿中的光生载流子会严重复合,导致其对光生载流子的利用率降低。

② 卤化物钙钛矿基光催化剂的光生载流子迁移能力影响了已被捕获的光子参与到随后析氢反应的可利用率。在卤化物钙钛矿吸收光产生电子-空穴对后，体相中的电子与空穴在分别向钙钛矿表面迁移的过程中及抵达表面后均会发生重组复合。这也是光催化剂能量转换效率一直以来都未能达到10%的主要原因。

③ 卤化物钙钛矿的导带位置决定了析氢反应能否发生及反应驱动力的相对大小。导带位置必须比质子的还原电位更负，转移到钙钛矿表面的光生电子才能将H^+还原为H_2，否则该反应将无法进行。更高的导带位置（即更负的导带电位）具有更强的光催化产氢驱动力，可以提高电子的转移速率从而减轻电子空穴的复合，但这意味着价带位置不变时，相应的钙钛矿需要更高能量的光子来激发。

④ 卤化物钙钛矿表面的活性位点密度也是影响析氢反应动力学的重要因素。高密度的反应活性位点能够增加电子或空穴与钙钛矿颗粒-溶液界面处待反应离子接触的机会，进而提升钙钛矿表面的光生载流子参与最后的氧化还原反应的频率。

⑤ 钙钛矿属于离子晶体材料，所以比晶硅脆弱且稳定性差，有易氧化和不耐高温等缺点，寿命短和衰减率高是其一直没有进入工业化的重要原因，因为需要额外支付其他成本以提高其稳定性和耐用性。

⑥ 钙钛矿对环境十分敏感，温度、湿度、光照、电路负载等因素都会导致钙钛矿的分解。虽然实验效率高，但实际转化效率可能低。且钙钛矿及其器件的降解机制非常复杂，光伏领域内对这个过程还没有非常清晰的认识，也没有统一的量化标准，这对稳定性的研究是不利的。

⑦ 目前高效的钙钛矿器件在老化过程中，钙钛矿会分解产生游离的铅离子和铅单质，这些铅一旦进入人体，将对健康造成危害。

6.3.3.5 钙钛矿的光催化性能的优化方法

全无机卤化钙钛矿被发现以来，主要被应用在太阳能电池以及发光二极管等领域，因此针对全无机卤化钙钛矿的改性通常是通过改变电池的结构而实现的，而针对光催化剂的改性还有待进一步的研究。但是传统的氧化钙钛矿与卤化钙钛矿有着极其相似的结构，并且在光催化领域已经有着较为成熟的发展和应用。钙钛矿型光催化剂的改性方法和大多数传统的光催化剂一样，如复合、阴离子交换、掺杂等。

(1) 复合光催化剂

复合光催化剂最经典的就是构建Z型异质结结构，也就是Z字形的电子传递体系，可以使得新型复合光催化剂中A主体的电子与B主体的空穴进行复合，由光激发的h^+和e^-得到有效的分离，从而达到比以往更好的效果。另一种方法是采用物理化学等方法，这种方法主要针对于石墨烯等物质，这类物质属于共轭化合物，可以包裹于主材料的表面；一般都具有共轭π键，共轭π键会使得光生电子传输到较高的能级，从而使得光生电子-空穴对的复合效率大大降低。同时，这类结构的物质，尤其是石墨烯类，具有大的比表面积，既可以提高吸附量还能为光生载流子提供更多的活性位点，从而进一步提高复合光催化剂的催化活性。

(2) 离子掺杂

主要的掺杂方法是浸渍还原法，这种方法可以将需要掺杂的离子固定于主体材料的表面。离子的添加使得主体催化材料的某些性质发生了改变，从而达到了预期目标。常用的贵金属包括 Ag、Au、Pt、Pd、Ru 等。一般来说，贵金属会附着在钙钛矿表面，并形成内置电场，内置电场可以吸收光生载流子，从而使得光生-电子空穴对有效分离。

（3）阴离子交换

阴离子交换主要是通过改变 ABX_3 型结构中的 X 元素从而提高光催化活性的一种方法。将氮离子掺杂进入 ABO_3 结构中，构建了 $AB(O/N)_3$ 结构，实验结果表明，N 2p 杂化轨道会在 O 2p 的自身轨道外吸收更多间歇性能级，从而减少 ABO_3 结构的带隙，扩大光响应范围，提高光催化活性。

6.3.4 碳量子点

量子点是把激子在三个空间方向上束缚住的、粒度为 2~20nm 纳米粒子，被称为"人造原子"（图 6-12），当物质、材料足够小到纳米尺度，便会表现出许多独特的光学、电学性质，如量子限域效应（quantum confinement effect）、表面效应、宏观量子隧道效应等。这些优越的性能让量子点成为材料科学和纳米技术研究的中心主题之一，广泛应用于不同领域：量子点发光二极管技术（quantum dot light emitting diode，QLED）、荧光探针、激光器、显微镜、医学生物成像、药物传递与控释系统、量子计算机等领域均有量子点的参与。1981 年，Alexi I. Ekimov 首次开发了一种在玻璃基质中生产量子点的方法，并观察到了量子效应；Louis E. Beus 实现了胶体半导体量子点的控制合成。两人均是量子点研究的先驱和奠基人。1993 年，Moungi G. Bawendi 采用快速注入法（rapid injection method）合成了高质量的量子点，也正式使得量子点进入大规模应用。三位探索纳米世界的先驱获得了 2023 年诺贝尔化学奖。

图 6-12 量子点大小类比

（量子点是一种晶体，通常由几千个原子组成。就大小而言，它与足球的关系就像足球与地球大小的关系一样）

新型碳量子点在环境光催化技术方面展现出了广阔的应用前景。我国已向国际社会郑重承诺，将在 2030 年前达到二氧化碳排放峰值，2060 年前实现碳中和。受到自然界植物光合作用启示而发明的半导体光催化技术，为实现这一宏伟目标提供了重要的技术支撑。光催化技术可以利用太阳光的能量，将环境中的二氧化碳转化为甲烷、甲酸等低碳燃料，使二氧化碳变废为宝。作为新兴有机半导体家族的一员，新型碳量子点在半导体光催化领域展现出诸多独特优势。首先，它具有优越的光吸收能力，可以通过调整尺寸和特定的光吸收功能单元，实现对可见光甚至近红光的吸收。其次，新型碳量子点具有可调谐的带隙，得益于量子限域效应，改变尺寸就能实现从紫外到红光的连续荧光发射，表明其带隙具有强大的可调性。这种特性使得研究人员能够轻松降低带隙，从而更有效地利用太阳能。此外，碳量子点具有较大的比表面积。尺寸的微小意味着巨大的比表面积，使碳量子点表面暴露出大量的活性位点，以及丰富可调的表面基团。碳量子点的制备原料多样，研究人员可以选择合适的前体分子，有针对性地引入特定功能基团。另外，碳量子点具有良好的水溶性和高稳定性。在水溶液中，碳量子点会发生质子化和去质子化过程，从而带有丰富的表面电荷。这种充足的静电排斥力可以有效抵抗由层间范德华引力引发的不可逆聚集。新型碳量子点的独特优势，无疑为其在环境光催化技术方面的应用提供了强大的支持，同时也将为我国实现绿色可持续发展提供有力保障。

碳点（CDs）依据结构不同，可以分为三类：碳纳米点（CNDs）、石墨烯量子点（GQDs）和聚合物点（PDs）。其中CNDs一般是球形，分为没有晶格的碳纳米颗粒和有明显晶格的碳量子点。碳量子点（CQDs）是一种零维的、具有荧光性能的碳纳米材料，其尺寸一般低于10nm。由于其良好的水溶性、生物相容性和低毒性，以及光致发光性强、宽带光学吸收等特性，CQDs可作为一种光致发光材料，应用于生物成像、光催化、光电器件和传感等领域。

6.3.4.1 碳量子点的化学结构

碳量子点的结构通常由无定型和晶态的碳核组成，为球形，有明显晶格的层间距离为约0.34nm。CDs以sp^2碳为碳核，周围覆盖着丰富的含氧官能团，如羟基、羰基、羧基等。这些表面基团通过与金属离子配位形成稳定的量子点/金属离子复合物，能够增强其可调的电学和光学性能、水分散性以及兼容性。大多数合成的CQDs是无定型的，主要组成元素是C、H、O。在CQDs边缘存在很多的缺陷，结晶性差，存在类似石墨烯的晶态结构。CQDs的电子结构可以用分子轨道理论描述。CQDs容易获得能量而发生$n \rightarrow \pi^*$和$\pi \rightarrow \pi^*$的电子跃迁。碳量子点的n轨道是由含氧官能团中的孤对电子产生的，例如：醛类、胺、酰胺、硫醇等。CQDs的π轨道通常由氮和碳在π-共轭石墨平面中的sp^2杂化形成，具有晶体和非晶体结构。由于量子尺寸效应，它们的带隙可以灵活地改变。其带隙随芳香环的增加而逐渐降低，这种现象仅仅在π共轭的有机分子中发生。

6.3.4.2 碳量子点的发光机理

目前，CQDs光致发光的原因主要有尺寸效应、表面态、分子态和碳核态等几种解释。

（1）量子尺寸效应

在大部分半导体中，电子-空穴对的特征距离被称为激子玻尔半径，当激子的玻尔半径大于CQDs的尺寸时，就会出现量子尺寸效应，此时，电子与空穴直接复合，从而形成带隙荧光。随着CQDs碳核尺寸的增加，能级带隙的宽度逐渐减小，发射峰逐渐红移，这是由sp^2碳构建的核中共轭π结构域的带隙跃迁引起的。表面态是化学基团与碳核协同杂化形成的荧光中心。在CQDs中，表面状态由CQDs中与碳主链连接的官能团、表面缺陷和杂原子掺杂剂决定。CQDs上的不同官能团具有不同的结构型和不同的能级，能产生一系列不同的发射带，形成大量的跃迁模式。通过改变表面官能团，便能改变碳量子点的发光发射波长、发光峰的位置和强度波动。表面缺陷是由表面氧化产生的缺少sp^2结构域的位置，在表面上充当能量陷阱，可以作为激子的捕获点，实现表面缺陷态的发光。通过表面氧化或其他有效的改性方法，可以产生新的亚能级，会促进碳量子点的多色发光，从而控制荧光中心。此外，杂原子掺杂可以作为激子的捕获中心，从而产生与表面态相关的荧光。

（2）分子态和碳核态

分子态是指在自下而上制备CQDs过程中合成的游离或附着在CQDs表面的有机荧光小

分子或荧光基团。这些荧光分子与碳核结合后可以影响荧光发射。碳核态通常是指类似于石墨核的结构。碳核是在反应的初始阶段，由于碳化温度的升高，分子间与分子内脱水或部分荧光团结构变化形成的。碳核态和分子态通常是共存的，尤其是在小分子衍生的CQDs中。表面态是化学基团和碳核共杂交形成的荧光中心，而分子态是有机荧光团形成的荧光核心。通过分子态发光的CQDs具有比由共轭π键的量子尺寸效应引发的带隙荧光更强的荧光发射和更高的量子产率。通过碳核发光的CQDs具有相对较弱的荧光发射，但有良好的荧光稳定性。

6.3.4.3 碳量子点的性质

现有研究中对CQDs光学性质的考察通常包括光吸收特性、上转换光致发光性、光稳定性、pH依赖性、激发依赖性、上转换发光性等。

(1) 紫外-可见光吸收特性

CQDs通常在210~360nm（UV区）有强烈的吸收，其吸收谱带可延伸至可见光区。其中在约230nm和300nm处的吸收带分别属于C=C键的π-π^*跃迁或C=O/C=N键的n-π^*跃迁。CQDs的吸收特性与其尺寸、官能团、激发波长和掺杂剂有关，可以根据吸收光谱的不同分析碳量子点衍生物结构和组成的偏差。

(2) 上转换光致发光特性

CQDs在低能量较长波长的多个光子的激发下，发射出高能量较短波长光子的现象叫上转换光致发光特性。由于不均匀的化学结构、丰富表面基团和不同的光致发光（PL）中心，CQDs的荧光发射峰较宽，且CQDs的荧光发射峰的位置和强度通常随激发波长的改变而变化。当CQDs尺寸减小时，最高占据分子轨道-最低占据分子轨道（HOMO-LUMO）能级间隙增加，PL随之变化。通过控制CQDs的尺寸来调谐PL颜色是低效的。在大多数情况下，CQDs的PL颜色与表面组有关。最常见的CQDs具有从蓝色到绿色的强PL，少数CQDs在长波区域具有最佳发射。PL发射波长取决于激发辐射的波长，具有激发依赖性。

(3) 光学稳定性

用紫外灯照射CQDs数小时后其荧光性能不会发生太大的改变，分散在水中的CQDs在室温环境中长期储存，荧光强度几乎没有减弱，因此CQDs的荧光稳定性很好。CQDs在不同的温度条件下具有稳定的紫外线吸收性能。

基于良好的水溶性、化学稳定性、高效的光捕获能力、优异的PL性能和光诱导电子转移性能以及其低成本、低毒性等优点，CQDs在光催化领域的应用具有优良前景。CQDs的光催化降解机理分为以下三个过程：①在吸收光后，适当能量的光子将电子HOMO能级（基态）激发到LUMO能级（激发态），从而形成电子-空穴对；②Ⅱ型能带交错排列和电势差导致电子和空穴分离，在光催化表面发生氧化还原反应；③N掺杂的碳量子点表现出位于可见光谱范围之外的异常光致发光，并且能够改变局部电子结构从而增加CQDs的电容，改善电荷离域，从而提高CQDs的光催化活性。Huang等使用一步水热法通过Ti—O—C键将基于生物质的碳点（Bio-CDs）负载到TiO_2表面，在可见光下，Bio-CDs增强了TiO_2光生载流子的光学吸收和分离，并促进了电子从TiO_2转移和存储到生物CDs，使更多的光生电子参与光催化制氢，从而提高了光催化还原活性。

6.3.5 其他新型环境净化光催化材料

在环境净化中，另外两种具有前景的光催化材料是 WO_3 和 $\alpha\text{-}Fe_2O_3$。它们均能响应可见光，且不含有贵金属或毒性元素，原料易得，被认为是最合适的光阳极材料，具有较高的空穴氧化能力，在光电催化分解水产氧方面被广泛研究。

参考文献

[1] 生态环境部. 2019 年中国生态环境状况公报 [R]. 中国能源, 2020, 42 (7): 1

[2] 王丽琼. 基于 LMDI 中国省域氮氧化物减排与实现路径研究 [J]. 环境科学学报, 2017, 37 (6): 2394-2402.

[3] Bai S, Zhang N, Gao C, et al. Defect engineering in photocatalytic materials [J]. Nano Energy, 2018, 53: 296-336.

[4] Bai Y, Wilbraham L, Slater B J, et al. Accelerated discovery of organic polymer photocatalysts for hydrogen evolution from water through the integration of experiment and theory [J]. J. Am. Chem. Soc., 2019, 141 (22): 9063-9071.

[5] Chen Z, Peng Y, Chen J J, et al. Performance and mechanism of photocatalytic toluene degradation and catalyst regeneration by thermal/UV treatment [J]. Environ. Sci. Technol., 2020, 54 (22): 14465-14473.

[6] Cui X F, Wang I, Liu B, et al. Turning Au nanoclusters catalytic active for visible-light-driven CO_2 reduction through bridging ligands [J]. J. Am. Chem. Soc., 2018, 140 (48): 16514-16520.

[7] Cui Z, Dong X, Sun Y, et al. Simultaneous introduction of oxygen vacancies and Bi metal onto the (001) facet of BiO_4Cl woven nanobelts for synergistically enhanced photocatalysis [J]. Nanoscale, 2018 (10): 16928-16934.

[8] Di G A, Catino A, Lomhardi A, et al. Breath analysis for early detection of malignant pleural mesothelioma: Volatile organic compounds (VOCs) determination and possible biochemical pathways [J]. Cancers, 2020, 12 (5): 1262.

[9] Dong S Y, Cai L F, Tian Y J, et al. A novel and high-performance double Z-scheme photocatalyst $ZnO\text{-}SnO_2\text{-}Zn_2SnO_4$ for effective removal of the biological toxicity of antibiotics [J]. J. Hazard. Mater., 2020, 399 (5): 123017.

[10] Guan M, Xiao C, Zhang J, et al. Vacancy associates promoting solar-driven photocatalytic activity of ultrathin bismuth oxychloride nanosheets [J]. J. Am. Chem. Soc., 2013, 135 (28): 10411-10417.

[11] Kubacka A, Muñoz-Batista J M, Ferrer M, et al. UV and visible light optimization of anatase TiO_2 antimicrobial properties: Surface deposition of metal and oxide (Cu, Zn, Ag) species [J]. Appl. Catal. B, 2013, 140-141: 680-690.

[12] Lendan M T, Munger J W, Jacob D J. The NO_2 flux conundrum [J]. Science, 2000, 289 (5488): 2291-2293.

[13] Li J X, Xu Y Q, Ding Z Z, et al. Photocatalytic selective oxidation of benzene to phenol in water over layered double hydroxide: A thermodynamic and kinetic perspective [J]. Chem. Eng. J., 2020, 388: 124248.

[14] Li M, Liu H, Geng G N, et al. Anthropogenic emission inventories in China: A review [J]. Nat. Sci. Rev., 2017, 4 (6): 834-866.

[15] Li Y, Hui D, Sun Y, et al. Boosting thermo-photocatalytic CO_2 conversion activity by using photosynthesis-inspired electron-proton-transfer mediators [J]. Nat. Comman., 2021, 12 (1): 123.

[16] Lin J, Jing S, Xiao T, et al. Tunable photocatalytic water splitting by the ferroelectric switch in a 2D $AgBiP2Se6$ monolayer [J]. J. Am. Chem. Soe., 2020, 142 (3): 1492-1500.

[17] Liu L, Liu J Q, Sun K L, et al. Novel phosphorus-doped Bi_2WO_6 monolayer with oxygen vacancies for superior photocatalytic water detoxication and nitrogen fixation performance e [J]. Chem. Eng J., 2021, 411: 128629

[18] Liu R R, Li Z J, Wang J, et al. Solvothermal fabrication of TiO_2/sepiolite composite gel with exposed (001) and (101) facets and its enhanced photocatalytic activity [J]. Appl. Surf. Sci., 2018, 441: 29-39.

第7章 室内环境空气污染物治理方案

室内环境治理牵涉的方面较广，工程项目建设也越来越复杂，也带来了复杂的环境污染问题和健康问题，因此，在室内环境治理过程中需要专业咨询机构提供全方位、综合性的方案、服务和建议。室内环境治理员应以其专业知识、业务能力和总体整合能力，围绕用户的项目目标提出切实可行的治理方案。

7.1 室内环境空气污染物检测方案的制订原则

室内装饰装修材料种类繁多，其中人造复合材料、化学合成材料占多数，这些材料不断向室内空气中散发污染物，是室内空气污染的重要来源；许多天然材料经过各种化学处理工艺，也是室内空气污染的源头。治理项目建设全过程分为项目评估、项目决策、项目方案制订、项目实施四个阶段，其中项目评估是对场所的背景资料进行调研和实地勘查，包括建筑物历史、各空间大小和用途、平时人员情况、暖通换风情况、所在地气候情况、周围是否有污染源情况等等，依据室内空气质量或规范等相关标准中有害物质限量的规定，采用各种技术方法，检测室内空气、建筑装饰装修中的有害物质。

7.1.1 室内空气采样原则

7.1.1.1 采样点的布置

采样点的布置会影响室内污染物检测的准确性，如果采样点布置不科学，所得的监测数据就不能真实、科学地反映室内空气质量。

（1）布点的原则

① 代表性。应根据检测目的来确定采样点，以不同的目的来选择典型的代表，如可按居住类型、燃料结构、净化措施等进行分类。

② 可比性。为了便于对检测结果进行比较，各个采样点的各种条件应尽可能选择相类似的，所用的采样器及采样方法应做具体规定，采样点一旦选定，一般不要轻易改动。

③ 可行性。由于采样的器材较多，需占用一定的场地，故选点时，应尽量选有一定空间可供利用的地方，切忌影响居住者的日常生活。因此，应选用低噪声、有足够电源的小型采样器材。

④《室内空气质量标准》（GB/T 18883—2022）适用于住宅和办公建筑物，其中对点位布设的要求如下：采样前应关闭门窗、空气净化设备及新风系统至少12h。采样时，门窗、空气净化设备及新风系统仍应保持关闭状态。使用空调的室内环境应保持空调正常运转。其

他未能满足前述要求情况下的测量应在房屋正常使用状态下进行。

(2) 布点的方法

应根据检测目的与对象进行布点，布点的数量在满足规范、标准的前提下视人力、物力和财力情况，量力而行。

① 采样点的数量。根据检测对象的面积大小和现场情况来决定，以期能正确反映室内空气污染的水平。采样点的数量应根据所监测的室内面积和现场情况而定，如表7-1所示。

表7-1 室内环境污染物浓度检测点数设置

房间使用面积/m²	检测点数/个
<50	1
≥50,<100	2
≥100,<500	不少于3
≥500,<1000	不少于5
≥1000	≥1000m²的部分,每增加1000m²增设1。增加面积不足1000m²时按增加1000m²计算

② 采样点的分布。单点采样时在房屋的中心位置布点；当房间内有2个及以上采样点时，应采用对角线、斜线、梅花状均衡布点，并取各点检测结果的平均值作为该房间的检测值。民用建筑工程验收时，环境污染物浓度现场采样点与内墙面距离应大于0.5m、距楼地面高度为0.8~1.5m。采样点应均匀分布，避开通风道和通风口。在有条件的情况下考虑坐卧状态的呼吸高度和儿童身高，增加0.3~0.6m相对高度的采样。

③ 室外对照采样点的设置。在进行室内污染监测的同时，为了掌握室内外污染的关系或以室外的污染浓度为对照，应在同一区域的室外设置1~2个对照点。也可用原来的室外固定大气监测点作为对比，这时室内采样点应分布在室外固定监测点的半径500m范围内才较合适。

《民用建筑工程室内环境污染控制标准》(GB 50325—2020)适用于新建、扩建和改建的民用建筑工程室内环境污染控制（包括Ⅰ类民用建筑：住宅、居住功能公寓、医院病房、老年人照料房屋设施、幼儿园、学校教室、学生宿舍等；Ⅱ类民用建筑：办公楼、商店、旅馆、文化娱乐场所、书店、图书馆、展览馆、体育馆、公共交通等候室、餐厅等），包括在民用建筑工程竣工时验收。该标准规定，对于每个建筑单体有代表性的房间进行抽检采样，对于室内空气有机污染物的抽检量不得少于房间总数的5%，每个建筑单体不得少于3间，当房间总数少于3间时，需要全数检测。对于幼儿园、学校教室、学生宿舍、老年人照料房屋设施室内装饰装修验收时，有机污染物抽检量不得少于房间总数的50%，且不得少于20间，当房间总数不大于20间时，应全数检测。

《人防工程平时使用环境卫生要求》(GB/T 17216—2012)适用于平时功能为旅馆（招待所、宾馆等）、商场、舞厅（含游艺厅、音乐茶座、多功能厅等）、影剧院（含音乐厅、录像厅、会堂等）、餐厅、医院及游泳馆等7类人防工程。

7.1.1.2 采样时间和采样频率的确定

采样时间是指每次采样从开始到结束经历的时间，也称采样时段。采样频率是指在一定时间范围内的采样次数。这两个参数要根据检测目的、污染物分布特征及人力、物力等因素决定。采样时间短，试样缺乏代表性，检测结果不能反映污染物浓度随时间的变化，仅适用于事故性污染、初步调查等情况的应急检测。为增加采样时间，一是可以增加采样频率，即每隔一定时间采样测定1次，取多个试样测定结果的平均值为代表值；二是使用自动采样仪器进行连续自动采样，若再配用污染组分连续或间歇自动检测仪器，其检测结果能很好地反映污染物浓度的变化，得到任何一段时间的代表值。采样时间和采样频率的确定方法如下：

① 监测年平均浓度至少采样3个月；监测日平均浓度至少采样18h；监测8h平均浓度至少采样6h；监测1h平均浓度至少采样45min。采样时间应涵盖通风最差的时间段。

② 长期累积浓度的监测。这种监测多用于对人体健康影响的研究，一般采样需24h以上，甚至连续几天进行累积式的采样，以得出一定时间内的平均浓度。由于是累积式的采样，对样品分析方法的灵敏度要求较低，但是对样品和监测仪器的稳定性要求较高。另外，样品的本底与空白的变异，对结果的评价会带来一定的困难，更不能反映浓度的波动情况和日变化曲线。

③ 短期浓度的监测。为了了解瞬时或短时间内室内污染物浓度的变化，可采用短时间的采样方法，采用时间为几分钟至1h。短时间浓度监测可反映瞬时的浓度变化，按小时浓度变化绘制浓度的日变化曲线，主要用于公共场所及室内污染的研究。

7.1.1.3 采样方式、方法和仪器

（1）采样方式

① 筛选法采样。采样前关闭门窗12h，采样时关闭门窗，至少采样45min。采用筛选法采样时，一般采样间隔时间为10～15min，每个点位应至少采集3次样品，其检测结果的平均值为该点位的小时均值。

② 累积法采样。当采用筛选法采样达不到《室内空气质量标准》（GB/T 18883—2022）中规定的要求时，必须采用累积法（按年平均、日平均、8h平均法）进行采样。

在实际的室内空气质量检测中，由于受到时间、地点等因素的限制，通常采用筛选法采样。

（2）采样方法和仪器

各类指标的采样方法可以根据相关室内环境情况对应的测定标准中的测定方法进行采样，但在经过方法适用性验证的基础上，也可以根据情况适当地调整包括采样体积、采样流量和采样时间等采样方法参数，以满足室内空气质量指标检测要求。采样时采样仪器（包括采样管）不能被阳光直接照射。

① 气体污染物采用被动式采样方法和有动力采样方法。被动式采样方法因采样速度的限制适合长时间（如8h、24h或几天）采样，而且要求在适宜的风速范围内（0.2～2.0m/s）进行；各种有动力采样方法适用范围较广，但受电源和电动机噪声的限制，用于室内的采样器的噪声应<50dB(A)，如噪声过大，应通过安装消音盒等方式减少室内噪声。

② 颗粒物采样应选用小流量或中流量采样器（<100L/min），采样器的噪声应<50dB(A)。

7.1.1.4 采样的质量保证措施

（1）气密性检查

有动力采样器在采样前应对采样系统进行气密性检查，不得漏气。

（2）流量校准

采样系统流量要能保持恒定，采样前和采样后要用经检定合格的高一级的流量计在采样

负载条件下校准采样系统的采样流量，取两次校准的平均值作为采样流量的实际值。校准时的大气压与温度应和采样时相近。两次校准的误差应不超过±5%。

记录校准时的大气压力和温度，必要时换算成标准状况下的流量。

(3) 空白检验

在一批现场采样中，应留有两个采样管不采样，并按其他样品管一样对待，作为采样过程中空白检验，采样结束后和其他采样吸收管一并送交实验室。

7.1.1.5 特殊室内环境采样说明（中小学教室）

《中小学教室空气质量规范》（T/CAQI 27—2017）和《中小学教室空气质量测试方法》（T/CAQI 26—2017）对既有及新建中小学校的普通教学教室的空气质量测试做出了规定。测试应在空调采暖系统正常运行、门窗关闭、室内正常教学、相关通风系统正常开启 1h 后进行。固定式家具应保持正常的使用状态。教室内的甲醛、总挥发性有机物的测定可在无人工况下进行，至少连续采样 45min，采样期间门窗关闭。小于 $72m^2$ 的教室设一个点，大于 $72m^2$ 的教室按超出面积比例增加点数，测点及采样点均匀布置在教室中线或对角线上，同一个测试项目的多个测点或采样点应同时测量。测点或采样点应避开通风道及通风口，与墙壁距离应大于 0.5m，测点或采样点的高度应与人的呼吸带高度一致，距地相对高度 1m±0.2m。有人工况时可选用便携式测量仪器，测试时间间隔 2~5min，无人工况时应选用合适的采样方法和仪器，用于室内的采样器的设备应小于 50dB(A)。

7.1.2 污染物检测要求

室内空气质量检测应严格按《室内空气质量标准》（GB/T 18883—2022）要求进行：
① 预先封闭居室 12h，封闭时不得使用空调等换气设备以及空气净化设备等；
② 室内环境检测人员现场检测时，室内人数最好不要超过三人；
③ 室内环境现场检测时，在场人员严禁吸烟；
④ 现场不要遗留残余装饰杂物，如板材、油漆、涂料、稀释剂等；
⑤ 检测前一周内应避免在室内使用装修除味剂；
⑥ 检测时间与布设点数有关，2~3 个测试点需要 1h 左右；
⑦ 根据各类指标在室内空气中的存在状态，选择合适的仪器设备。仪器设备的噪声一般应小于 50dB(A)，如噪声过大，应通过安装消音盒等方式减少室内噪声。

7.1.3 空气污染物来源分析

7.1.3.1 办公建筑

办公建筑室内大多采用空调新风系统，有的为全空气顶送风，有的为带有热回收的全新风空调系统，送风方式有风机盘管等。

研究办公建筑室内细菌释放速率和不同空调运行状态（包括关闭门窗且无机械通风、最小新风比两种运行模式）对室内细菌气溶胶浓度的影响，结果表明：房间在关闭门窗且无机械通风的正常情况下，无人工况时室内细菌气溶胶浓度与室外经过门窗等围护结构的自然渗透有关，室内细菌气溶胶主要来自室外；室内细菌气溶胶浓度随着人员的进入呈现增长的情况。细菌气溶胶浓度在人员进入室内后上升，污染源以人为主，打印机、垃圾桶、咖啡机、饮水机等设备为辅。开启空调设备后，工作区的细菌气溶胶去除效率最高达到了70%。

7.1.3.2　学校建筑

校内有教室、办公室、体育馆、活动中心、图书馆、食堂和宿舍等不同功能的房间，室内空气污染物程度存在一定的差异。对比宿舍、卫生间及室外等不同功能区的空气微生物浓度发现，卫生间的细菌浓度相对较高，校园内的真菌浓度相对较高；对比早中晚不同时间段发现，中午的空气中细菌和真菌浓度相对较低，早上和晚上空气中细菌和真菌浓度较高。

新风系统过滤净化组合对高校宿舍室内空气有净化治理效果。

① 室内空气细菌浓度呈现大致相同的变化规律：新风开启前，室内细菌浓度处于一个较高的初始值，新风系统开启后，室内细菌浓度迅速下降，且随着新风开启时长的增加，下降速度也在逐渐减慢，一段时间后逐渐趋于稳定。

② 不同过滤净化组合的新风系统比较，粗效＋中效＋高效的三级组合过滤时室内细菌稳定浓度值相对最低，净化效果最好，净化时间相对较少，粗效和中效一级过滤组合风系统净化效果最差。

③ 新风系统中设置静电除尘器对室内空气微生物的控制有更好的净化效果。静电除尘器工作共分为四个步骤：气体电离、粉尘等粒子荷电、粒子运动及捕获、杂尘处理。首先，用直流电将两侧金属电极接通，使控制区域产生可令空气电离的电场，当气体从中流过后会发生电离，电离时极间产生的电流可达到灭菌的目的。其次，电离后的电子及阴、阳离子吸附在粉尘和微生物等粒子上，使粒子带上不同极性的电荷。然后，在电场的作用下，粒子向不同的电极运动，并吸附在两侧电极上，从而实现粉尘、微生物与气体的分离。最后，通过杂尘处理阶段，将积累的杂尘清出静电除尘器。

7.1.3.3　医院建筑

医院建筑布局设计要满足相关法律法规和规范的要求。《中华人民共和国传染病防治法》第五十一条规定：医疗机构的基本标准、建筑设计和服务流程，应当符合预防传染病医院感染的要求。《医院消毒卫生标准》（GB 15982—2012）规定"感染性疾病科、消毒供应中心（室）、手术部（室）、重症监护病区、透析中心（室）、新生儿室、内镜中心（室）和口腔科等重点部门的建筑布局和消毒隔离应符合相关规定"，包括《综合医院建筑设计规范》（GB 51039—2014）、《传染病医院建筑设计规范》（GB 50849—2014）、《传染病医院建筑施工及验收规范》（GB 50686—2011）和《医院负压隔离病房环境控制要求》（GB/T 35428—2024）。

医院如果洁污分区不合理，洁污有交叉，特别是有气流上的交叉，容易引起空气污染的扩散。空气管理设计上要兼顾空气流动和消毒，在检查医院的空气管理设计是否符合标准时，应综合分析新风口的位置以及是否有净化消毒设施，进风口的位置、进风口和回风、排风口关系，气流组织以及是否配置合理的空气净化消毒装置，空调系统的回风管路是否配置空气净化消毒装置独立的排风系统，排风口是否安装过滤或消毒装置，通过控制进风量和出风量来实现室内病房正负压环境。

医院环境室内空气除了需要关注自然通风以及空调系统进出风的相关情况外，还需要关注内镜中心、供应中心等化学浸泡消毒区域的排风设施以及实验室、静配中心生物安全柜的排风管道设计。

医疗场所室内环境清洁消毒状况也会影响到空气中微生物污染的程度，定期、规范对环境物体表面开展清洁和消毒，可以减少空气污染的风险。

7.1.4 净化治理技术选择

因为不同环境，室内空气微生物污染物的来源不同，风险点不一样，而环境特征也各不相同，因而不能一概而论。室内空气净化治理技术的选择应因地制宜、一点一策，充分考虑每种治理技术的优缺点和适用范围。总体而言，一般可遵循以下原则：

① 建筑设计和布局。应保证有良好的自然通风或新风。

② 控制室内空气湿度。过高的室内空气湿度是滋生大量细菌和真菌的重要原因，空气除湿机和空调都可以有效抽取空气中的水分，降低室内湿度，保持室内空气干燥。此外，经常在天气晴朗、阳光充足时开窗通风，一方面能够向室内引入干燥清洁的空气置换室内空气；另一方面，紫外线能够直接杀死空气中和衣物上大量微生物。

③ 室内空气日常净化首选自然通风。在自然通风不良情况下，可采取机械通风、带新风功能的空调通风系统或空气净化器。医疗机构以及学校保健室、卫生室、隔离（观察）室和营养室等特殊场所可采用紫外线杀菌灯或循环风空气消毒机。

④ 呼吸道传染病流行季节，医疗机构以及学校保健室、卫生室、隔离（观察）室和营养室等特殊场所可采用紫外线杀菌灯或循环风空气消毒机，其他一般场所可选用：a. 自然通风；b. 带新风功能的空调通风系统；c. 持续使用紫外线、高效过滤器、静电吸附式等物理因子循环风空气消毒机；d. 持续使用纳米光子、电凝并、等离子体等其他因子空气消毒机；e. 使用安装空气净化消毒装置的空调通风系统。

⑤ 发生经呼吸道传播的传染病后，依据《疫源地消毒总则》（GB 19193—2015）等相关标准和规范要求，在专业机构的指导下开展室内空气终末消毒。室内空气终末消毒应先将无关人员撤离室内，关闭门窗，空调进风口和出风口不应有物品覆盖或遮挡。消毒设备有：a. 紫外线杀菌灯；b. 紫外线、高效过滤器、静电吸附式等物理因子循环风空气消毒机；c. 纳米光子、电凝并、等离子体等其他因子空气消毒机；d. 二氧化氯、臭氧、过氧化氢等化学因子空气消毒机；e. 安装空气净化消毒装置的空调通风系统；f. 气溶胶喷雾器。

⑥ 选用的空气净化消毒设备应符合国家相关法律、法规和标准的要求，含有消毒功能的产品应取得卫生安全评价合格报告，该产品生产企业应获得消毒产品生产企业卫生许可证。用于室内空气净化消毒的消毒剂和消毒器械应符合相关的标准要求。按照产品说明书规定的适用范围和使用方法，在有效期内规范使用。选用的空气净化消毒产品应不产生对健康有害的物质，使用维护方便。

7.2 室内环境空气污染物净化治理方案编制程序

编制室内环境治理方案的程序如图 7-1 所示。

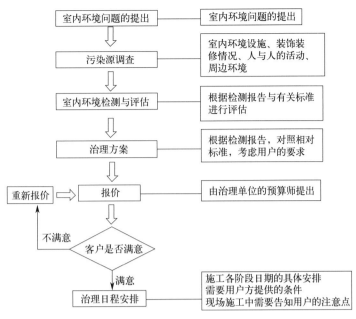

图 7-1 编制室内环境治理方案的程序

7.2.1 污染源调查

控制室内环境污染的第一步是从建筑物的不同环节出发，调查和识别可能造成污染的污染物及其来源，在一定的环境单元内进行可疑污染源识别和存在状态调查，了解室内存在的污染物种类、来源、在室内的消减规律以及室内人的健康状况等基础资料。这是后续采取控制措施的基础。污染源调查的内容包括以下几点：

① 室内环境设施和装饰装修材料调查。收集环境单元中所使用的设备（复印机、空调系统等）和装饰装修情况，了解其在日常使用和运行维护方面可能产生污染的状态和程度。

② 周边环境调查。由于室外环境质量对室内环境质量的影响较大，在建筑物选址前应对拟建的建筑物进行外部环境质量评价，避开室外较重的污染源。外部环境质量评价应对基地环境周围的大气、噪声、土壤和辐射等进行单因素评价。拟建建筑物应避开现在或过去污染严重的化工厂、交通噪声和汽车排放污染较重的交通干道、被污染的地下水和被特殊有毒有害物质污染的土壤。如果外界大环境不理想，可在设计时采取相应的室外污染控制措施。

③ 室内人群调查。在进行室内污染源识别和调查的同时，可以对室内人群就环境问题进行访谈，请他们介绍在日常工作或生活中注意到的环境问题，为重点环境问题调查提供参考。

7.2.2 室内环境检测和评估

通过现场调查，编制环境质量的测试方案，与业主方沟通，提出影响建筑环境质量的可疑因素。在业主方认可的条件下，进行环境因素的测试验证，收集空气样本以确认各种有害物质的存在与所占比例，如粉尘、甲醛、一氧化碳、二氧化碳、石棉、易挥发有机物和微生物等。

在现场调查与测试的基础上，参照国内环境质量控制标准，进行环境质量整体评估，评估报告主要包括建筑物的背景资料、现场工作环境状况观察结果、通风系统和室内设备的运营现状分析、测试方案中的采样和分析方法、测试的评估依据、调查结论和控制改善的建议方案。

7.3 室内环境空气污染物净化治理产品的选择

众所周知，室内空气质量与人们健康密切相关，人们迫切地需要一种安全有效、长期稳定的去除室内空气污染物的方法。理论上讲，选取低污染甚至无污染的环保装修材料，适当调节室内温度和湿度、调整装修时间或通风频率是理想的污染控制方法。但室内的面积、装修材料选择、地理位置等不同，室内的污染物种类也各不相同，尚没有一种特别有效的方法来控制室内环境空气污染。

7.3.1 空气净化治理产品选择的原则

在选择室内环境空气污染物净化治理产品时，需要考虑以下几个方面：

7.3.1.1 科学的净化原理

目前国际通行的空气净化原理有五种，即物理式、静电式、化学式、负离子式和复合式，应根据室内空气污染源的类型选择合适的空气净化治理产品。

静电式净化方式是采用高压静电吸附除尘的工作原理。利用高压静电在静电场内产生大量的负离子，当空气中的粉尘通过电场时，粉尘受到负离子的碰撞带上电荷，从而受到静电场的作用，向阳极（集尘极）运动，到达阳极后释放电荷。虽然可以去除飘尘但不可去除有毒有害物质。

化学式净化方式有光催化法和热催化法。光催化法是污染的空气通过光催化空气净化装置时，有害物质如甲醛、苯等在光催化剂（例如 TiO_2）的作用下发生降解，生成无毒无害的物质，同时利用紫外光去除空气中的细菌，以此净化空气。热催化法是利用加热催化剂的方式，将空气中的有害物质，例如一氧化碳、氨气等转化为无毒无害的物质。目前，已有报道可以在室温下将一氧化碳、氨气去除的技术，这将大大降低净化装置的运行能耗，降低使用成本。

负离子式净化原理为羟基负离子与空气中的有害气体接触后，能还原来自大气的污染物质、氮氧化物、香烟等产生的活性氧（氧自由基），进而减少过多活性氧对人体的危害，羟基负离子还可以中和带正电的空气飘尘在无电荷后沉降，使空气得到净化。

在选择空气净化治理产品时需要根据室内空气污染物的情况进行合理选择相符合净化原理的产品，以便达到净化的目的。

7.3.1.2 治理产品净化能力和效率

应根据产品的技术参数和用户评价等信息选择治理效果良好的产品。空气过滤器中的高密度滤材吸附径 $>0.3\mu m$ 的污染物的能力高达 99.9% 以上；空气净化活性炭可杀灭分解室内 300 多种气态污染物，如甲醛、氡、氨、苯系物，可吸入颗粒和各种细菌、病毒，装潢后导致的各种怪味和空气内的飘尘等；臭氧空气消毒机则基本上可以去除室内空气污染物中的全部有毒物质，还可杀灭空气中细菌、病毒，不仅起到了消毒和灭菌的作用，还能增加空气的清新感。

此外在空气净化治理产品的实际使用过程中，应用环境里可能会长期存在某些低浓度污染物的挥发和生成，这需要治理产品能够保证在持续低浓度污染物环境下具有一定的净化效率。

7.3.1.3　空间大小与格局

要保证净化效率最大化，需根据室内空间大小选择合适的产品。如房间较大，应选择单位净化风量大的空气净化器；若空间较小，可选择多种净化绿植（绿萝、秋海棠、菊花、吊兰等），开窗通风也能达到净化室内空气的目的；而空气净化球则适用于局部区域的净化。

空气净化器的进出风口有 360°环形设计的，也有单向进出风的，所以在选择空气净化器时需要考虑室内空间的格局。若要产品在摆放上不受房间格局限制，则可选环形进出风设计的产品；也可根据房间的主导风向来选择单向进出风的产品。而当室内采光以及光照条件不好时，则不适合选用光催化剂以及绿植等空气净化产品，光能的不充足对他们吸收净化室内污染物的性能会产生较大的影响。

7.3.1.4　使用寿命

任何空气净化治理产品都存在使用年限，如绿植会随着时间逐渐死亡，从而丧失空气净化能力，所以应选择较易存活且存活时间长的植物；空气净化器中随着净化过滤内胆趋于饱和，产品的吸附能力会下降，所以应选择具有再生功能的净化过滤内胆，以延长其寿命；而光催化剂在环境污染不严重的条件下，只要不磨损、不剥落，光催化剂本身不会发生变化和损耗，在光的照射下可以持续不断地净化污染物，具有时间持久、持续作用的优点。所以在购买空气净化治理产品时，尽量选择使用寿命长、功能持久的治理产品。

7.3.1.5　售后服务

所有的空气净化治理产品都是存在时效性的，如空气净化器的净化过滤内胆在吸附饱和失效后需要进行更换，这个时候就需要选择售后服务完善的企业产品来保证产品后续的正常运行。

7.3.1.6　产品性价比

一些由新兴室内空气污染物净化技术如嫁接高分子聚合技术和生态负离子生成芯片技术生产制造出来的空气净化治理产品，虽然它们具有强力快速的消臭和净化效果以及稳定可靠，但相较其他治理产品其费用较高。选择维护和清洁难度较小的产品，避免使用需要定期更换滤芯、灯管等维护和清洁成本高的产品。

此外，还要考虑达到净化效果的时间成本。用绿植来实现室内空气净化，虽然价格便宜，但与空气净化器、新风系统等产品相比，达到净化效果所需要的时间是比较长的。所以在选用室内空气治理产品时需综合考虑经济与时间成本。

7.3.1.7 安全性

选择符合相关安全标准和认证要求的产品，避免使用不符合标准或没有认证的产品。产品是否安全，是决定其是否可取的基本前提条件。如空气净化器的外壳、机芯与净化技术直接影响着空气净化器的安全性，当净化器采用静电集尘去除固态污染物时，空气流动过快或颗粒物较大时捕集效果差，易导致吸附脱离形成二次污染；此外在风速较快时，紫外灯＋光催化剂分解大分子有机污染物（如甲苯）时有可能产生乙醛、丙醛、甲醛、乙酸等有害副产物。所以在选择空气净化器时必须考虑安全这个前提条件。

7.3.1.8 噪声

目前空气净化器是人们购买空气净化治理产品时的首要选择。一般来讲，空气净化器因为需要通电并通过电机带动工作，所以绝大多数产品或多或少都会产生噪声。而有时为了保证净化效果，需要长时间连续保持最高档的工作状态，从而产生较大的噪声而干扰睡眠休息。所以在选择空气净化器时需尽可能选择没有噪声或噪声低的产品。

7.3.2 主要净化治理产品类型与技术特点

7.3.2.1 空气净化器

空气净化器的有害物质释放量、待机功率、洁净空气量、累积净化量、净化能效、噪声、微生物去除的技术要求应符合 GB/T 18801—2022 的要求。空气净化器是指能够吸附、分解或转化各种空气污染物（一般包括 $PM_{2.5}$、粉尘、花粉、异味、甲醛、细菌、过敏原等），有效提高空气清洁度的产品。在家居、医疗、工业领域均有应用。使用空气净化器净化室内空气是国际公认的改善室内空气质量的方法之一。空气净化器中应用的净化技术主要包含以下几类。

(1) HEPA 滤网＋活性炭技术

这是目前市场上空气净化器所采用的主要技术。高效率空气微粒滤芯（HEPA）的是国际公认最好的高效滤材之一。HEPA 由非常细小的有机纤维交织而成，孔径微小、吸附容量大、净化效率高，具备吸水性，对粒径为 $0.3\mu m$ 的粒子净化率为 99.97%。HEPA 滤网由连续前后折叠的亚玻璃纤维膜构成，形成波浪状垫片用来放置和支撑过滤介质。HEPA 滤网主要用于过滤空气中的大颗粒污染物，属于物理过滤，对人体没有伤害，且价格相对便宜，更换使用成本低。甲醛、臭氧、有毒化学物质等可利用活性炭吸附处理。该类型空气净化器价格相对便宜，但机器运行噪声较大，对于 $PM_{2.5}$ 和雾霾等极细小的颗粒物难以完全去除，滤网吸附饱和后需及时更换，否则污染物解析后会造成二次污染。

(2) 负离子空气净化技术

空气净化器中配有负离子发生器，可通过释放负离子，对空气中的粉尘、甲醛、雾霾等进行离子吸附净化，但该技术对氨气、臭氧、一氧化碳等污染物去除能力有限。该技术的杀菌率＞99％，能有效抑制流感病毒、细菌的传播及交叉感染，且除尘效率＞99％，CADR 为 $225m^3/h$，能有效去除过敏原、香烟中的尼古丁颗粒及烟雾、油烟等。该技术无需风机，等离子场自驱动空气流通，可以提供超低能耗无音运行状态。另外，无须更换过滤网膜，方便人工清洗，重复使用。但是，负离子空气净化技术在使用时会释放臭氧，臭氧在一定程度上会对人体造成伤害。若家中有负离子空气净化机，且人经常感到头晕头疼，需要对空气中的臭氧浓度进行检测。

(3) 臭氧空气净化技术

臭氧是一种蓝色气体，具有青草的味道。氧气通过电击可变为臭氧。臭氧对病毒的作用首先是破坏病毒衣壳蛋白的四条多肽链以及 RNA。噬菌体被臭氧氧化后，电镜观察可见其表皮被破碎成许多碎片，从中释放出许多核糖核酸，干扰其吸附到寄存体上。臭氧杀菌的彻底性是不容怀疑的，臭氧空气净化器杀菌的功效比 HEPA 和负离子净化技术的效果优异。但在使用过程中，会释放一定量的臭氧，目前大部分空气净化器并不具备消除臭氧功能，臭氧直接排放到空气中会对人体造成伤害，因此市场上臭氧空气净化器也很少。选用臭氧杀菌的空气净化器要严格注意臭氧的产生率是否符合国家标准。

(4) 光催化剂空气净化技术

光催化剂空气净化技术是目前净化器行业最为先进、也是最有效的空气净化器技术之一，光催化剂（一般是 TiO_2）在光（紫外光、太阳光、日光灯等光源）的作用下能将甲醛、苯、甲苯、二甲苯、氨、TVOC 细菌等氧化分解成无害的 CO_2 和 H_2O，具有高效广谱的消毒性能，可有效控制细菌（大肠杆菌、金黄色葡萄球菌等）、病毒的交叉感染，达到控制细菌繁殖和净化空气的目的。光催化剂本身不发生变化和损耗，只提供一个反应场所，具有时间持久、持续作用、安全、无毒的优点，不产生二次污染，是国际公认的绿色环保无污染的产品。其缺点是需要尽量保持室内的光线，为光催化剂提供一个好的工作条件，此外需要增强室内空气的流动性使得空气中的有害物质与其表面接触发生反应。

7.3.2.2 紫外线杀菌灯

紫外线杀菌灯是使用低压汞灯，利用低压汞蒸气被激发后发射紫外线。适用于无人状态下室内空气的消毒。一般杀菌灯的灯管都采用石英玻璃制作，因为石英玻璃对紫外线各波段都有很高的透过率，达 80%～90%，是做杀菌灯的最佳材料。

7.3.2.3 空气消毒机

① 利用静电吸附、过滤技术和紫外线等物理因子杀灭或去除空气中微生物、达到消毒要求的空气消毒机，可用于有人情况下的室内空气消毒，如循环风紫外线空气消毒器、高效空气过滤器、静电吸附式空气消毒机等。

② 利用化学因子杀灭空气中微生物、达到消毒要求的空气消毒机，仅用于无人情况下室内空气的消毒，如二氧化氯空气消毒机、臭氧空气消毒机、次氯酸空气消毒机等。

③ 利用其他因子杀灭空气中微生物、达到消毒要求的空气消毒机，可用于有人情况下的室内空气消毒，如等离子体空气消毒机、纳米光子空气消毒机、电凝并空气消毒机等。

总体来说，空气消毒机的技术要求和原材料、材质和元器件等应符合相应标准要求，没有相应标准的应达到产品质量标准的要求。

7.3.2.4 气溶胶喷雾器

气溶胶喷雾器适用于无人状态下的室内空气消毒。气溶胶喷雾器雾粒直径范围在 $50\mu m$ 以下，其中雾粒直径 $<20\mu m$ 的粒子占 90% 以上，喷雾流量为 $100mL/min$ 以上。

7.3.3 新风系统

新风系统是由新风换气机及管道附件组成的一套独立空气处理系统。传统的新风系统也叫机械通风,通过引进室外气体对室内气体进行稀释置换,达到排除室内空气污染源产生的污染物的目的。但随着室外空气污染的加剧,引进的室外空气也会污染室内环境,现在的新风系统一般会在机械通风的基础上加上空气净化系统,以保障进入室内的新风质量。

主要的实施方案为采用高风压、大流量风机、依靠机械强力由一侧向室内送风,由另一侧用专门设计的排风风机向室外排出的方式强迫在系统内形成新风流动场。在送风的同时对进入室内的空气进行过滤、消毒、杀菌、增氧、预热(冬天),有效实现室内空气的净化与治理。

新风系统通常由以下四大功能单元构成:

① 全热交换器单元:夏季运行时,新风从空调排风获得冷量,使温度降低,同时被空调风干燥,使新风含湿量降低;冬季运行时,新风从空调排风获得热量,使温度升高。通过全热换热过程,可以使新风从空调排风中回收能量。

② 空气净化功能单元(以 $PM_{2.5}$ 净化功能为主):空气净化技术主要有滤网技术、集尘技术、光催化剂技术、生物技术、矿化分解等。

③ 空气品质传感功能单元:监测室内环境中的 CO、CO_2、酒精、甲醛等有害气体和刺激性气体的浓度,并与传感器中设定值进行对比,智能控制模块自动调整或开停控制信号。

④ 智能控制功能单元:可与智能家居系统联动,通过室内中央控制器直接对新风系统进行控制,调节风机的运行、风量、风速等。同时,可设置新风系统的运行参数,由新风机组自动运行。

针对室内环境空气污染现状,国内外的专家、企业家采取了多种方法治理室内空气污染,这些方法在特定的场所各有优劣,尚没有一种通用的、特别有效的方法,需因地制宜,根据污染物种类、含量制订行之有效的方案。

参考文献

[1] 蒋澄. 环保监测中空气污染监测点的布设分析 [J]. 皮革制作与环保科技,2022,3 (09).
[2] 周鹏飞,汪啸,汪海鹏. 环保监测中空气污染监测点的布设要点分析 [J]. 绿色环保建材,2021 (04).
[3] 张庆庆. 分析环保监测中空气污染监测点的布设 [J]. 百科论坛电子杂志,2020 (13):239.
[4] 张静林. 环保监测中空气污染监测点的布设分析 [J]. 环境与发展,2020,32 (9):47-49.
[5] 黄世英. 环保监测中空气污染监测点的布设要点分析 [J]. 消费导刊,2019 (18):184.
[6] 赵维. 环保监测中空气污染监测点的布设要点分析 [J]. 装饰装修天地,2019 (6):99.
[7] 贾永芹,卢俊平,王丽萍,等. 环境工程中大气污染处理的研究探讨 [J]. 科技创新与应用,2019 (32).
[8] 王皓. 环境工程中的大气污染防治管理措施简析 [J]. 节能,2019 (10).
[9] 赵旭. 我国环境工程中大气污染的危害与治理方案 [J]. 农家参谋,2018 (08).
[10] 李士雷. 我国环境工程中大气污染的危害与治理方案 [J]. 资源节约与环保,2018 (01).
[11] 张永林,吴睿,杨孝文,等. 典型城市道路交通加密监测点大气污染特征及影响因素 [J]. 环境工程技术学报,2023,13 (03).
[12] 于伟刚. 环境工程中大气污染防治现状与优化举措 [J]. 皮革制作与环保科技,2023,4 (14).
[13] 倪慧强. 大气污染防治技术及对策研究 [J]. 企业科技与发展,2020 (09).

[14] 郑文新. 环境监测在环境保护中发挥的作用及影响 [J]. 资源节约与环保, 2021 (05).
[15] 王晓东. 大气污染环境监测技术及治理 [J]. 黑龙江科学, 2023, 14 (02): 162-164.
[16] 黄宇妃. 环境监测技术在大气污染治理中的应用研究 [J]. 皮革制作与环保科技, 2022, 3 (24): 130-137.
[17] 王俊民. 环境监测技术在大气污染治理中的运用 [J]. 清洗世界, 2022, 38 (02): 61-63.
[18] 叶青. 探析大气污染环境监测技术及治理方案 [J]. 现代工业经济和信息化, 2021 (09): 101-103.
[19] 公华林, 刘娅琳, 孙军, 等. 环境监测与环境监测技术的发展 [J]. 黑龙江环境通报, 2022 (04): 17-20.
[20] 曹俊萍, 李红. 环境空气自动监测站管理和控制分析 [J]. 皮革制作与环保科技, 2023, 4 (11).
[21] 何清伟. 空气自动监测站第三方运维管理服务采购方案研究 [J]. 资源节约与环保, 2017, 29 (4): 41-43, 48.
[22] 谭本艳, 向古月. 环境空气质量新标准实施的减排效应分析 [J]. 统计与决策, 2019, 35 (20).
[23] 谢瑞加. 泉州市灰霾时 $PM_{2.5}$ 浓度与气象条件、能见度相关分析研究 [J]. 环境科学与管理, 2016, 41 (3): 109-112.
[24] Mingyue Lin, Chihiro Mochizuki, Baoxiang An, Tetsuo Honma, Masatake Haruta, Tamao Ishida, Toru Murayama. Ligand effect of gold colloid in the preparation of Au/Nb_2O_5 for CO oxidation [J]. Journal of Catalysis, 2020, 389: 9-18.
[25] Mingyue Lin, Baoxiang An, Nao Niimi, et al. Role of the Acid Site for Selective Catalytic Oxidation of NH_3 over Au/Nb_2O_5 [J]. ACS Catalysis, 2019, 9 (3): 1753-1756.

第8章 室内环境空气污染物净化治理规范

8.1 室内环境空气污染物净化治理国家及行业标准

8.1.1 室内环境空气污染物的环境标准

8.1.1.1 环境标准的定义和分类

环境标准（environmental standards）是为了防止环境污染、维护生态平衡、保护人群健康而对环境保护工作中需要统一的各项技术规范和技术要求所做的规定。从狭义上讲，环境标准就是在保护人的健康及生活环境的标准。从环境法领域看，生态环境标准制度是环境法领域中具有鲜明特色且地位突出的基本制度，属于技术标准。环境标准是环境改善的目标，是基于环境管理政策设定的目标值，与环境基准有明显不同。环境基准是指环境中污染物对特定对象（人或其他生物等）不产生不良或有害影响的最大剂量（无作用剂量）或浓度，是由污染物同特定对象之间的剂量反应关系确定的，不考虑社会、经济、技术等人为因素，不具有法律效力。

根据环境标准适用的空间来看，环境标准可以包括三种，一是适用于室外环境的空气质量标准，由生态环境部负责组织实施；二是适用于住宅、卧室等一般室内环境标准，属于传统意义上的室内空气质量标准，由卫生部、住建部等单位负责实施；三是适用于生产劳动环境的标准，属于职业健康标准，由卫生部等单位负责实施。三类标准的制定原则是不同的，室外环境空气质量标准目标是控制二氧化硫、二氧化氮、$PM_{2.5}$、臭氧等大气污染物导致的酸雨、光化学烟雾、霾污染等大气污染现象，往往是基于光化学活性的大小确定的标准目标；室内环境和职业健康暴露环境标准的制定原则是基于健康效应确定的，有类似的地方，但是职业健康暴露一般考虑个体防护条件下的暴露风险，室内环境则是按照日常生活状态下的暴露风险计算判定标准。

8.1.1.2 典型污染物的室外环境质量标准

根据《室内空气质量标准》（GB/T 18883—2022），物理性指标包括温度、相对湿度、风速、新风量，化学性指标包括臭氧、二氧化硫、二氧化氮、一氧化碳、二氧化碳、氨、甲醛、苯、甲苯、二甲苯、总挥发性有机物（TVOC）、三氯乙烯、四氯乙烯、苯并[a]芘、可吸入颗粒物（PM_{10}）、细颗粒物（$PM_{2.5}$），生物性指标包括细菌总数，放射性指标包括氡（^{222}Rn）等22项指标。虽然室外污染是室内空气污染物的重要来源，但不是所有的污染物都列为室外环境空气污染物。室外环境空气质量标准中管控的污染物有二氧化硫、二氧化氮、一氧化碳、臭氧、苯并[a]芘、可吸入颗粒物（PM_{10}）、细颗粒物（$PM_{2.5}$）等国内外室外和室内环境空气质量标准的比较如表 8-1 和表 8-2 所示。

表 8-1 国内外室外环境空气质量标准比较　　　　　　　单位：mg/m^3

污染物名称	取值时间	中国 GB 3095—2012 及修改单 一级标准	中国 GB 3095—2012 及修改单 二级标准	美国 一级标准	美国 二级标准	日本	世界卫生组织(2021年) 第一阶段	世界卫生组织(2021年) 第二阶段	世界卫生组织(2021年) 第三阶段	世界卫生组织(2021年) 第四阶段	指导值
二氧化硫(SO_2)	年平均	0.02	0.06	0.08	—						
二氧化硫(SO_2)	24 小时平均	0.05	0.15	0.36	—	0.10	0.125	0.050	—		0.04
二氧化硫(SO_2)	1 小时平均	0.15	0.50	0.19	3 小时平均，一年中任意一次不能超过 1.29	0.26					
二氧化氮(NO_2)	年平均	0.040	0.040	0.098	0.098		0.040	0.030	0.020	—	0.010
二氧化氮(NO_2)	24 小时平均	0.080	0.080	—	—	0.07~0.11	0.12	0.050			0.025
二氧化氮(NO_2)	1 小时平均	0.20	0.20	0.18							
一氧化碳(CO)	24 小时平均	4	4	8 小时均值：10		11.2	7				4
一氧化碳(CO)	1 小时平均	10	10	39		连续 8 小时平均：22.6					
臭氧(O_3)	8 小时平均	0.10	0.16	0.135	—		0.16	0.12			0.10
臭氧(O_3)	1 小时平均	0.16	0.20	—	—	0.12	0.1(峰值季节)	0.07(峰值季节)			0.06(峰值季节)
颗粒物(PM_{10})	年平均	40	70	—	—	—	70	50	30	20	15
颗粒物(PM_{10})	24 小时平均	50	150	150	150	100	150	100	75	50	45
颗粒物($PM_{2.5}$)	年平均	15	35	12	15	15	35	25	15	10	5
颗粒物($PM_{2.5}$)	24 小时平均	35	75	35	35	35	75	50	37.5	25	15
铅	年平均	0.5	0.5	—	—						
铅	季平均	1	1	0.15	0.15						
苯并[a]芘	年平均	0.001	0.001								
苯并[a]芘	24 小时平均	0.0025	0.0025								
二噁英	年平均					0.6 pgTEQ/m^3					
苯	年平均					3					
三氯乙烯	年平均					200					
四氯乙烯	年平均					200					
二氯甲烷	年平均					150					

表 8-2 国内外室内空气有机污染物的标准比较

污染物	基本要求						绿色要求									健康要求		
	中国	中国	美国	日本	国际	国际	中国	美国	美国	美国	英国	法国	法国	德国	日本	中国	美国	国际
	GB 50325—2020	GB/T 18883—2022	ANSI/ASHRAE	MHLW	WHO-2005	WHO-2010	GB/T 50378—2019	LEED 多家庭	LEED BD+C/IDC	LEED O+M	BREEAM	HQE 住宅区	HQE 非住宅	DGNB	CASBEE	T/ASC 02—2021	WELL v.2	WHO—2021
甲醛	√	√	√	√	√	√	√	√	√	√	√	√	√	√	√	√	√	
TVOC	√	√	√	√			√	√	√	√	√	√	√	√	√	√		
苯	√	√	√			√	√		√						√	√	√	
甲苯	√	√	√	√					√						√		√	
二甲苯	√	√	√	√					√						√	√		
乙醛		√		√					√						√		√	
萘						√	√											
苯并[a]芘		√																
苯乙烯			√						√						√			
四氯乙烯			√			√												
二氯苯				√					√						√			
乙苯				√					√									
己烷									√									
酚类															√			
乙酸乙烯酯				√											√			
毒死蜱				√														
邻苯二甲酸二丁酯				√											√			
二嗪磷				√														
壬醛															√			
氨基甲酸酯杀虫剂				√														
三氯乙烯					√													

8.1.1.3 室内空气污染物控制标准

《室内空气质量标准》(GB/T 18883—2022)已经明确了22项污染物控制指标。这里选择关键的污染物对国内外室内环境质量标准进行一些比较，具体如表8-2所示。从表8-2中可知，不同国家对室内有机污染物的控制要求是不同的。其实家庭住宅、幼儿园、学校、医院等不同室内的控制标准也是不同的。我国在2017年发布了《中小学校教室换气卫生要求》(GB/T 17226—2017)，适用于中小学校各类教室、办公室、图书馆等室内空气环境的控制及卫生管理，提出了"二氧化碳浓度不得超过1000ppm、TVOC含量不得超过$0.6mg/m^3$；$PM_{2.5}$浓度不得超过$75\mu g/m^3$；甲醛浓度不得超过$0.08mg/m^3$"的要求。这里$PM_{2.5}$指标的标准比《室内空气质量标准》宽松，需要高度重视。

针对一些特殊环境，室内空气质量标准也有很大的发展。比如轨道交通方面有《城市轨道交通通风空气调节与供暖设计标准》(GB/T 51357—2019)，规定了地下区间隧道、地下车站公共区空气中的CO_2日平均浓度应小于0.15%，车站设备及管理用房空气中的CO_2日平均浓度应小于0.10%。地下车站公共区空气中粒径≤$10\mu m$的颗粒物日均浓度应小于$0.25mg/m^3$；设备及管理用房空气中粒径≤$10\mu m$的颗粒物日均浓度应小于$0.15mg/m^3$。

8.1.1.4 室内空气污染物控制技术标准

不同的室内有不同的空气污染控制方法，也存在不同的控制技术标准。2018年住房城乡建设部发布了《住宅建筑室内装修污染控制技术标准》(JGJ/T 436—2018)，自2019年1月1日执行。

该标准以甲醛、苯、甲苯、二甲苯、总挥发性有机物为污染物控制重点，采取分级管控的方式，将室内空气质量分为三级（如表8-3所示），将材料污染物释放率分为四个等级（如表8-4所示）。同时提出当室内空气质量为Ⅰ级时，应该采用性能指标法进行污染物控制设计；当室内空气质量要求为Ⅱ级或者Ⅲ级时，可采用规定指标法或性能指标法进行污染物控制设计。同时标准还规定出现以下条件之一时，应采用性能指标法进行污染物控制设计：室内换气次数小于0.45次/h；选用材料污染物释放率不满足规定指标要求。

表8-3 污染物浓度分级

污染物	浓度$(C)/(mg/m^3)$		
	Ⅰ级	Ⅱ级	Ⅲ级
甲醛	$C\leq0.03$	$0.03<C\leq0.05$	$0.05<C\leq0.08$
苯	$C\leq0.02$	$0.02<C\leq0.05$	$0.05<C\leq0.09$
甲苯	$C\leq0.10$	$0.10<C\leq0.15$	$0.15<C\leq0.20$
二甲苯	$C\leq0.10$	$0.10<C\leq0.15$	$0.15<C\leq0.20$
TVOC	$C\leq0.20$	$0.20<C\leq0.35$	$0.35<C\leq0.50$

表8-4 材料污染物释放率等级及限量　　单位：$mg/(m^2 \cdot h)$

等级污染物	F1	F2	F3	F4
甲醛	$C\leq0.01$	$0.01<C\leq0.03$	$0.03<C\leq0.06$	$0.06<C\leq0.12$
苯	$C\leq0.01$	$0.01<C\leq0.03$	$0.03<C\leq0.06$	$0.06<C\leq0.12$
甲苯	$C\leq0.01$	$0.01<C\leq0.05$	$0.05<C\leq0.10$	$0.10<C\leq0.20$
二甲苯	$C\leq0.01$	$0.01<C\leq0.05$	$0.05<C\leq0.10$	$0.10<C\leq0.20$
TVOC	$C\leq0.04$	$0.04<C\leq0.20$	$0.20<C\leq0.40$	$0.40<C\leq0.80$

材料污染物综合释放率应按式(8-1)计算。

$$\overline{E} = \frac{\sum_{i=1}^{n}(E_i S_i)}{\sum_{i=1}^{n} S_i} \tag{8-1}$$

式中 $\overline{E}$ 为污染物综合释放率，mg/(m²·h)；E_i 为第 i 种材料的污染物综合释放率，mg/(m²·h)；S_i 为第 i 种材料的面积，m²；n 为参与综合污染物释放率计算的材料类别总数。

(1) 规定指标法

采用材料污染物释放率控制法或者材料综合释放率控制法，材料污染释放率等级为 F1 的材料不应参与设计计算。当采用材料污染物释放率控制法时，应对污染物释放率等级相同的材料面积直接求和，计算房间材料面积承载率应该符合以下规定：

① 当室内空气质量控制目标为 Ⅱ 级时，房间材料面积承载率按式(8-2)计算：

$$\frac{1}{4}N_{F2} + \frac{3}{5}N_{F3} + \frac{6}{5}N_{F4} \leqslant \frac{1}{\alpha} \tag{8-2}$$

$$N_{Fi} = \frac{S_{Fi}}{A} \tag{8-3}$$

Ⅲ 级时，房间材料面积承载率按式(8-3)计算：

$$\frac{1}{5}N_{F2} + \frac{2}{5}N_{F3} + \frac{4}{5}N_{F4} \leqslant \frac{1}{\alpha} \tag{8-4}$$

式中，N_{F2} 为污染物释放率等级为 F2 的材料面积承载率；N_{F3} 为污染物释放率等级为 F3 的材料面积承载率；N_{F4} 为污染物释放率等级为 F4 的材料面积承载率；α 为污温度修正系数；S_{Fi} 为等级为 Fi 的材料面积，m²，i 代表材料综合污染物释放率等级，取 2、3、4；A 为房间面积，m²。

② 应该根据材料综合污染物释放率等级和室内空气质量控制目标，按照表 8-5 确定承载率当量系数，且房间材料面积承载率应该按式(8-5)计算。

$$\overline{N_F} \leqslant \frac{1}{\alpha \beta_{i,j}} \tag{8-5}$$

式中，$\overline{N_F}$ 为参与综合释放率计算的材料面积承载率总和；$\beta_{i,j}$ 为承载率当量系数；i 为材料综合污染物释放率等级；j 为空气质量控制目标等级。

表 8-5　承载率当量系数

i	2	3	4
$\beta_{i,Ⅱ}$	0.25	0.60	1.20
$\beta_{i,Ⅲ}$	0.20	0.40	0.80

(2) 性能指标法

采用性能指标法进行装修污染物控制设计时，应对设计方案进行污染物预评价，预评价应该符合标准中规定的预评价方法要求。然后按照下列步骤进行：第一步，根据装饰装修方案建立模型；第二步，确定装饰装修工程室内空气质量控制目标；第三步，输入计算边界条件；第四步，计算工程完工后室内污染物的浓度、污染物负荷，并解析污染源组成；第五步,若交付日期的室内污染物浓度高于工程控制目标限值,应优化装修方案,调整后的污染物浓度不应高于限值;第六步,输出材料用量、污染物释放率控制要求及其他需要展示和说明的信息;第七步,出具计算书。

装修方案的设计优化措施应符合下列规定:优先对室内空气质量影响大的污染源进行调整;优先选用污染物释放率低的材料;应减少污染物释放率高的材料用量;应提出改进室内通风的措施和要求;合理安排项目实施进度和交付时间。

8.1.2 我国室内环境空气污染物净化治理标准发展历程

我国室内环境空气污染物的净化治理标准的发展可以从三个角度来分析:一是源头替代标准,二是室内环境污染物的限值,三是净化设备的标准。

8.1.2.1 源头替代标准

室内禁烟行动是我国一直以来的永恒话题,2011 年发布的《公共场所卫生管理条例实施细则》规定自 2011 年 5 月 1 日起,室内公共场所禁止吸烟,即所有室内公共场所、室内工作场所、公共交通工具完全禁止吸烟。2017 年上海市发布的《上海市公共场所控制吸烟条例》被称为"最严控烟令";2022 年 10 月 28 日,上海市人大常委会通过《上海市公共场所控制吸烟条例》(简称《条例》)修正案,再次强化了公共场所禁烟的要求。

环保型材料行业从 2001 年开始关注人造板及其制品、装饰材料(内墙涂料、木器、胶黏剂、壁纸、聚氯乙烯卷材地板、地毯、地毯衬垫及地毯用胶黏剂)、混凝土外加剂、建筑材料放射性核素等方面有毒有害物质的控制,并制定了一系列标准;2008~2009 年对标准进行了更新,主要是收严限量;2017~2020 年国家对以上标准开始进行调整更新,基本上都增加了一些特殊的物质的限量,同时收严了 VOC 含量、甲醛和苯等的限量。目前的发展趋势是针对日用化学品污染开始推行 VOC 含量限值。以北京市为代表,近期开始研究香水、发胶、空气清新剂、杀虫剂、清洗剂等气雾剂中 VOC 含量的贡献,拟推动消费品 VOC 含量限值。

室内污染主要有装饰材料、建筑材料、油烟和香烟烟雾、人体自身污染、日用化学品污染、办公设备释放物等多种来源。我国早期控制的重点在于装饰材料和建筑材料的绿色化,因此,绿色建筑评价指标与标准的发展历程就是早期室内污染净化治理标准的发展历程。王丞曾经总结过我国绿色建筑和低碳建筑评价体系的发展,并提出了四个阶段:一是探索引导阶段,标志是 20 世纪 90 年代初《中国 21 世纪人口、环境与发展白皮书》的出版,该书中首次明确了促进建筑业可持续发展和建筑节能与提高住宅能源利用效率的重要性,对我国绿色建筑评价技术指标的形成起到了启蒙引导的作用;二是试行起步阶段,标志是 2001 年《中国生态住宅技术评估手册》的发布,经过不断修订后,为我国早期绿色建筑的设计建设指导和评价提供了依据,其间《公共建筑节能设计标准》(GB 50189—2005)等一系列相关评价技术导则以及《绿色奥运绿色建筑技术导则》等陆续提出;三是快速成长阶段,其标志是《绿色建筑评价标准》(GB/T 50378—2006)的提出,在这一阶段国家提出了中国"绿色建筑"的定义,其间,绿色建筑相关的评价技术导则相继出台;四是细化发展阶段,该阶段的标志是 2013 年《绿色建筑行动方案》提出加快制(修)订适合不同气候区、不同类型建筑的节能建筑和绿色建筑评价标准保障措施,围绕民用、工业、农用性质建筑以及改造旧房、村庄等不同划分范畴的多项绿色建筑规范被陆续编制颁布,共同构成了相对细化健全的评价体系。

针对室内装饰材料的控制来说，我国自2001年开始规定内墙涂料中有害物质限量，从《室内装饰材料内墙涂料中有害物质限量》（GB 18582—2001）经历《室内装饰材料内墙涂料中有害物质限量》（GB 18582—2008），发展到《建筑用墙面涂料中有害物质限量》（GB 18582—2020），内墙建筑涂料的VOC含量限值从2001年的200g/L收严到2020年的80g/L；游离甲醛从2001年的0.1g/kg收严到2020年的0.05g/kg；2008年起开始控制苯系物，苯系物总量从2008年的300mg/kg收严到2020年的100mg/kg；2020年针对内分泌干扰物等新污染物治理，增加了烷基酚聚氧乙烯醚总和含量的标准限值，2020年又将铅从可溶性重金属含量中单独分出来设置限值；2020年增加了装饰板的涂料中有害物质的限量。

针对家具中涂料的环保性标准，2001年我国出台《室内装饰装修材料溶剂型木器涂料有害物质限量》（GB 18581—2001），经过《室内装饰装修材料溶剂型木器涂料有害物质限量》（GB 18581—2009），发展到现在的《木器涂料中有害物质限量》（GB 18581—2020），与2001年和2009年仅仅控制溶剂型木器涂料的有害物质限量相比，2020年增加了水性涂料（含腻子）、辐射固化涂料（含腻子）的有害物质限量。以溶剂型木器涂料中VOC含量限值看，已经从2001年的550g/L（醇酸漆类）收严到2020年的450g/L；苯的含量从0.5%收严到0.1%；还增加了多环芳烃含量、甲醇、二异氰酸酯、卤代烃含量、邻苯二甲酸酯总量的含量限值；针对水性涂料还增加了烷基酚聚氧乙烯醚总和含量的标准。

人造板及其制品的甲醛释放是室内环境重要的来源，2001年国家发布了《室内装饰装修材料人造板及其制品中甲醛释放限量》（GB 18580—2001），2017年出台新的标准，取消了分类，统一收严到0.124mg/m^3。

针对家具中有害物质限量，2001年国家发布了《室内装饰装修材料木家具中有害物质限量》（GB 18584—2001），2012年发布了《塑料家具中有害物质限量》（GB 28481—2012）。目前工业和信息化部已经组织完成对以上两个标准的整合，形成了《家具中有害物质限量》（GB 18584—2024）（报批稿），并对外发布公示；调整了家具中甲醛的限量要求和实验方法，增加了家具中苯、甲苯、二甲苯、总挥发性有机物、放射性核素和富马酸二甲酯的要求和试验方法。

8.1.2.2 室内环境污染物的限值

第2章已经分析过《室内空气质量标准》的发展，总体上看是从常规指标到特征指标发展，更加重视化学品的指标和生物性指标的发展；进一步收严标准。比如增加了细颗粒物（$PM_{2.5}$）、三氯乙烯和四氯乙烯三项指标；将"菌落总数"改为"细菌总数"。最新标准中收严了甲醛、苯的限值。更为重要的是达标的前提条件收严，即要求关闭门窗及新风系统至少12h的情况下达标。

8.1.2.3 室内净化设备的标准

关于室内净化设备的标准主要来自电器产品的标准。主要包括《家用和类似用途电器的安全 第1部分：通用要求》（GB 4706.1—2005）、《家用和类似用途电器的安全空气净化器的特殊要求》（GB 4706.45—2008）、《空气净化器》（GB/T 18801—2022）、《家用和类似用途电器的抗菌、除菌、净化功能通则》（GB 21551.1—2008）、《家用和类似用途电器的抗菌、除菌、净化功能抗菌材料的特殊要求》（GB 21551.2—2010）、《家用和类似用途电器的抗菌、除菌、净化功能空气净化器的特殊要求》（GB 21551.3—2010）。

《空气净化器》（GB/T 18801—2022）完善了颗粒物、气态污染物的去除技术，与 CADR 和 CCM 既往关联数据分类整合；完善了微生物去除要求及方法，增补了病毒去除性能的评价方法；新增了异味去除/模拟二次异味评价、过敏原去除方法、动态平衡法去除气态污染物的试验方法；完善了待机功率要求、噪声要求和能效要求等。变化情况如表 8-6 所示。

表 8-6 GB/T 18801—2022 的变化情况

序号	修订属性	修订/增补部分	试验方法及依据	要素分类
1	完善	颗粒物、气态污染物去除技术要求	CADR 与 CCM 既往关联数据分类整合	规范性
2	完善	气态污染物去除试验方法	气态污染物混合加载试验方法	规范性
3	完善	微生物去除要求及方法，增补病毒去除性能评价方法	针对目标污染物的去除率法（规定条件下）	规范性
4	新增	异味去除/模拟二次异味评价	嗅辨评价法（依据相关国标）	规范性
5	新增	过敏原去除方法	去除率法（规定条件下）	规范性
6	新增	动态平衡法去除气态污染物试验方法（以除臭氧为例）	动态平衡法（模拟实际使用，根据动态平衡方程）	规范性
7	完善	待机功率要求	依据 GB/T 35758—2017（IEC 62301）	规范性
8	完善	噪声要求	补充要求，对低噪声模式做出标注	规范性
9	完善	能效要求	适当调整	规范性

综合以上分析，我国室内空气污染物净化治理标准进入了一个深度治理的阶段，从过去重视源头控制开始逐渐发展到全过程控制的技术体系。对空气净化器来说，目前的目标污染物已经从物理性指标、化学性指标为主，逐渐拓展到微生物、异味、过敏原等高品质生活所追求的控制要求。

8.1.3 建立和健全室内环境污染控制标准的重要性

从前面的分析可以看出，我国的室内环境污染控制标准取得了很大进步，但仍存在一些问题。主要体现在以下几个方面。

8.1.3.1 全过程控制标准的联动性不够

室内对建筑材料、装饰材料等有了更加严格的要求，增加了很多材料的限值要求。这说明这些物质存在缓慢释放到环境的可能，但是室内空气污染物控制项目并没有包含这些项目。比如颗粒物中重金属的浓度限值、多环芳烃的限值。针对 VOC 的控制，室内空气质量标准 TVOC 的测定方法仅仅包括了有限含碳数目的有机物的总量，不能代表室内的全部 VOC；而且与材料释放 VOC 的管控范围也不一致，比如涂料中 VOC 含量限值通常聚焦在能参与大气化学反应的有机化合物，以反应活性为主要的表征依据，这与室内环境中聚焦健康的原则不完全一致。

8.1.3.2 关注室内外交换的污染物控制标准明显不足

针对大城市来说，室外空气污染对室内的贡献是非常重要的。虽然国家给出了 22 项控制指标，但是对室外影响的控制并不全面，比如靠近交通路口的地铁排放口位置、家庭住宅排烟烟道的位置，这里涉及的排烟可能包括天然气燃烧释放的二氧化氮向室内环境反向输送的问题。

8.1.3.3　与高品质生活对室内环境的要求还不相符

比如 GB/T 18801—2022 规定的微生物、过敏原、异味的要求，在目前室内空气质量标准中并没有规定。过敏原物质的检测和控制是我国建筑材料标准和室内标准都缺失的部分；异味物质的问题更是特殊，一些低嗅阈值的物质很容易引起人恶心和过敏等不良反应，室外使用臭气浓度的控制，但室内缺乏类似指标。

8.1.3.4　对二次污染的重视不够

净化技术和环保型材料的使用过程中是否存在二次污染等缺乏控制技术要求。比如催化技术是室内普遍采用的技术之一，但是如果催化剂选择不恰当或者使用低劣产品，也许会产生二次污染物；一些高级氧化等新技术的使用可能产生臭氧的泄漏、二次敏感产物（比如异味）等，并没有在室内空气控制标准中体现。

8.1.3.5　对净化设备的技术标准要求还有待完善

尽管《空气净化器》（GB/T 18801—2022）对测试方法有了更严格的要求，对净化能力、净化速率都提出了要求。但是净化器的一些净化效率要求大部分都是基于测定舱的基准浓度，通常都远远高于实际室内的初始浓度，导致实际效率与产品标准不一致，容易造成对净化设备产生不必要的错误认识。

综上，建立和健全室内环境污染控制标准仍是我国一个重要的课题，需要不断推进，以高品质生活要求，推动室内环境污染控制标准的持续提升。

8.2　室内空气污染物净化治理规范

《环境污染治理设施运营资质许可管理办法》规定，对环境污染治理设施运营资质实行分类、分级管理。

环境污染治理设施运营资质分为生活污水、工业废水、除尘脱硫脱硝、工业废气、工业固体废物（不含危险废物）、有机废物、生活垃圾、自动连续监测等专业类别。从事环境污染治理设施运营的现场管理人员和现场操作人员，应当按照规定参加专门的培训与考核。外商投资企业应当依照我国法律的规定申请取得环境污染治理设施运营资质许可后，方可在中华人民共和国境内从事环境污染治理设施运营活动。

8.2.1　资质要求

8.2.1.1　资质申请

申请环境污染治理设施运营甲级或者乙级资质的单位，应当符合下列条件：
① 具有独立企业法人资格或者事业单位法人资格；
② 具有规定数量、具备相应专业技术职称的技术人员，以及运营现场管理人员和现场操作人员；

③ 具有1年以上连续从事环境污染治理设施运营的实践，且能够保证设施正常运行；
④ 具备与其运营活动相适应的环境污染治理设施运营资质分类、分级条件规定的其他要求。

申请环境污染治理设施运营临时资质的单位，应当具备以上①②④所列条件。

环境污染治理设施运营资质的具体条件，由国务院环境保护主管部门另行制定。

8.2.1.2 申请材料

申请环境污染治理设施运营资质的单位，应当向本单位登记地省级环境保护主管部门提出申请，填写资质证书申请表，并提交下列材料：

① 企业法人营业执照副本复印件或者事业单位法人证书复印件；
② 上一年度本单位财务状况报告或者其他资信证明；
③ 技术人员专业技术资格证书复印件、现场操作人员环境污染治理设施运营岗位培训证复印件和聘用合同复印件；
④ 实验室或者检验场所及其检测能力的证明；
⑤ 突发环境事件应急预案；
⑥ 有关规范化运营质量保证体系的证明；
⑦ 环境污染治理设施运营实例，包括运营项目简介、委托运营合同、用户意见、委托运营项目备案表、有资质的单位出具的委托运营合同期间设施运行监测报告；
⑧ 环境污染治理设施运营资质分级、分类条件要求的其他证明材料。

申请环境污染治理设施运营临时资质的，可以不提交前款第⑦项规定的材料。

8.2.1.3 资质证书内容

环境污染治理设施运营资质证书包括下列主要内容：

① 法人名称、法定代表人、工商注册登记或者事业单位登记地址；
② 运营类别与级别；
③ 有效期限；
④ 发证日期和证书编号；
⑤ 审批部门的名称、印章。

环境污染治理设施运营资质证书分为正本和副本，正本和副本具有同等法律效力。

8.2.1.4 资质效力

环境污染治理设施运营甲级资质、乙级资质和临时资质全国通用。各地不得在国务院环境保护主管部门规定的条件之外，以任何名义设置资质审批前置条件，也不得在审批过程中收取任何费用。

集团公司和具备独立法人资格的分公司，应当依照本办法的规定，分别申请环境污染治理设施运营资质。

环境污染治理设施所在地环境保护主管部门不得要求持证单位及其非独立法人的分公司重复申领运营资质证书或者申请其他类似的运营许可。

环境污染治理设施运营资质不得转让。禁止伪造、变造环境污染治理设施运营资质证书。

8.2.2 治理规范

① 持证单位可以按照环境污染治理设施运营资质证书规定的类别，在全国范围内承接环境污染治理设施运营业务。

② 持证单位接受环境污染治理设施委托运营前，应当对该设施是否具备稳定运行和达标排放的必要条件进行技术评估，并以此作为签订委托服务合同的依据。

③ 持证单位从事环境污染治理设施运营活动，应当与委托单位签订委托运营合同，明确双方的权利和义务。持证单位应当在委托运营合同签订后30日内，填写环境污染治理设施委托运营项目备案表，报设施所在地县级环境保护主管部门备案。

④ 持证单位应当依照委托运营合同的约定和国家有关环境保护的规定，保证环境污染治理设施正常运行，确保排放的污染物符合国家和地方规定的污染物排放标准，防止产生环境污染。

⑤ 持证单位应当在每年12月31日前对所运营的环境污染治理设施运行状况、设施完好情况、污染物排放达标情况、二次污染防治情况、设施运行中存在的问题及其整改方案等进行年度评估，并填写环境污染治理设施运营情况年度报告表。

⑥ 省级环境保护主管部门负责对在本行政区域内登记的持证单位及其运行的环境污染治理设施项目情况进行年度管理考核。持证单位应当在每年1月底前，向本单位登记地的省级环境保护主管部门提交上一年度环境污染治理设施运营情况年度报告表。在单位登记地省级行政区域外有运营项目的，持证单位应当同时将环境污染治理设施运营项目年度报告表抄报项目所在地省级环境保护主管部门。省级环境保护主管部门应当根据环境污染治理设施运营情况年度报告表和日常监督管理与现场检查情况对持证单位做出考核结论，于每年3月底前将持证单位的环境污染治理设施运营状况和考核情况上报国务院环境保护主管部门备案，并予以公告。

⑦ 持证单位应当协同委托单位，依照《中华人民共和国突发事件应对法》等有关规定，做好突发环境事件的应急准备、应急处置和事后恢复等工作。

8.2.3 注意事项

8.2.3.1 资质撤销

有下列情形之一的，环境污染治理设施运营资质发证机关可以根据利害关系人的请求、举报，或者依据其职责，撤销本部门的环境污染治理设施运营资质许可：

① 对不符合规定条件的单位批准核发环境污染治理设施运营资质证书的；

② 违反环境污染治理设施运营资质审批程序或者超越本办法规定的审批权限审批决定的；

③ 在环境污染治理设施资质审批过程中徇私舞弊、弄虚作假的；

④ 申请人以欺骗、贿赂等不正当手段取得环境污染治理设施运营资质的；

⑤ 应当依法撤销环境污染治理设施运营资质许可的其他情形。

异地运营的持证单位发生违法行为，需要撤销其环境污染治理设施运营资质许可的，违法行为发生地省级环境保护主管部门可以向发证机关提出撤销许可的建议。

8.2.3.2 对持证单位的处罚

有下列行为之一的,由县级以上环境保护主管部门责令限期整改,处 2 万元以上 3 万元以下罚款:

① 委托不具有运营资质的单位运行其环境污染治理设施的;
② 未取得资质,擅自从事环境污染治理设施运营活动的;
③ 超出资质证书许可范围从事环境污染治理设施运营活动的;
④ 持证单位擅自修改原始监测数据,提供虚假信息的;
⑤ 持证单位提交虚假环境污染治理设施运营情况年度报告表的;
⑥ 伪造、变造、转让运营资质证书或在申请资质证书过程中弄虚作假的。

持证单位有以上第③、④、⑤、⑥项规定的行为且情节严重的,或者有偷排、不正常运营污染治理设施等严重环境违法行为的,发证机关应当收回其环境污染治理设施运营资质证书。依照本办法规定被收回环境污染治理设施运营资质证书的单位,3 年内不得重新申请。

第9章 室内环境空气污染治理案例

9.1 封闭空间室内空气污染治理

与日常生活和工作密切相关的公共场所类型众多,如展馆建筑、办公楼、酒店、商场超市、休闲娱乐中心等,不同场所在规模、占地面积、层高、功能、人员类型等方方面面各有不同,其内部环境差异也较大。因此,应用空气净化技术时,需要注意不同公共场所的室内污染物类型、污染强度、释放规律等特点,分类予以统计、分析、总结,定制出合乎实际的空气净化方案。不同公共场所、空气污染物的种类和释放规律各异,采取的空气净化措施以及后期管理也相应不同。

健康办公环境作为生态宜居环境的重要组成部分,不仅能够使员工舒适愉悦、提高工作效率,还能促进企业的发展,最终推动社会的进步。因此,维护办公环境空气质量达标具有重要的意义。

办公场所经过装修后给领导和员工带来崭新的工作环境,同时也带来了关乎大家身心健康的空气污染等问题。中国装饰协会的专家指出,一般新装修的场所都会存在不同程度的空气污染情况,即使使用符合国家标准的环保材料也会如此,因为国家环保标准是针对单块材料而设定的,装修后大量的材料集中起来就会造成污染物超标的现象。这些超标污染物主要是装修及建筑材料里面的化学有害物质,除了人们熟知的甲醛以外还有苯、二甲苯、氨及其他病原微生物的存在。这些化学有害物质一般在3~15年都会持续挥发。

以某展馆建筑实施的空气净化系统为例,根据展馆空调通风系统运行的卫生状况,提供如下空气净化系统(见图9-1)。

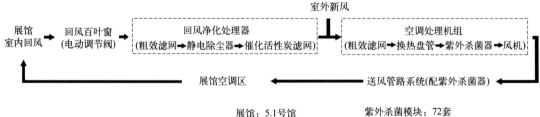

图 9-1 空气净化系统

① 空气尘埃净化：空调回风口设粗效过滤器、静电吸附装置。
② 挥发性有机物：空调回风口设催化活性炭吸附滤网。
③ 微生物污染：空调系统内潮湿易滋生细菌部位设紫外光杀菌装置、空调风道设紫外光杀菌装置处理循环空气。

系统运行两年期间的情况如下：
① 空气粉尘及VOCs控制情况良好，大部分在回风过滤段收集，保证了后续系统及送风的洁净；
② 空调机组换热盘管表面清洁，减少了冲洗维护次数，空调送风菌数低。

系统还须从以下几方面进行改进：
① 空调回风口部的风速偏高（3.8m/s左右），静电吸附的效率未能完全体现；粗效滤网置换到静电吸附装置后整体除尘效果会更好；
② 催化活性炭吸附滤网（蜂窝结构）的阻力偏高；
③ 空气净化系统、空调通风系统的日常维护极为重要，包括滤网、静电吸附装置的清洗、更换等，高耗材类如VOCs吸附材料建议灵活使用，例如展馆建筑，布展及展会期间，在回风口部添加置入催化活性炭吸附滤网，平时收起不用，保留空气过滤或静电吸附。

9.1.1 酒店宾馆

一般说来，酒店就是给宾客提供歇宿和饮食的场所，主要为游客提供住宿服务，包括餐饮、游戏、娱乐、购物、商务中心、宴会及会议等设施。宾馆酒店的装修工艺复杂多样，形成的室内装修污染物种类较多，而各种污染物的释放机理各不相同。标准 GB 50325 和 GB/T 18883 均对室内污染物的释放量进行了规定，室内空气治理的对策既要符合国家标准，也要根据现场实际情况进行制订。

酒店室内空气具有五大污染源：一是室内尘埃，包括未按时清理的通风滤网、地毯窗帘等布草织品上的尘埃，以及浴室等处因高湿度而滋生的微生物；二是有毒有害的挥发性有机物，包括室内装修、家具中的残留，过量使用的清洁用品和干洗后的床上用品等；三是户外和人类活动导入的污染源，包括通过室内外空气交换进入的雾霾、机动车尾气、工业污染物、花粉、灰尘、微生物、病菌，以及宠物过敏原、尘螨排泄物等等；四是可吸入颗粒物，如细菌、病毒、孢子、石棉、人造矿物纤维、二手烟、蚊香等燃烧粒子，以及大理石、氡气衰变所产生的放射性粒子；五是甲醛与臭氧，甲醛挥发普遍存在于黏合剂、密度板、纺织物、塑料等中，臭氧主要是使用紫外光杀菌设备和激光打印机和复印机过程中产生。

以北京市某酒店空气污染治理为例。该酒店一楼有 100 间房，其中 93 个 $40m^2$/间的标间，7 个 $80\sim155m^2$/间的套房；二楼有 27 间房，包括 16 个 $40m^2$/间的标间，11 个 $60\sim115m^2$/间的套房；三楼有 149 间 $40m^2$/间的标间。酒店公共区域设有两个风格各异的餐厅及大堂，超 $2500m^2$ 的会议空间包含 $900m^2$ 无柱式大宴会厅及 12 间多功能会议室。

在正式运营前，对酒店空气质量进行了检测：按标准 GB 50325，室温 22℃、密闭 12h 后检测发现，甲醛浓度为 $0.20\sim0.33mg/m^3$，超过标准限值（$0.07mg/m^3$）2～4 倍；TVOC 浓度为 $1000\sim2000mg/m^3$，超过标准限值（$600mg/m^3$）1～3 倍。空调送风可吸入颗粒物（PM_{10}）及微生物指标中，空调送风 PM_{10} 均值分别为 $0.06mg/m^3$、$0.14mg/m^3$，细菌总数均值分别为 $271CFU/m^3$、$250CFU/m^3$，真菌总数均值分别为 $305CFU/m^3$、

425CFU/m^3，新风总管内表面的积尘量均值分别为 11.00g/m^2、12.01g/m^2。根据检测结果，主要从以下几个方面进行治理。

9.1.1.1 中央空调净化治理

中央空调项目流程如图 9-2 所示。

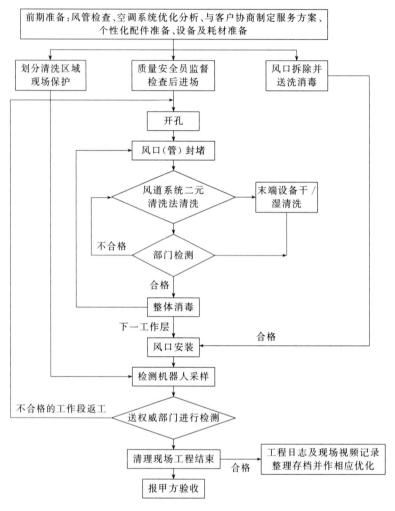

图 9-2 中央空调项目流程

(1) 施工准备及清洗步骤

① 施工准备：进入施工现场选择合适场地堆放清洗设备，对施工区域和非施工区域进行分隔，施工区域用专业膜布覆盖，做好防尘隔离工作，高空作业时施工人员必须佩戴保险带，在吊空设备下挂安全网（防止在清洗施工中发生物品意外跌落），施工前、中、后均拍摄现场照片。

② 施工人员分为四组：A组为主风管清洗组，B组为支路管道清洗组，C组为末端设备清洗组，D组为现场保护辅助组。

由项目经理带队进入施工现场，按施工计划安排施工技术人员分组进行施工，如遇到方案书（计划书）中未及的突发性问题，和甲方协商及时调整施工方案（每日工作计划）。

③ 各组二元清洗实战：

a. D组进入施工区域进行现场施工分隔并现场膜布覆盖，做好防尘隔离工作。然后负责拆卸送回风口，装入保洁袋送至指定区域进行集中清洗，洗净后，仍应装入保洁袋送回作业区，以便复原。

b. C组进入施工区域分组进行末端设备清洗消毒工作。

c. A组清洗末端设备的主风管（10～20m），打开吊顶，揭开风管外保温棉，开作业孔。准备检测机器人及清洗机器人做好清洗前设备调试工作，确保设备正常；从作业孔放入Y形负压机器人（Y形负压清洗机器人工作半径距离为25m），操作人员打开监控器，操纵机器人在风管内前后左右移动，清洗前查看风管内污染情况、风管尺寸情况（尺寸是否和图纸相符），拍摄风管内照片并刻制光盘记录备案。工作人员把机器人的Y形调节杆调节到适当清洗位置，安装合适清洗毛刷，并将25m吸尘管两端分别连接机器人和高效负压吸尘器；开启高效负压吸尘器进行吸尘工作并打开旋转清洗毛刷进行清洗工作，收集风管内清除的尘埃、污物，操作人员手持机器人控制器，通过监视器操作机器人边清洗风管边前进，根据风管不同尺寸及清洁情况决定机器人往返清洗次数并拍摄清洗时和清洗后的照片、录像并刻制光盘记录备案；对已清洗风管部分用低噪声喷雾消毒器以雾化状均匀喷洒消毒剂，彻底消毒。整组风管清洗后，即请甲方代表对该风管清洗质量进行验收。验收合格后用镀锌铁皮、密封垫圈将原开作业孔铆合复原，并用铝箔胶带密封切口界面，同时复原保温棉。

d. B组关闭主风管和支路风管间的阀门，找合适位置，打开吊顶，揭开风管外保温棉，开作业孔。放入检测机器人观察风管内状况并刻入光盘。用负压软轴清洗系统清洗，刷头在高速旋转的作用下产生向前的推力，沿着管道内壁旋转运动，尘埃边打松边吸入高效吸尘器内。清洗完成喷专用药水消毒并录像。整组风管清洗后，立即请甲方代表对该风管清洗质量进行验收。验收合格后用镀锌铁皮、密封垫圈将原开作业孔铆合复原，并用铝箔胶带密封切口界面，同时复原保温棉。

e. 各组完成风管清洗或末端设备清洗后将清洗消毒后的设备送回风口重新安装，并打开调节阀调整好出风量。

④ 注意事项：

针对玻璃纤维超级风管的清洗一般采用特别清洗法。风管清洗流程一般从空调机房内末端设备送出风管开始清洗，从主风管到各分路风管、支路风管、最后到达到末尾风管及风口。

进入施工现场选择合适场地堆放清洗设备，对施工区域用专业膜布覆盖，做好防尘隔离工作并拍摄现场照片。

在公共走道上找合适位置（接近空调机房），卸下走道装饰金属扣板找到风管适合开孔的位置（针对玻璃纤维超级风管材质特性，风管开口位置必须在风管侧面部），进行开口并及时做好风管防护工作（玻璃纤维超级风管开封口方法见图9-3）。

用蛇形伸缩检测器伸入风管查看风管内污染情况，并拍摄风管内照片、刻制光盘记录备案。

清洗设备采用轻型管状材料，每节1m，可每节相互连接，第一节上可安装直径为100mm带孔的球体喷吹头及专用吸头，操作人员手持末节处软管连接至末端清洗机或高效负压吸尘器。

末端清洗机进行工作时，操作人员手持连接清洗杆在风管内由近至远反复进行吹打

（注：清洗杆必须与风管保持规定距离）。

高效负压吸尘器进行工作时，操作人员手持连接清洗杆在风管内由近至远反复进行吸尘。

风管清洗完成后在开孔位置进行封口复原工作。

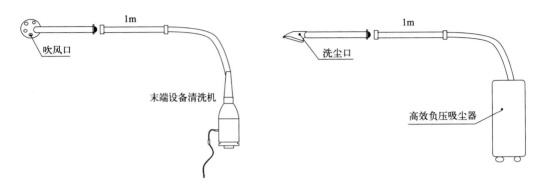

图 9-3 玻璃纤维超级风管开封口方法

玻璃纤维超级风管开洞及修补一般采用片式修补法（平板替换法），如图 9-4：

a. 取一片合适的铝箔板材，用修补胶进行涂层，保证板材的密封性，不能让玻璃纤维外露。

b. 专用工具在风管开洞，在洞的四边用雌雄扣开出阶梯型口子，将修补胶涂在此处，保证其表面口外露，再把平板复合，接口处用密封胶，保证两物体的密封性。

c. 在两物体的接口处用热敏胶带密封保证其强度。

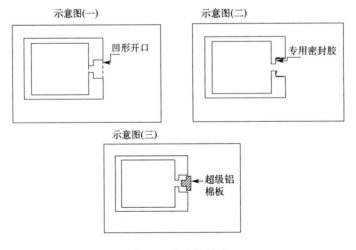

图 9-4 片式修补法

（2）主风管及支路风管清洗、消毒

① 常规风管清洗原理：

a. 清洗过程：利用空气负压机的大排气量使封闭管道内形成负压状态，通过刷、吹、振动等动作，使管道壁上的灰尘脱落，脱落的灰尘被高速气流运输到空气负压机，通过空气负压机的中、高效过滤器时被阻截、收集，过滤后的空气则被排放。

b. 消毒过程：用专用消毒药剂对清洗后的管道进行雾化消毒，达到国家卫生标准。

② 常规风管清洗工艺：

a. 水平管道清洗流程：确定清洗范围、开作业孔、清洗前检测、机器人清洗、验收、恢复。

b. 清洗标准：清洗后达到国家空调通风系统清洗规范。

要求：风管内无碎屑，无积尘，达到目视清洁；清洗后达到清洗验收规范要求。

对于多孔和非多孔部件，应使用目测检查法来判断通风系统是否达到视觉清洁的要求，当内表面没有碎片和非黏合物质时，可以认为达到了视觉清洁。称重法控制风管内表面残留尘粒量应在 $20g/m^2$ 以下。

c. 确定清洗范围：根据管道的布置情况和阀门的位置，定好清洗距离和清洗检查孔的位置，清洗距离最大可达 50m。清洗检查孔应开在三通、四通或管道拐弯处，并且靠近顶棚检修孔。

清洗检查孔可以开在风管底部，也可以开在风管侧面，大小有 400mm×400mm 和 240mm×240mm 两种。

d. 清洗前检测：用检测机器人对管内进行录像，并标记录像的管道编号，以便与清洗后录像进行对比。

e. 机器人清洗及预检：机器人清扫刷清洗，脱落的浮尘与垢块在高速气流作用下被迅速卷走，向空气负压机吸气口移动。因为机器人设备自带摄像头，管道内每一处情况都在清洗工作人员的监视之下，确保管道内每一地方都清洗干净。机器人设备对清洗完后的管道进行录像，并标记管道编号。邀请甲方代表对清洗完的管道进行预检，并填写预检记录。

在一个空调系统的管道清洗完之后，对其进行抑菌消毒处理，消毒药剂为天然环保制剂，对环境和人体都没有伤害。（以业主要求进行此项工作）

f. 恢复：把封堵风口的塑料膜拆下，用毛巾把风口擦拭干净。在空调系统清洗过程中对设备部件所做的其他调整也全部恢复到清洗前的状态。

g. 验收：把相应管道清洗前后的录像资料整理在一起，交与业主进行审查验收。

③ 中央空调风管清洗工作流程图示简介

清洗前的准备工作：风管情况调查和预定清洗方案。

商定清洗内容、范围、风管类型、尺寸及布置情况、时间限制、有无有害物质（如石棉）等，预定清洗方案，并选择合适检测机器人预检（图 9-5）。

图 9-5 选择有代表性的风管，由检测机器人对风管内部进行预检

清洗流程如图 9-6 所示。

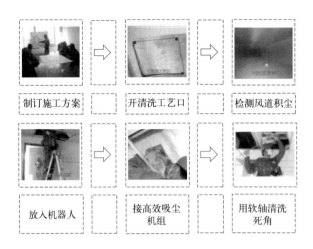

图 9-6　清洗流程

④ 中央空调风管清洗时间安排和报价。

a. 时间安排：原则上风管清洗工作按分区、分段逐步进行，以确保不影响清扫区外中央空调的正常使用以及楼内用户的正常工作，同时确保清洗进程的顺利实施。

b. 风道清洗、面积按风道展开面积计算。具体按照风管布置实际情况及时间安排另行提供详细报价资料。

⑤ 风管清洗工程执行。

a. 施工现场原始工艺资料的准备及现场调研工作：工程技术人员在制订具体风管清洗方案之前，需详细了解施工现场中央空调风道的结构布置情况，因此需向甲方有关部门借阅、复制有关技术图纸，并与甲方工程技术人员共同进行现场调研工作。

b. 制订施工现场清洗方案：依据前期调研施工现场资料及现有清洗设备能力，针对现场施工中风道清洗分区、分段的设定，风道清扫工艺孔的制作、所配备的清扫设备，时间安排、人员安排，检测方式以及清洗费用等内容制订详细的风道清洗方案，该方案需报甲方有关部门审核，遇问题协商修订，最终确定的清洗方案将作为技术协议与清洗合同双方共同签署执行。

c. 现场清洗施工需安排分区停机：为保证现场清洗区域的施工不影响其他区域中央空调的正常使用，在施工前有关部门需依据清扫方案按时配合分区风柜停机或关闭区域风阀。

d. 现场清洗施工及分区分段检测工作需派专人配合完成：现场施工中由于清扫风道末端支管需进入各房间施工，为不影响各房间单位的工作生活，需由甲方有关部门提前通知，甲方也需派专人配合解决施工中的个别技术问题及工作纠纷。另外，为保证分区清扫的风道能够尽快投入正常使用，风道清扫工作是按照分段分区随清洗、随验收、随复原的原则进行，因此甲方有关部门需派专人到现场进行风道清洗的施工监督、验收工作，并填写当班风道清洗验收单。

e. 清洗工作结束后，如对吊顶等装饰有破坏的，将请专业的装饰公司将其按原样恢复。

（3）新风机组清洗消毒流程

① 清洗流程：清洗前记录—停机—清洗过滤网—清洗翅片—清洗风机—清洗电机—清洗箱体—安装过滤网—机组运行。

② 清洗标准。

a. 过滤网清洗标准：玻璃纤维过滤网纤维内无灰尘和污垢，清水冲洗后水质依然干净，边框无污渍；

金属丝网过滤器金属丝网明亮，网内无灰尘、油渍和污垢，边框无污渍；

布袋过滤器的布袋内外面干净，抖动布袋没有明显扬尘；

纸质过滤器容尘量低于最大容尘量的50%时应更换滤纸。

b. 翅片清洗标准：翅片无化学腐蚀和物理损伤，翅片内无污垢，翅片干净明亮，翅片底部箱体无浮土。

c. 风机清洗标准：风机叶轮上无浮尘，壳体和支座干净。

d. 电机清洗标准：边框无污渍，电机无损坏，壳体和支座干净。

e. 空调箱体清洗标准：箱体内表面干净，箱体外部面板上无垃圾和灰尘。

③ 清洗工艺。

a. 清洗前准备：机组清洗前，检查机组电机是否运转正常、机组运行有无异常噪声、过滤网是否齐全、翅片有无损坏，并填写机组检查记录，及时把以上记录情况以书面形式告知甲方并请甲方签字确认。

b. 停机：机组运转情况记录完毕，关闭机组电源，并在机组电源配电箱（柜）处挂警示牌："设备清洗，请勿合闸！"清洗完成后才可撤除。

c. 清洗过滤网：玻璃纤维过滤网用清水冲洗，如有特别难洗的污渍，可用中性洗涤液温水溶液浸泡，以彻底清除纤维上的污渍。过滤网框体用毛巾和洗涤液擦拭，再用清水冲洗干净。

金属丝网过滤器用清水冲洗，用尼龙板刷清除网格间的灰尘与污垢，如有油渍，则用弱碱性溶液刷洗，再用清水冲洗干净。

d. 清洗翅片：空调机组翅片清洗需要打开盘管段上盖板，取走回风段过滤器后，也可以看到翅片的侧面。

目测翅片的脏污情况，如果翅片不是很脏，则用气枪套高压软管，从翅片顶部向下把高压气体送入翅片间，高压气体的反作用力可使高压软管在翅片缝隙间做无规则运动，同时，翅片上的灰尘也被高压气体吹走或松动，然后再用水从翅片顶部向下冲洗，吹走或松动的灰尘顺水流流向凝水槽，污水排至排水管，逐根翅片反复清洗。用同样的方法，在翅片的侧面进行清洗。

如果翅片很脏，用高压气体和水不能清洗干净，则在上述清洗过程之后，再用铝翅片清洗剂溶液对翅片进行喷洒，喷洒后3~5min用清水冲洗，冲洗后翅片即显现出金属光泽。

e. 清洗风机：风机表面浮尘先用吸尘器吸取，黏附在叶轮上的积尘则用刷子刷，再用湿抹布擦去刷下的灰尘，直至叶轮表面无浮尘。风机的壳体和支座用水擦洗，遇有顽固污渍则用洗涤液加水清洗。

f. 清洗电机：清洗电机前用防水薄膜把电机接线盒包裹好，防止进水引起短路。电机清洗主要是清洗外壳和支座，用吸尘器把表面浮尘吸走后，用抹布擦拭壳体和支座，直至干净光亮。电机清洗完毕后，取下接线盒上的透明塑料薄膜。

g. 清洗箱体：空调内部箱体清洗主要用水擦洗，在擦洗时要保护好箱体内的所有电路，在清洗空调机组外部箱体时，先把堆积在箱体上的杂物移走，再用吸尘器把壳体上的灰尘清除干净，最后用抹布擦拭一遍箱体外部。较脏时使用清洗剂清洗。

h. 安装过滤网：把清洗好晾干的过滤网逐一安装好。

i. 机组运行：在空调机组全部清洗完之后，检查箱体内有无遗留东西，在确保一切正常后，合上电源开关，运行空调机组，并填写清洗后机组运行记录表。

（4）风机盘管清洗、消毒与维护

根据现场末端设备各种不同情况，施工单位技术员会采用以下几种清洗方法达到最好的清洗效果：

① 清洗方式：干式清洗法（用于风机盘管电机、叶轮、叶壳不易拆洗的）。

需用设备：末端设备清洗消毒机、高效吸尘机、集尘罩。

清洗前将现场用专用膜覆盖，做好工作区域的防尘隔离，清洗前测风速并拆卸送回风口及过滤网送清洗。

伞形除尘袋或用无纺布封堵以防灰尘滑落固定至风口处，除尘口底部连接高效负压吸尘器。

卸下过滤网，正确安装末端设备清洗消毒机，且检查运作确认无误后，由工人根据高度调整工作位置至合适距离，打开高效负压吸尘器，开启末端设备清洗消毒机。

将末端设备清洗消毒机机口对准涡轮 A 口仔细喷吹至强大的旋涡气流进入盘管，将翅片上的灰尘从翅片缝隙中吹到负压送风管，灰尘通过出风口被收集到吸尘器内，再以同样的方式在 B、C、D 涡轮口向盘管内喷吹；反之将末端设备清洗消毒机从出风口伸入，对着盘管正面翅片进行喷吹（图 9-7）；使用高效吸尘机和清洁抹布将涡轮、风叶、电机、回风箱内清洁干净。

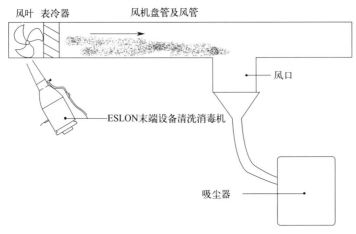

图 9-7　风机盘管及风管清洗

清理冷凝水盘，凝水盘内的灰尘和淤泥先用铲刀刮掉或刷子刷掉，然后用清水冲洗积水盘。最后根据客户需要在积水盘内投放药物。

整体消毒后，将清洗干净的送回风口及过滤网安装好并调整出风阀门，测清洗后风速。

注：干式清洗法是目前国内外较先进的清洗方法，特别针对因特殊原因造成风机盘管无法拆卸清洗的情况，适用于冬季，因为冬季供暖翅片上灰尘干燥蓬松，灰尘从翅片缝隙吹到

风口，全部被高效负压吸尘器收入，工作效率既快又好，省时省力且可降低成本。

② 清洗方式：干湿混合式清洗法（用于风机盘管电机、叶轮、叶壳不易拆洗的）。

需用设备：高效吸尘机、引擎清洗枪、静音空压机。

清洗前将现场用专用膜覆盖，做好工作区域的防尘隔离；清洗前测风速并拆卸送回风口及过滤网送清洗。

拆除涡轮固定螺丝，先用引擎清洗枪通过送风口到正面翅片位置对翅片进行喷射，然后松开涡轮引擎清洗枪通过间隙进入反面翅片位置，勾兑一定比例的铝翅片清洗剂溶液对翅片进行喷洒，5～15min后，用清水冲洗。

使用专用喷吹除尘设备、引擎清洗枪接空压机及水源进入涡轮透过风叶间隙对涡轮、风叶来回清洗，冲洗时保护好电机，冲洗时水量尽量小，以免水溢出凝水盘滴向顶棚，造成顶棚装饰损坏。

清洗完成后安装好电机、涡轮、风叶后运行风机盘管，确保电机运转正常。

清理冷凝水盘，凝水盘内的灰尘和淤泥先用铲刀刮掉或刷子刷掉，然后用清水冲洗积水盘。最后根据客户需要在积水盘内投放药物。

整体消毒后，安装清洗干净的送回风口及过滤网并调整出风阀门，测清洗后风速。

③ 清洗方式：彻底湿式清洗法（用于风机盘管电机、叶轮、叶壳易拆洗的）。

需用设备：高效吸尘机、引擎清洗枪、静音空压机、高压水枪。

清洗前将现场用专用膜覆盖，做好工作区域的防尘隔离，清洗前测风速并拆卸送回风口及过滤网送清洗。

将风管盘管大底板连着的电机、涡轮、风叶拆下，做好记号送清洗点清洗。

勾兑一定比例的铝翅片清洗剂溶液，用喷壶把溶液洒向电机风箱和翅片表面，5～15min后，使用引擎清洗枪用清水将翅片冲洗干净。

将清洗好的电机、涡轮、风叶安装好后运行风机盘管，确保电机运转正常。

清理冷凝水盘，凝水盘内的灰尘和淤泥先用铲刀刮掉或刷子刷掉，然后用清水冲洗积水盘。最后根据客户需要在积水盘内投放药物。

整体消毒后，安装清洗干净的送回风口及过滤网并调整出风阀门，测清洗后风速。

④ 系统消毒及预防二次污染措施：采用专用机器人设备对风管进行消毒，对于消毒机器人无法进入的部位采用电动气溶胶喷雾器进行消毒。消毒时应选择合适的消毒剂，金属管壁首选季铵盐类消毒剂，非金属管壁首选过氧化物类消毒剂。

常见消毒剂的使用方法如下：

a. 季铵盐类消毒剂：适用于风管、空气滤清箱、盘管组件、冷凝排水槽、净化器、风口、空气处理机组、表冷器、加热（湿）器、风机、过滤网、过滤器等金属或非金属表面的预防性消毒。

使用时稀释20倍，采用喷雾、擦拭或浸泡方法，使表面完全湿润，作用10～30min。

b. 过氧化物类消毒剂：适用于非金属表面或不再重复使用物品的预防性消毒，已经或可能受到致病微物污染时的消毒。

使用时严格按使用说明书的作用浓度、时间与配制方法进行操作，可采用喷雾、擦拭、浸泡等方法，使表面完全湿润，作用至规定时间。

消毒过程中产生的废弃物按以下原则处理：

a. 严格遵守有关的安全规定及制度，采取有效措施保证清洗施工人员及建筑物内人员的安全，保护好环境。

b. 从空调系统消除出来的污染废弃物全部有效收集，不漏、不散落，妥善保存，轻拿、轻放，不造成二次污染。对消除出的积尘和固体废弃物及时进行密闭封装。收集起来的污染废弃物运送至指定地点，先消毒后进行处理。

c. 积尘消毒方法：用有效氯含量为 1000~2000mg/L 的含氯消毒溶液直接浇洒在积尘上至其完全湿润，作用 1~2h。

d. 污水消毒方法：按 50mg/L 有效氯用量将含氯消毒剂加入水中，并搅拌均匀，作用 2h 后排放。

e. 冷凝水盘清洗过程中排放的污水需要用专用容器进行收集，收集后的污水用有效氯含量为 1000~2000mg/L 的含氯消毒溶液作用 2h 后排放。

f. 废弃滤网、空气滤清器等不重复使用的固体废弃物应在拆卸后使用具有卫生部卫生许可批件的过氧乙酸消毒剂进行消毒，消毒后用塑料布进行有效包裹后进行集中处理。

存在微生物污染、严重危害物、重要设备房间的各类建筑应采取以下特殊隔离措施，尤其是大型公共场所建筑通风系统的清洗。

a. 保护性覆盖：应对超出作业区的室内地板、设备和家具进行覆盖。

b. 作业区隔离：应对作业区的地板、四周及顶棚采用 0.15mm 防火聚乙烯或其替代物进行隔离，隔离物的衔接处应严格密封。

c. 负压：隔离区域应保持负压。负压可阻止尘粒扩散出隔离区。负压装置排出的气体应经过高效空气过滤器过滤，并通过负压装置直接排出室外，或采用可靠的高效空气过滤器装置。

d. 隔离拆卸：在移动或拆卸隔离物之前，应对其表面进行湿式擦拭或用高效空气过滤真空装置清扫。

e. 二次污染控制：应对从通风系统中除掉的污染物进行封装，以防止交叉污染，并应按照相关的国家或地方规定进行分类处理。

f. 作业区空气净化措施：在对集中式通风系统进行清洗消毒工作时必须对周围空气进行清洁净化，以防止污染物扩散到建筑物的其他区域。用于减少室内空气颗粒的空气净化器必须采用对于 $0.3\mu m$ 颗粒的吸尘效果高达 99.97% 的 HEPA 过滤装置。空气净化必须在工作区域每小时进行 6 次空气交换。将作业区室内尘粒浓度降低 GB/T 18883 规定的要求。

g. 设备及污物的防护处理：清洗过程中用过的真空吸尘设备在改变位置或者从系统中卸下时都应预先密封。清洗人员在做好自身保护的前提下（穿防护服、戴绝缘手套、口罩、眼罩等），用垃圾收集袋封好吸尘器口，确保不漏，轻轻抖动，把真空吸尘器内的污染物及过滤网上的污染物收集到垃圾袋中。将密封好的真空吸尘器过滤网送入除污房或者负压隔离区打开，并进行彻底的清污处理，除污房内的污物经消毒后放入垃圾箱处理，设备及时消毒备用。

h. 出现污染时的应急措施：当现场出现作业环境污染时，项目经理应马上停止施工，立即通知公司总部和甲方，公司总部和甲方应立即通知卫生行政部门，卫生行政部门到施工现场与甲方、施工方一起，查找污染原因，消除或控制污染；当污染被彻底清除或控制以后，经卫生行政部门审核评估后，由卫生行政部门向施工方和甲方发出允许继续施工的复工通知，施工才能继续进行。

集中空调清洗工艺规范可参考表 9-1。

表 9-1 集中空调清洗工艺规范

清洗部位	作业程序	说明
主风管	作业环境保护	对作业环境进行防护处理
	分段清洗	根据清洗机器人行进的最大长度,对风管进行逐段清洗
	关闭风处理机、风阀	作业前由指定人员关闭相应的风处理机和风阀
	拆洗散流器	卸下的散流器放入清洁袋,送至指定清洁区,进行集中清洗,洗净后的散流器仍应装入保洁袋送回作业区,以便复原(可防止二次污染)
	开切作业孔	离空调机组的主风管(10~20m)两端,打开吊顶,揭下管道处的保温棉,开切作业孔
	Y形负压清洗机器人摄像	用摄像头观察管内状况并刻入光盘
	清洗、吸尘	利用作业孔,放入Y形负压清洗机器人进行全面清洗,开启高效真空吸尘器工作。后用负压软轴清洗机对内壁隐秘处进行高速刷洗,清洗的同时高效真空吸尘器进行吸尘作业。清洗过程中可通过摄像头对工作段全面监控,并刻入光盘
	质量确认	整组风管清洗完成后,对该风管清洗质量进行验收
	消毒	风管已清洗的部分用低噪声喷雾消毒器以雾化状均匀喷洒专用消毒剂,彻底消毒
	封闭作业孔	用镀锌铁皮、密封垫圈将原切开之作业孔铆合复原,并用铝箔胶带密封切口接界面,同时复原保温层
	主风管的延续清洗	在距离原作业孔10~20m处,新开作业孔,两孔之间为新清洗段,按以上方法进行新一轮清洗,以此类推,最后全部封闭复原所开的孔
	复原散流器	将清洗后的散流器复原
	作业环境整理	对作业现场环境进行全面清洁整理,使其恢复施工作业前状态
	垃圾处理	对施工作业中清洗出的灰垢、尘埃称重后进行消毒处理
	区域验收	由业主代表在区域验收单上签署验收意见
竖风管	开启作业孔与集尘孔	竖管的最高处开始往下10~20m处为作业区域,在作业区域的顶部与底部,各去除外表的装潢与保护层,开作业孔与集尘孔
	安放高效负压系统	底部集尘孔接入高效负压系统的吸尘管
	检测机器人预检	用摄像头观察管内状况并刻入光盘
	清洗、吸尘、消毒	同主风管
无风阀的支风管	作业区域	开新作业口,按设备清洗工作距离为清洗段
	摄像、清洗、消毒(注:此清洗作业是在同一区域的主管清洗前进行)	用摄像头观察管道内状况并刻入光盘
		用负压软轴清洗系统清洗。刷头在高速旋转的作用下产生向前的推力,沿着管道内壁旋转运动,使尘埃被边刷松边吸入高效吸尘器内
		清洗完成喷雾专用药水消毒并录像
	验收、复原	同主风管
有风阀的支风管	作业区	将支管和主管交接处的端口关闭风阀,拆下风口,风阀与风口间为清洗段
	摄像、清洗、消毒	用摄像头观察管道内状况并刻入光盘
		Y形负压清洗系统与负压软轴清洗系统配套,高速旋转清洗,通过负压集尘,真空吸尘完成集尘作业
	验收、复原	清洗完成喷雾专用药水消毒,并录像、验收、复原操作同主风管
可拆卸风机盘管	关闭风机盘管	由业主代表关闭相应的风机盘管电源
	清洗送风口与过滤网	打开回风口,卸下过滤网及回风口,装入保洁袋送指定区进行集中清洗,洗净后,仍装入保洁袋送回作业区,以便复原
	清洗回风管	用多功能末端清洗系统吸尘清洗
	清洗电机和叶轮	拆卸电机和叶轮,将叶轮、电机装入保洁袋,送指定区域集中清洗(叶轮水洗,电机干洗)。洗净后,仍装入保洁袋送回作业区,以便复原

续表

清洗部位	作业程序	说明
可拆卸风机盘管	清洗翅片	用专用清洁剂和清水对暴露处的翅片进行清洗
	清洗凝水盘	疏通排水管,将凝水盘中的积水排尽
	放置菌藻片	在凝水盘中,置入菌藻片,抑制藻类生物的滋生
	复原	复原电机、叶轮、过滤网及回风口
	验收	经业主代表验收后,签署区域验收单以上每一环节均拍照,录像刻入光盘
	备注	以上每一环节均拍照,录像刻入光盘
不可拆卸风机盘管	关机	切断相应风机盘管的电源
	清洗送风口与过滤网	卸下回风口、过滤网和送风口,装入保洁袋送指定区进行集中清洗,洗净后,仍装入保洁袋送回作业区,以便复原
	安装多功能末端清洗系统	在送风口安装伞形罩下端并连接吸尘管
	吸尘	用多功能末端清洗系统先吸净将叶轮可见部分及回风管内部的尘埃
	清洗翅片	然后使多功能末端清洗系统产生强气流吹向叶轮,通过叶轮高速旋转将气流带入盘管内部,强气流会将翅片上尘埃吹走,尘埃经风管到送风口,进入伞形罩被高效吸尘器收集
	消毒	对已经清洗部分使用专用消毒药水进行全面喷雾消毒
	确认质量	业主代表确认清洗效果
	验收	业主代表签署区域验收单,如遇不规范系统,无法开启检修门的,双方协商解决验收方法
	备注	以上每一环节均拍照,录像刻入光盘
AHU、PAU空调机	关机	由业主代表关闭相应的变风量空调机电源
	清洗过滤网	打开空调门,卸下过滤网,装入保洁袋,送指定区进行集中清洗,洗净后,仍装入保洁袋送回作业区,以便复原
	电机、传送皮带保护	拆卸传送皮带,密封电机,防止受潮
	清洗翅片。加温器及箱体内表	用专用清洗剂和清水清洗翅片、加温器及箱体内表面
	清洗凝水盘	疏通排水口,清洗凝水盘,将积水排尽
	放置菌藻片	在凝水盘中,放置菌藻片,抑制藻类生物的滋生
	复原	复原过滤网、传送皮带
	清洗机箱外壳	用去污剂及清水清洗机箱外壳
	验收	经业主代表验收后,签署区域验收单
	备注	以上每一环节均拍照,录像刻入光盘

⑤ 清洗设备:清洗所需主要设备技术参数见表9-2。

a. 高效负压清洗机器人及检测机器人(图9-8)。

图9-8 清洗机器人及检测机器人

负压除尘式机器人可通过调节顶刷高度,清洗不同管径的风管;底部的清洗除尘一体部件外接高真空除尘设备,可使清洗除尘一次完成。清洗机器人载有广角夜视侦察眼,通过管外控制箱的远程控制,可直接监控整个清洗过程,并操纵机器人避开障碍物。

b. 支路管路清洗辅助设备(图 9-9)。人工操作的机器人清洗辅助设备可用于长度较短相对复杂的支路及扁小管道,除尘旋转毛刷可根据管道大小加以选择,能彻底将管内污物清除干净。该设备使用单阶段电流,在无滤器情况下最大吸风量是 $370m^3/h$。真空吸尘器能够彻底移除管道内最顽固的灰尘,除尘头部分自带各种规格的电动刷,用于配合不同的管道尺寸,并可选配监视系统和照明系统,远距离工作时亦可外接高效负压吸尘器以提高清洗效果。在清洗距离小于 15m,且管道截面高度为 80~260mm 时该系列可单独使用。

图 9-9 支路管路清洗辅助设备

表 9-2 主要设备技术参数

参数	检测机器人	负压式软轴清洗机	末端设备清洗机	清洗机器人
设备尺寸 (长×宽×高)	375mm×200mm×160mm			375mm×200mm×170mm
管内电压	DV 24V±10%			DV 24V±1%
电源电压	DC 12V±10%	AC220V	AC220V	
矩形管道清洗高度/mm	180~400			180~400
矩形管道最小清洗宽度/mm	230	80		250
工作半径/m	30	2~15		20
工作速度/(m/min)	0~15,连续可调	软轴机刷头转速 200~500r/min,连续可调		0~15,连续可调
越障能力	能够越过高 40mm、坡度>42°的障碍			能够越过高 40mm、坡度>40°的障碍
监控范围	水平视角 360°、俯仰视角 180°			水平视角 360°、俯仰视角 180°
图像清晰度	480 线			480 线
工作温度/℃	−20~50	−20~50		−20~50
刷头扭矩		5~20N·m,连续可调		
吸尘器风量		大于 160m³/h		
工作噪声/dB		小于 85		
功率/kW		<2.5	1.2	
喷射量			0~1.5L/min	
雾化率			99.9%	

(5) 验收标准及方法

① 风机盘管：清洗后设备内壁及表面目视清洁，无明显脏污，过滤网干净无尘，排水畅通。

空调风管：清洗后达到国家标准，即目视清洁（风管内没有碎片和黏结物）、称重达标（风管内表面残留尘量≤1.0g/m²）。

检验方法：将磁性取样框贴在风道内表面检测位置上，用无纺布擦拭取样框所包围的风道表面，然后通过无纺布擦拭前后的质量差对风道清扫效果和风道内的污染情况进行评定。

判定指标：残留尘粒量应在1.0g/m²以下。

② 管道内细菌、微生物的检测：使用空气微生物采样器（撞击法）采样后，检测结果必须达到国家卫生标准，致病菌不得检出，其他微生物杀灭率不低于90％。

(6) 后期维护工作

① 施工完成后，送由权威部门专业检测人员对本次清洗效果进行检测和评估，并出具检测报告；

② 每个系统施工完成验收后，根据需要在相应部位安装视觉检测观察器，以方便随时跟踪监测风管内积尘状况；

③ 每三个月可派遣检测机器人进行全面直观的风管内积尘量跟踪检测，并提供检测的影像资料。

9.1.1.2 室内空间甲醛净化治理

室内空气污染的成因，因装修工艺的复杂而多样性，其治理流程见图9-10。净化处理工作开始前，施工方使用自有且符合标准《民用建筑工程室内环境污染控制规范》（GB 50325—2020）和《住宅设计规范》（GB 50096—2011）的专业空气质量检测仪与取样方式，对 GB 50325—2020 提及的几项指标进行抽样自测（图9-11），并向酒店方出具空气质量初测结果。

根据检测结果，采用独创的催化-渗透-保护综合治理工艺，打造优等室内空气，治理工艺介绍如下：

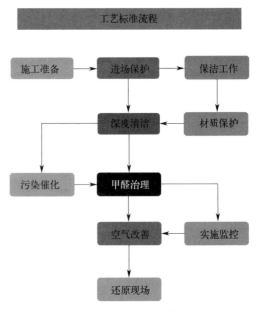

图9-10 室内空气污染治理流程

① 催化工艺。

a. 生物酶催化工作：采用进口生物酶催化剂释放源进行催化作业，需要密闭1～2h，然后外力通风持续72h，通过通风降解，让表层污染物快速释放。

b. 快速催化工作：采用原子氧技术进行催化，快速将污染源浅表层的污染物一次性清除。

c. TVOC催化工作：采用进口TVOC催化剂催化，催化后打开所有门窗和柜门及抽屉进行通风，通风将持续72h。

② 渗透工艺。采用进口甲醛治理剂进行渗透，让药剂和污染源共生达到分解甲醛和吸附苯系物、吸附TVOC的目的（图9-12）。

图 9-11 现场检测

图 9-12 渗透工艺

③ 保护工艺。对柜子、地板等局部高释放区域采用纳米高效吸附剂进行保护，进一步降低污染物的释放（图 9-13）。

图 9-13 治理环境保护

结束平衡治理工艺后，在合格治理的基础上，采用公司独有的空气洁净技术进行空气改良，对空气中的病毒、污染物以及异味进行改善处理。

经过 10 天的空气治理后，第三方检测结果显示各项指标均达到标准要求。

施工方完成空气净化后复测后 5 个工作日内，出具复测结果与验收报告书，并提交至酒店方，酒店方签字确认后，视为完成该酒店的空气净化服务验收工作。

本次室内空气治理所采用的治理产品，都是从植物、花卉中提取的有效植物成分和从有机生物中提取的特殊蛋白酶，通过复配工艺研制而成，产品主要成分为天然生物蛋白酶、混合植物液、香料、无害性阴离子、蒸馏水等，详见表9-3。

表9-3 产品介绍

序号	产品名称	产品功效
1	TVOC催化剂	催化TVOC等污染物
2	除醛剂(渗透型)	去除甲醛等污染物
3	除醛剂(反应型)	抗菌、防霉、除甲醛、除TVOC四重功效
4	保护剂	封闭阻断污染物，抑制游离甲醛，吸附、捕获、锁定、持续分解有害气体
5	改良剂	快速祛除异味，去甲醛、苯，同时产生负氧离子
6	祛味剂	快速吸附空气中的异味分子，并加以分解和消除
7	负氧离子	改善肺功能、改善心肌功能、促进血液循环、促进新陈代谢、缓解呼吸道疾病、增强机体抗病能力

9.1.2 医院

医院人员密集，病人众多，细菌种类多，浓度高，是交叉感染的高发区；医院内各种气味混杂，需要保持良好的通风。医院的空气质量，不仅直接关系病人的治疗和康复，而且与医护人员以及病人家属在内的社会人群的健康也有着密切联系。因此，良好的空气环境，已经成为病人治疗疾病、降低交叉感染、保障医护人员健康、促进医院可持续发展的必要条件。

医院的门诊大厅、候诊室、住院部等公共区域，人员密集且混杂，空气中流动着细菌、病毒、粉尘等，这些物质经过混合后在空气中流动，与病人携带的病菌相互交叉扩散，容易发生交叉感染；医院的创伤室、传染病房等特殊区域，对空气的洁净度有很高的需求，且需要及时的空气反馈；医院的医疗废弃物、患者的排泄物和分泌物含有大量致病细菌，造成微生物污染；医院使用的中央空调很难彻底清洗，积蓄的灰尘在封闭环境下容易滋生细菌、病毒，并且通过空调内循环输送到不同区域，对医院人员的健康造成威胁。

结合医院各个功能区的特殊性，集合室温控制、室内新风、空气消毒、空气净化、空气检测、消除异味多功能，全面解决细菌、病毒交叉感染、新建医院甲醛超标，异味等问题；同时提供"环控云"数字平台，实现医院空气环境的实时检测、实时治理，保障医护人员、病人及家属的呼吸安全。

9.1.2.1 治理环境与污染物特点

（1）治理环境特点

医院作为收治患者的诊疗场所，具有人流量较大、患者多、患者患感染性疾病状态不明、易感人群多、诊疗操作多、室内布局复杂等特点，是感染预防与控制的重点场所。

① 人流量大。综合性三甲医院单日门诊量一般能达到数千人次，最高单日有超过一万人次的记录，而年门诊量更是能达到惊人的数百万人次。巨大的人流量造就了医院独特的室内环境，人员拥挤、流动性大，驻留时间从数小时到数十天不等，均能显著影响室内空气质量。

② 患者患感染性疾病状态不明。患者在进行病原学检测前，感染状态不明，其中不乏感染性疾病的患者。在这些患者中，部分因感染病原体出现症状而来院就诊，易于被诊断或

隔离。但仍有部分患者处于潜伏期或者为病原携带者，并未出现相应症状，除非进行特定病原体感染检测，否则很难发现。此外，一些享有盛名的综合性医院或者专科医院，更容易吸引来自全国各地的患者前来就诊，有些患者可能来自自然疫源性传染病的疫区并携带特定病原微生物，如来自牧区的患者可能为布鲁氏菌的感染者，一旦进入医院并感染他人，医院将成为传播链上的中转站，被感染者回到当地后又可能在当地造成传染病的传播。

③ 易感人群多。在来院就诊患者、陪同家属、医护人员及工勤人员等在院人员中，除已接种特定疫苗具备免疫力的人群外，其他人群普遍容易受到病原体的侵袭。如因飞沫传播导致的甲型流感感染、因针刺伤导致的乙型肝炎病毒或丙型肝炎病毒感染、因接触导致的金黄色葡萄球菌感染等等。

④ 室内布局复杂。医院建筑以门诊部、住院部、辅助功能楼栋为主，一般在不同楼栋内会设置不同科室/部门以满足临床诊疗需要，如内科、外科、妇产科、儿科等科室门诊及住院部。同楼层内可能分布不同科室、护士台、配药间、办公室、茶水间、卫生间等，错综复杂的布局、各类诊疗设备及病床等设施，对室内气流的流动与走向均有一定影响。此外，医院内的通风管道/系统也可能因空气凝结的水分及空气中的灰尘而成为微生物滋生的温床。

（2）污染物特点

医疗机构室内空气微生物污染物以各类细菌、病毒等微生物为主，来源广泛、种类多样。

① 病毒。医院内病毒来源主要为人体携带、生物组织携带及相关组织体液污染物品。来院就诊患者、陪同家属及医护人员等均可能成为病毒的携带者或感染者，通过咳嗽、打喷嚏、说话等动作将病毒排出体外，通过飞沫或气溶胶在医院室内环境内传播。此外，医院内的一些诊疗操作，如吸痰、气管插管等，也可能将病毒引入室内空气中。病毒在离开人体细胞、组织后，一般很难在外环境中长时间存活，易被紫外线、化学消毒剂等杀灭，干燥环境、较高温度也不利于病毒的存活。

② 细菌。除采取空气洁净技术或消毒措施的环境外，细菌广泛存在医院各类科室的各类环境中，如诊室、病房、病历夹、水龙头、监护仪面板等物体表面及室内空气中。其来源比较广泛，既有医院室内环境本来就存在的，也有人体呼吸道或体表皮肤定植的，还有通过室外空气或外来物品进入医院内后弥散到空气中的。

研究显示，医院门诊及病房空气中细菌以革兰氏阳性菌为主，如葡萄球菌、链球菌、大肠杆菌、肺炎双球菌等。这些细菌在通常情况下不会引起疾病，但在人体免疫力低下或患有其他疾病情况下，有可能导致感染。除此之外，医院中细菌还存在耐药的问题，如耐甲氧西林金黄色葡萄球菌、耐万古霉素肠球菌、产超广谱 β-内酰胺酶肠杆菌等细菌从患者体内排出后，多通过接触传播感染其他人。

③ 真菌。除病毒、细菌外，医院室内空气中可能还会有真菌、真菌孢子等微生物。一项在医院开展的调查显示，医院室内空气中真菌以青霉属、分枝孢子菌属、曲霉属及链格孢属为主。医院感染预防控制重点科室如未对空气进行科学处理（如定期开窗通风、紫外线照射消毒等），患者一旦吸入空气中的真菌，则有可能导致医院感染事件的发生，严重时可能导致暴发疫情。

9.1.2.2 环境净化治理

医院空气净化治理方案需要结合医院具体情况和需求进行制订：

① 了解医院的空气质量状况：首先需要对医院内部的空气质量进行测试和评估，了解当前的污染源、污染物种类、污染物浓度等情况。针对不同的污染源和污染物，采用不同的净化技术和设备，比如 HEPA 过滤器、UV-C 灯等。

② 制订空气净化方案：根据空气质量测试结果和医院的需求，制订适合医院的空气净化方案。方案应包括空气净化设备的种类、数量、放置位置、使用时段等细节，同时需要考虑成本、使用寿命、能耗等因素。

③ 安装和调试空气净化设备：根据空气净化方案进行空气净化设备的安装和调试。在安装过程中需要注意设备的接线、固定和检查等细节，同时根据设备的使用说明进行调试和优化，确保设备能够达到预期的净化效果。

④ 定期维护和保养：医院空气净化设备需要定期进行维护和保养，确保设备的正常运行和净化效果。维护和保养内容包括更换过滤器、清洗设备、检查设备运行状态等。

⑤ 监测空气质量和净化效果：医院需要定期监测空气质量和净化效果，检查设备的运行状态和净化效果是否达到预期。如果发现设备存在故障或净化效果不佳的情况，需要及时进行修理和调整。

⑥ 培训医院员工：医院的员工需要了解空气净化设备的基本原理和操作方法，以便在日常工作中能够正确使用和维护设备。医院应对员工进行培训，提高员工对空气净化的认识和能力。

总之，医院空气净化治理方案需要针对具体情况进行制订，全面考虑设备的种类、数量、放置位置、使用时段、维护保养等方面，确保设备能够有效地净化空气，提高医院空气质量。

9.1.2.3 空调净化治理案例

（1）工程概况

曙光医院西院（图 9-14）消毒面积 36975m^2，分为以下三个区域：

图 9-14 曙光医院西院

① 污染区：住院楼（地下一层至 17 楼）19558m^2，制剂楼 500m^2；
② 半污染区：急诊楼、门诊楼；
③ 清洁区：医护工作人员办公、生活区，行政楼。

为提高医院室内空气质量，有效降低疾病的传播风险，需定期对空调通风系统清洗、消毒以及指定区域环境展开卫生消毒服务，开展公共场所的预防性消毒、终末消毒，确保环境消毒工作按要求规范开展。

在综合考量该医院的实际情况（场所现状、区域分布、运行状态、空调通风系统实际情况如设备现状、分布、运行状态、管线走向等），并结合日常运行服务需求保障的基础上，为了满足医院高质量的运营服务需求，特制订以下空调通风系统清洗及终末消毒服务方案，以有效应对、切断病毒传播途径，预防和控制医院感染的发生，为患者和医护人员提供一个安全放心的就诊环境及工作环境。

（2）空调清洗验收规范及标准

空调清洗验收规范及标准见表 9-4。

表 9-4 空调清洗验收规范及标准

序号	规范、标准名称	规范编号
1	《空调通风系统清洗规范》	GB 19120—2003
2	《公共场所集中空调通风系统卫生管理规范》	DB 31/T405—2012
3	《公共场所集中空调通风系统卫生规范》	WS 10013—2023
4	《公共场所集中空调通风系统卫生学评价规范》	WS/T 10004—2023
5	《公共场所集中空调通风系统清洗消毒规范》	WS/T 10005—2023
6	《室内空气中细菌总数卫生标准》	GB/T 17093—1997
7	《室内空气中可吸入颗粒卫生标准》	GB/T 17095—1997
8	《室内空气质量标准》	GB/T 18883—2022
9	《通风与空调工程施工质量验收规范》	GB/T 50243—2016

清洗完成后应达到表 9-5 至表 9-8 列出的卫生要求。

表 9-5 新风量卫生要求

场所	新风量/[$m^3/(h·人)$]
办公室	≥30

表 9-6 送风卫生要求

项目	要求	项目	要求
可吸入颗粒物	≤0.12mg/m^3	β-溶血性链球菌	不得检出
细菌总数	≤500CFU/m^3	嗜肺军团菌	不得检出
真菌总数	≤500CFU/m^3		

表 9-7 风管内表面卫生要求

项目	要求
积尘量	≤20.0g/m^2
细菌总数	≤100CFU/cm^2
真菌总数	≤100CFU/cm^2

表 9-8 空调冷凝水卫生要求

项目	要求
嗜肺军团菌	不得检出

（3）施工准备

① 临时用电：安装临时用电，从指定的接线点接取电源。

② 临时用水：主要为风口及滤网的清洗用水，必须使用指定的水源，其他未经同意使

用的水源，禁止使用。

③ 临时用房：主要为清洗工具及材料的堆放，在指定地点存放，禁止乱堆乱放。

④ 清洗场地：在指定地点清洗风口及滤网，严禁使用厨房水池及卫生间水斗进行清洗工作。

(4) 现场保护

① 施工现场内所有物品均应做保护覆盖，覆盖物用塑料布或彩条布。

② 施工现场攀爬用梯子，不踩踏桌椅、柜台。

③ 现场设专人监护施工及看护物品。

(5) 设备清洗施工

① 风机盘管清洗工艺及流程：

a. 风口及回风滤网清洗。尼龙过滤网用清水冲洗，如有特别难洗的污渍沾在上面，用中性洗涤液温水溶液浸泡，以彻底清除纤维上的污渍。风口及过滤网框体用毛巾和洗涤液擦拭，再用清水冲洗干净。金属丝网过滤器用清水冲洗，用尼龙板刷清除网格间的灰尘与污垢，如有油渍，则用弱碱性溶液刷洗，再用清水冲洗干净。

b. 翅片清洗。打开盘管段盖板，目测翅片的脏污情况，如果翅片污染情况较轻，则用气枪套高压软管，从翅片顶部向下把高压气体送入到翅片间，因为高压气体的反作用力，导致高压软管在翅片缝隙间做无规则运动，同时，黏附在翅片上的灰尘也被高压气体被吹走或松动，然后再用水从翅片顶部向下冲洗，吹走或松动的灰尘顺水流流向凝水槽，污水排至排水管，逐根翅片反复清洗。用同样的方法，在翅片的侧面进行清洗。

如果翅片积尘情况较为严重，用高压气体和水不能清洗干净，则在上述清洗过程之后，再用铝翅片清洗剂溶液对翅片进行喷洒，喷洒后3～5分钟用清水冲洗。

c. 风机风轮清洗。风机表面的浮尘用吸尘器吸取，黏附在叶轮上的积尘则用刷子刷，再用湿抹布擦去刷下的灰尘，直至叶轮表面无积尘。风机的蜗壳和支座用水擦洗，遇有顽固污渍则用洗涤液加水清洗。

d. Y形过滤器清洗。关闭进出水管道阀门，Y形过滤器部位保温剥开，用固定扳手将盖拆开，滤网取出，清水冲洗干净后安装复位，打开阀门，拧开风机盘管排气阀进行排气，排完气后关闭排气阀，保温修复，清理干净接水盘中的异物，防止堵塞排水口。

② 风口清洗流程：

a. 关闭空调设备控制开关。

b. 拆下软连接和风管的连接，风口利用吸尘吸水机进行清洗。

c. 回风口滤网用专业清洗剂浸泡，然后清水清洁，毛巾擦干。

d. 待所有风口清洗完成，风干待安装前，用含氯消毒剂对回风滤网喷洒消毒。

e. 风口与软连接进行连接。

f. 风口安装需与吊顶密封。

g. 打开控制开关，打开门窗，开机运行通风模式。

h. 现场复位，清理污物，消毒后密封包装，按垃圾分类处理。

③ 空调风机清洗流程：

a. 电气控制箱清洁。切断外机电源，打开外机控制箱门，用万用表检测机组电源，确认电源断开后，用软毛刷扫除电气控制箱箱体内的灰尘，以及接触器、继电器等的灰尘；电脑板及控制板用吹风机吹风进行灰尘清扫，然后用吸尘器吸尘。

b. 风扇清洗。拆卸风扇罩壳，用软毛刷刷去扇叶表面浮尘，用湿毛巾对扇叶的正反表面进行擦拭，直至清洁。

c. 箱体清洁。空调机内部箱体清洗主要用水擦洗，在擦洗时要保护好箱体内的所有电路，在清洗空调机组外部箱体时，先把堆积在箱体上的杂物移走，再用吸尘器把壳体上的灰尘清除干净，最后用抹布擦拭一遍箱体外部。较脏时使用清洗剂清洗。密封好电气控制箱和电机部分，防止水分进入导致设备故障。

④ 空调箱清洗流程：

a. 过滤网清洗。打开空气处理机组的检修门，拆下空调箱（新风机）中空气过滤器的过滤网，如过滤网为金属材质，则采用清水加碱性洗涤剂清洗干净；如过滤网为棉布材质，则采用吸尘器进行灰尘清理。

b. 过滤段及翅片清洗。取出回风段上的空气过滤器，初效型在现场指定水房，用高压水枪冲洗，中效型用吸尘器吸掉积存在上面的尘土。对新风阀、回风阀的清洗，先用工业吸尘器吸掉风阀上过滤段区的尘土，再用高压水枪冲洗过滤段区四壁，然后用湿毛巾对新风阀、回风阀、过滤段区四壁擦拭干净。

翅片用高压水枪湿润，将配比浓度为5%～10%的碱性翅片清洗剂，用喷壶均匀喷洒按比例稀释后的清洗药液，待药液与尘土充分接触，待翅片内部的灰尘和污垢与清洗剂充分反应清出后，用高压水枪大量清水冲洗换热翅片，观察盘管组件翅片表面已清洗干净无污垢属合格。

先用刷子刷扫加湿段主机表面，用工业吸尘器收集尘土及垃圾。最后用湿毛巾对此区域内的四壁擦拭干净。

用工业吸尘器吸掉送风阀和送风段的尘土，然后用湿毛巾擦拭此段区。

c. 电机、箱体及涡轮的清洗。用透明塑料薄膜将电机接线盒及接线严密包裹，防止水进入导致电机损坏。主要清洗电机的外壳和支座，用吸尘器把表面浮尘吸走后，用抹布擦拭壳体和支座，直至干净光亮。电机清洗完毕后，取下接线盒上的透明塑料薄膜。如需要更换轴承，则使用专用拉马将轴承拉出后进行更换。

空调内部箱体清洗主要用水擦洗，在擦洗时要保护好箱体内的所有电路，在清洗空调机组外部箱体时，先把堆积在箱体上的杂物移走，再用吸尘器把壳体上的灰尘清除干净，最后用抹布擦拭一遍箱体外部及底座。

风机叶轮表面和蜗壳内部的尘土用吸尘器、清扫刷清扫干净。

d. 接水盘及排水管的清理。用湿布加清洁剂将排水槽擦拭干净，并在排水槽内加入杀菌灭藻片，最后检查排水口是否畅通，保证正常排水。

最后清洗机组内外表面，全部清洗工作完成后，使用消毒机按一定比例的消毒药剂进行消毒施工，关闭机组检修门。

⑤ 通风（新风）管道清洗流程：

a. 通风管道清洗前检查及准备工作。根据甲方提供的图纸和资料，依据单楼层机组送风管规格、布局情况，按照机组分区域、风管（15m以内）分段清洗的原则，对空调风管系统检查，确定施工工艺方案，方案应包括清洗设备、风管清洗距离、开孔位置、卫生防护措施、人员安排等。

清洗设备运至现场，接电试机并测试电压，设备最大用电量为220V/3kW；安排清洗区域内空气处理机组停机；施工现场铺设防尘布，在主风管管道下方预定的开孔位置架设人字梯,打开装修吊顶板,在主风管管道外保温底面距离,先用钢板尺、记号笔标定开孔位置及大小尺寸(开孔宽350mm,长550mm)。

用壁纸刀沿划线方向将风管外保温棉切开方孔,切下的保温棉块另行保存,风道清洗孔复原时待用;用钢板尺、记号笔在铁皮风管上标定开孔位置及大小尺寸,用电剪刀冷切剪开清洗工艺口(宽300mm,长480mm),同时需要在空调布局图上注明开孔位置。

检测机器人探测头跟踪拍摄风管内的环境污染及风管损坏情况,做清洗前检测录像,以便指导施工。

b. 通风管道清洗流程。管道清洗前首先对施工现场进行保护:地面铺彩条布或塑料布,其他物品用防护布覆盖,然后进行清洗的各项工作。

关闭新风机组上的风量调节阀。由于营业厅比较高,清洗管道时,需借助云梯或脚手架将顶部风口封堵。根据现场施工的难度,将主风管分割为最适合施工的若干部分,并在适当的地方开若干操作孔,先用检测机器人检查录像,然后用气锤机器人进行分段清洗。

清洗完成后再次对风道检测录像,达到要求后,复原所有部件,开口部位安装检查门。

顶部风口的清洗需借助登高梯或脚手架,用吸尘吸水机进行逐一清洗。

各楼层软连接和风口的清洗:拆下软连接和风管的连接,利用旋转气锤和吸污机进行清洗;风口利用吸尘吸水机进行清洗。

所有风管清洗完毕后,恢复各种操作孔和风口,验收合格后进行下一系统的清洗。

c. 水平布局的风管清洗步骤。开启吸尘主机后,用电动软轴毛刷设备通过各出风口先期完成对清洗区域内所有支风管的逐个清洗工作;然后将电动软轴毛刷放入主风管道内完成主风管道的粗清洗工作;最后将清扫机器人放入主风管道内完成主风管道的精细清洗工作。

将检测机器人放入主风管道内做清洗后检测录像,检测距离为20m左右;

d. 竖向布局的风管清洗步骤。竖向风管主要采用分段清洗工艺,即一端用强力清洗软轴或气鞭设备进行扬尘清扫,另一端接强力吸尘设备进行吸尘处理。

竖向管道分段距离以12~15m长度进行开孔堵分段,从上向下进行分段清洗。

如竖向管道规格超过1200mm×500mm,则需安装两台强力吸尘设备进行吸尘作业。

e. 特殊风管清洗步骤。遇特殊风管工程时,如开孔难度较高、开孔数量较大的工程,即装修较豪华的死吊顶、风道标高3.5m以上、风道材质特殊无法按正常工艺清洗(如内保温管道、超级岩棉板管道、软管连接管道等)、风道规格大于1000mm×550mm、出风口无法封堵等情况,均采用近地吸尘清洗工艺完成。

先用吸尘型清扫机器人在风道底面做近地吸尘处理;风管两侧及上壁则采用强力清扫软轴进行清扫落灰,待灰尘都落到风管底面后,再用吸尘型清扫机器人对风道底面落灰做近地吸尘处理。

狭小的风道内,清扫机器人体积过大进不去,就要使用吸尘型软轴清扫扬尘,同时进行吸尘处理(清扫支风道)。

f. 风道开孔及装修石膏板吊顶板修复。准备规格为500mm×330mm、厚1mm的镀锌钢板补板,先在钢补板四边用手枪钻打8个直径为4mm的通孔,并在钢板四周粘贴厚5mm、宽15mm的密封胶条;把钢补板补在风管所开口处,再用8个$\varphi 4mm \times 15mm$的钢钉将钢补板与风道铆接,将所开口封闭,最后在钢补板接缝处四周加贴铝箔胶带进行二次密封(要求铆接紧密,密封牢固不漏风);最后将原切割下的待用风道保温板棉,重新放回原处，用铝箔胶带将原有保温棉切块粘贴复原（要求粘贴牢固，保温板棉不脱落）。

g. 清洗注意事项。每道工序施工前都应先做好现场保护后才可进行施工；每个空调通风系统必须有清洗前后的录像并编制归档，保证不漏洗，且清洗效果优良。

（6）消毒施工

① 工作目标。对指定区域内的空调设备及环境展开终末消毒服务，确保环境消毒工作按要求规范开展，达到提高室内空气质量、预防感染的目的。

② 组织结构。落实"人—物—环境同防"、切断病毒传播的有效途径，为进一步落实细化各项消毒工作举措，特组建环境消毒工作小组进行为期5天的消毒工作。

该工作小组负责日常消毒工作与管理，确保消毒工作安全有序开展。

③ 方案编制原则。

a. 终末消毒：确定现场消毒的范围和对象，对可能受到污染的场所进行终末消毒。

b. 预防性消毒：做好室内自然通风和周边环境的卫生消毒工作，对重点环境及室内配套设备和物品（空调等）采用消毒剂进行消毒、室外空气及空旷区域环境等无需进行消毒。

④ 消毒验收规范及标准如下：

《中华人民共和国疫源地消毒总则》（GB 19193—2015）；

《过氧化氢消毒剂卫生标准》（GB 26366—2021）；

《公共场所集中空调通风系统清洗消毒规范》（WS/T 1005—2023）；

《公共场所集中空调通风系统卫生规范》（WS 10013—2023）；

《集中空调通风系统清洗行业技术管理规范》（SB/T 10594—2011）；

《通风空调系统清洗服务标准》（JG/T 400—2012）；

《医院消毒卫生标准》（GB 15982—2012）。

⑤ 消毒药剂及器械。

药剂：采用过氧化氢消毒剂、二氧化氯消毒剂及含氯消毒剂。

器械：超低容量喷雾器、常用喷雾器。

防护工具：防护服、护目镜、橡胶手套、防护面罩、N95口罩等。

辅助工具：抹布、拖把、湿巾、量杯、量筒等。

⑥ 个人防护。

a. 个人防护用品（二级防护）。一次性防渗透连体防护服、一次性工作帽、医用防护口罩/N95防护口罩、护目镜、一次性防护面屏、一次性乳胶/丁腈手套、一次性防水靴套、防水胶鞋、免洗手消毒液、医用垃圾袋、垃圾桶等。

b. 防护用品穿戴顺序。去除个人饰品，对手部消毒，戴一次性工作帽、医用防护口罩、护目镜、一次性防护面屏，穿一次性防渗漏连体防护服、一次性防水鞋套，戴一次性乳胶/丁腈长手套。

c. 防护用品脱卸顺序。手消毒，脱手套；手消毒，脱防护服和鞋套；手消毒，摘护目镜；手消毒，摘医用防护口罩；手消毒，脱一次性工作帽；手消毒。

⑦ 消毒施工方法。对空气、物体表面、地面、厕所、空调等进行彻底消毒，优先使用过氧化氢终末消毒机进行消毒。

a. 空气。空气消毒时，可密闭房间，密闭后应用$1\%\sim3\%$过氧化氢或500mg/L二氧化氯消毒液，按$20mL/m^3$进行气溶胶喷雾，作用1h；或使用过氧化氢干雾或气溶胶终末消毒机（配合相应的过氧化氢）进行消毒。

b. 地面、墙面。有肉眼可见污染物时，应先完全清除污染物再消毒。无肉眼可见污染物时，可用1%～3%过氧化氢、500mg/L二氧化氯或有效氯1000mg/L的含氯消毒液擦（拖）拭或喷洒消毒。地面消毒先由外向内喷洒一次，喷药量为100～300mL/m³，待室内消毒完毕后，再由内向外重复喷洒一次。消毒时间应不少于30min。

c. 环境物体表面。床头柜、家具、门把手、家居用品等有肉眼可见污染物时，应先完全清除污染物再消毒。无肉眼可见污染物时，可用1%～3%过氧化氢、500mg/L二氧化氯或有效氯为1000mg/L的含氯消毒液进行浸泡、喷洒或擦拭消毒，作用时间不少于30min。

d. 污染物（患者血液、排泄物、分泌物和呕吐物）。少量污染物可使用呕吐物应急处置包或一次性吸水材料（如纱布、抹布等）蘸取有效氯5000～10000mg/L的含氯消毒液（或能达到高水平消毒液的消毒湿巾/干巾）小心移除。

大量污染物应使用呕吐物应急处置包或含吸水成分的消毒粉或漂白粉完全覆盖，或用一次性吸水材料完全覆盖后，用足量的有效氯5000～10000mg/L的含氯消毒液浇在吸水材料上，作用30min以上（或能达到高水平消毒的消毒湿巾），小心清除干净。清除过程中避免接触污染物，清理的污染物按医疗废物处置。

e. 餐具消毒。隔离观察人员使用的一次性餐具及剩余的饭菜应收集在防渗漏的专业垃圾袋中，按医疗废物处置。

f. 衣服、被褥等纺织品。在收集时应尽量避免产生气溶胶，建议均按医疗废物集中处理。无肉眼可见的污染物时，若需重复使用，可用流通蒸汽或煮沸消毒30min；或先采用有效氯500mg/L的含氯消毒液浸泡30min，然后按常规清洗；也可采用水溶性包装袋盛装后直接投入洗衣机中，同时进行洗涤消毒30min，并保持500mg/L的有效氯含量；不耐湿或贵重衣物可选用环氧乙烷或干热方法进行消毒处理。

g. 卫生间。便池及周边可用1000mg/L二氧化氯及2000mg/L含氯消毒液擦拭消毒，作用30min。厕所门把手、水龙头等经常接触的部位，可用1%～3%过氧化氢、500mg/L二氧化氯或有效氯为1000mg/L的消毒液擦拭或喷洒消毒，作用30min后用清水擦拭去残留。

h. 床单元。床围栏、床头柜等有肉眼可见污染物时，先完全清除污染物再消毒。无肉眼可见污染物时，使用1%过氧化氢消毒湿巾擦拭消毒，作用30min。床内外表面采用1000mg/L的含氯消毒液喷洒消毒，作用30min。

i. 医疗仪器设备、诊疗物品。使用后的一次性物品，均按照医疗废物处置。复用医疗仪器设备、诊疗用品，就地在原清洗消毒场所进行清洗、消毒或灭菌。常用诊疗用品如血压计、听诊器、体温计等建议使用75%的酒精棉球或酒精湿巾擦拭消毒，也可使用1%过氧化氢消毒湿巾擦拭，作用30min后用清水擦拭去除消毒剂残留。

j. 办公用品和电子设备。使用1%过氧化氢消毒湿巾进行擦拭消毒，作用30min后，用清水擦拭，去除残留消毒剂。如涉及电子设备较多且复杂的情况，在开展空气消毒时将室内易腐蚀的仪器设备等完全遮盖好，待空气消毒完成后，再进行电子设备的消毒。

k. 地漏和下水。使用至少2L含氯消毒液（有效氯浓度达1000mg/L）对所有地漏、下水道进行冲洗消毒，作用30min后，再用清水冲洗去除消毒剂残留。

l. 空调。对患者居住或活动的房间做空气消毒时，单机空调应保持运转，直流式空调应关闭。

在对患者居住或活动的房间进行空气消毒处理后，应打开所有门窗，并将空调系统开至最大进行空气抽换并维持一段时间。

过滤器、过滤网应先消毒再更换。可用3%过氧化氢、1000mg/L二氧化氯或有效氯含量为2000mg/L的消毒液喷洒至湿润，作用30min。过滤器、过滤网拆下后应再次喷洒消毒，作为医疗废物处理。

所有通风设备和送风管路用1%～3%过氧化氢、500mg/L二氧化氯或有效氯为1000mg/L的消毒液喷雾或擦拭消毒，作用30min。

空调箱的封闭消毒可采用1%～3%过氧化氢或500mg/L二氧化氯消毒液喷洒后封闭60min，消毒后及时通风。

按照《公共场所集中空调通风系统清洗消毒规范》中的规定，消毒方法见表9-9。

表9-9 消毒方法

消毒对象	消毒剂	消毒方式	作用时间	消毒方法	消毒位置	杀菌
滤网	1%～3%过氧化氢消毒剂	利用过氧化氢的强氧化性破坏组成细菌的蛋白质，破坏病毒和细菌结构，杀死细胞，达到空气净化和消毒的目的	15～30min	浸泡	物表	√
风管内壁			30min	喷雾	物表	√
冷凝器			1h	喷雾	物表	√
风口			30min	喷雾	物表	√
空调末端设备			30h	喷雾	物表	√

m. 每次消毒结束后，填写终末消毒工作记录单。

⑧ 终末消毒过程评价和效果评价。

a. 由消毒专业人员对消毒过程进行评价。针对现场消毒各环节进行的评价。评价内容包括但不限于消毒工作方案、消毒产品、消毒操作、个人防护等关键因素。评价人员全程参与现场消毒过程或调阅监控录像，结合相关消毒记录，填写消毒过程现场评价表。

b. 由第三方评价单位专业人员对消毒效果进行评价。针对现场消毒效果进行的评价，通过测试消毒前后微生物的减少量，评价现场消毒工作是否合格，并出具消毒效果评价报告。

c. 对环境或物品消毒时，应进行物体表面消毒效果评价；对空气消毒时，应进行空气消毒效果评价。

d. 评价指标。对空气使用自然菌，对于物体表面使用指示微生物（金黄色葡萄球菌ATCC 6538和大肠杆菌8099），分别进行消毒效果评价。

e. 结果判定。物体表面指示微生物平均杀灭率≥99.9%，且杀灭率≥99.9%的样本数占90%以上，判为消毒合格。

空气中自然菌平均杀灭率≥90%，判为消毒合格；消毒前空气自然菌平均菌落数≤10CFU/(皿·15min)时，可不计算杀灭率，消毒后空气自然菌平均菌落数≤4CFU/(皿·15min)，判为消毒合格。

f. 编制完工总结报告。报告内容包括施工项目名称、地点、时间安排、数据监测及总结。

9.1.2.4 室内空气净化治理

（1）治理准备

产品准备、设备准备、辅助材料准备、车辆准备、人员准备（图9-15）。

按照施工方案要求准备好工程必备物料，如图9-16所示。

图 9-15　治理前准备

治理施工所需要设备	治理施工所需要药剂
（1）低压恒温专用喷枪 （2）空气改良剂专用喷枪 （3）密闭空间排风机 （4）专用除湿机	（1）生物酶催化剂 （2）甲醛清除剂 （3）材质保护剂 （4）负氧离子空气改良剂
其他辅助材料及工具	施工人员及证件
（1）各型号专用保护膜 （2）专用施工手套/鞋套/口罩 （3）专用毛巾（干/湿） （4）电源延长线 （5）喷枪清洁组件 （6）药剂调试、分装器皿等 （7）产品 MSDS 报告、检测报告、公司资质	（1）监理员资格证、工作证、身份证、工作服、施工情况记录册、施工情况记录仪、相机 （2）治理员上岗证、工作证、身份证、工作服、工作帽、专用口罩 （3）现场工作制度及章程

图 9-16　工程必备物料

（2）初步清洁

清空需要净化的室内空间；清除物体表面的浮灰（图 9-17）。

图 9-17　环境清洁与保护

（3）深度治理

根据治理现场需要，可选择以下深度清理方法：

① 若室内空间通风条件较差，空气中污染物富集程度高，可选用负离子发生器进行氧化操作，清理污染物约半小时。

② 若室内空间中浮尘富集较多，常规的保洁工作无法彻底清理浮尘，可选用专业恒温喷枪对物体表面进行深度清洁，浮尘清理后方可进行治理操作。

③ 若室内空间中游离污染物（如 TVOC/细菌/$PM_{2.5}$/PM_{10} 等）富集较多，可选用 SWM-01 对空间进行污染物还原清理。

④ 甲醛治理：

a. 催化工艺。催化工艺采用生物酶催化剂进行多次催化，催化次数取决于释放源的释放量。目的是快速降低释放源表层的污染物含量。

采用催化工艺治理甲醛时应根据污染源选择适合的催化剂，并根据污染释放量配比适合的稀释量进行全覆盖喷涂，设备选用单孔/多孔喷枪。

生物酶催化剂适用于装修板材、板材隔断、板材家具、油漆表面、家具内部以及其他室内主要污染释放源。喷涂时候关闭门窗保持空间密闭状态防止药剂逃逸，喷涂后对空间密闭 30~60min，然后保持通风 72h；72 小时后进行催化工艺效果检测，检测合格进行下一工艺实施，如果不合格进行重复催化工艺。

b. 渗透工艺。渗透工艺采用纳米技术，将甲醛清除剂通过低压恒温枪渗透至污染源内部，达到长效控制释放源的目的。

采用渗透工艺时应选择与被喷涂材质匹配的甲醛清除剂对材质进行全覆盖喷涂；喷涂时空间中应保持门窗关闭，喷涂完毕后静置 15min，开启门窗、打开柜门及抽屉，开始通风。根据具体情况喷涂 1~2 次。

甲醛治理剂适用于装修板材、板材隔断、板材家具、家具内部、家具死角部位、布艺家具、窗帘、墙面、吊顶、地板接缝（经处理过除外）、脚线、木制（板材）门窗表面以及其他室内主要污染释放源；不可喷涂镜面、硅藻泥墙面、大理石、手绘墙纸、油画表面、艺术品、金属、电子产品、电器设备、珠宝、钢琴及其他贵重物品等；纹理家具表面、较深色布艺制品、深色墙布、纸质墙纸、皮制表面、深色地毯等需经测试后才可喷涂。

根据污染源污染释放程度的不同，喷涂 8~12mL/m^2 的甲醛清除剂，材质、甲醛清除剂型号不同，喷涂量和喷涂次数可能会有差异；

选用 40℃恒温低压喷枪（图 9-18），喷口选择 0.5mm 口径喷嘴，流量调节到最小位置（约半圈位置）；在距离物体表面 20~30cm 处喷涂，喷枪移动速度不超过 1m/s，往返位移距离约 25cm 左右，若被喷涂材质为板材裸板，可采用纵横交错喷涂法喷涂两次，确保甲醛清除剂完全覆盖材质；家具死角部位、柜内部分、抽屉底部以及板材连接部分、打孔部分等主要释放区域，务必喷涂到位。喷涂后，材质表面完全干燥前，请勿接触和进行保洁操作；

甲醛清除剂含二价铁离子，喷涂后可能会形成纳米级细微颗粒，治理期间，治理人员需佩戴口罩等防护用品。

图 9-18　治理设备

c. 封闭工艺。封闭工艺采用生物酶封闭技术，在不影响物品表面光泽色泽的前提下，在释放源表面形成封闭膜（纳米级），进一步控制释放源污染物的释放。

封闭工艺采用单孔喷枪将封闭剂均匀喷涂在治理后的物体表面，可采用横向匀速喷涂法使得封闭膜均匀地包裹在释放污染物的表面。

9.1.3 学校

9.1.3.1 治理环境特点

学校类型广泛，学历教育阶段有小学、初中、高中和大学，此外还有幼儿园、托育机构、技能学校、教培机构等。不同学校在师生人数、师生年龄、班级数量、设施设备、住宿与否等方面各不相同，导致室内环境亦有差异。学校室内环境的共性特点如下：

（1）室内聚集时间长

一般情况下，学校的主要教学活动均在室内开展。以一节课45min计，数十名学生及一位教师需共同聚集在室内45min，而每天课程数可达6～8节，意味着每天学生及教师聚集室内达4.5～6h。此外，部分寄宿制学校或大学宿舍空间较小，床铺、桌椅等家具拥挤，合住人数少则三四人、多则七八人。较多学生长时间聚集在室内，极易引起室内二氧化碳浓度过高、颗粒物浓度上升、空气污浊等问题。

（2）易感人群多

学校人群的主体是相应年龄段学生及教师，其中学生对各类病原体更为易感。学生年龄跨度大，学龄期儿童处于身体发育成长阶段，身体机能和免疫系统尚未成熟，对各类病原体的抵抗能力较弱。一旦学校内出现传染病病例或相应传染源，极易在学生群体中引发传染病暴发，波及范围少则数人，多则数十乃至数百人。

（3）污染来源广泛

学校室内空气污染的来源比较广泛，包括但不限于：教师及学生携带并散播到周围环境中的微生物、随室外空气进入的微生物及植物花粉、空调设备管道中滋生的微生物、学校食堂器具及食材食物上可能存在的各种微生物等。如：军团菌可生活在集中空调通风系统的冷却塔中，随着气流进入室内，被人体吸入后可造成军团菌感染。

9.1.3.2 污染物特点

（1）微生物污染

① 病毒。学校病毒性传染病以呼吸道传染病、肠道传染病为主，较常见的有手足口病、水痘、感染性腹泻等。北京市2010年～2020年报告的138起学校突发传染病事件中，排名前五的分别为手足口病48起（病例734）、水痘39起（病例933人）、感染性腹泻15起（病例1298人）、腺病毒感染9起（病例153人）、流行性感冒8起（病例441人）；上海市2014年～2019年报告的82起学校突发传染病事件中，手足口病40起（病例716人）、水痘38起（896人）、流行性感冒2起（病例75人）、猩红热1起（病例56人）、肺结核1起（人17）。

引起学校传染病暴发或流行的病毒多传染性较强，多通过飞沫或接触传播，引起的症状多以发烧、感冒、腹泻等为主。除诺如病毒对酒精有较强抵抗力外，其他病毒多对各类消毒剂敏感，容易杀灭。

② 细菌。学校室内空气菌落总数受温度、湿度、人员活动、通风等因素影响，存在较大差异。通常，在温暖、湿润、室内人员聚集、通风较差的环境中，空气细菌菌落总数会较高，而在干燥、低温或高温、通风较好环境中则较低。文献报道显示，2018年南京市的4所学校（幼儿园、小学、初中、大学）室内空气细菌菌落总数分别为$605CFU/m^3$、$104CFU/m^3$、$71CFU/m^3$、$111CFU/m^3$。

学校室内空气中细菌多数为非致病菌，在身体机能与免疫力处于正常功能状态时，即便吸入也很少会引起疾病。但少数致病菌需引起注意，如结核分枝杆菌、军团菌等，这些致病菌可通过飞沫或气溶胶传播，并导致感染。2017年至2020年，武汉市报告学校肺结核聚集性疫情37起，涉及28所大学、4所高中，共报告病例176例；2005年至2015年，南京市登记报告2833例学校肺结核患者，其中学生2511人，教师322人。

③ 其他微生物。学校空气中的微生物除病毒、细菌外，还有真菌及孢子，可能来源于校内植被，滋生在植被上的真菌及孢子随空气流动到室内。一项在北京市某高校开展的调查显示，中午12时室内真菌浓度低于上午9时与下午6时，可能与中午人员活动少、日光紫外线较强等因素有关。

(2) 有机和无机污染物

教室空气中的污染物有苯及其衍生物、甲醛、氨、氡、二氧化硫（SO_2）、一氧化碳（CO）、二氧化氮（NO_2）、CO_2、PM_{10}和$PM_{2.5}$等。教室空气中的甲醛主要来自教室中的建筑装饰材料、桌椅所释放的甲醛和少量的教室内使用的化学洗涤剂中。苯及其衍生物（苯、甲苯、二甲苯等）是教室内挥发性有机化合物的主要成分之一，教室空气中的苯及其衍生物主要来源于学生使用的修正液、修正带、胶带、衣物洗涤剂、教室内装饰材料及人体代谢废物等。氨是一种具有强烈刺激性的气体，教室空气中的氨主要来源于人体代谢废物、教室内建筑装饰材料以及座椅黏结胶体等。SO_2是一种无色气体，有强烈的刺激性气味的气体，教室空气内的微量的SO_2主要来源于室外大气环境的污染。CO是燃烧不完全产生的污染物，教室中一般不存在室内燃烧污染源（如烹饪、吸烟等），室内CO浓度与室外相差太大。教室内CO的浓度主要取决于街道的密集程度、离道路的距离、车辆的发动机状况以及天气条件。在繁忙交通道路两侧的学校教室中，CO浓度相对较高。教室空气中的氮氧化物主要来源于教室外学校周边行驶汽车所排放的尾气。教室空气中的CO_2除空气中正常含量（0.03%～0.05%）外，主要是由人体呼吸产生的。教室空气中的PM_{10}主要来源于室外环境的粉尘颗粒及人员运动引起的室内粉尘等。一般情况下，室内$PM_{2.5}$主要来源于室外空气；有关资料表明，对于没有明显室内污染源的住宅，75%的$PM_{2.5}$来源于室外；对于有明显室内污染源的住宅，室内$PM_{2.5}$中仍然有55%～60%来自室外。教室室内空气污染成分复杂，其中可吸入颗粒物、CO_2和细菌病毒是影响教室室内空气质量的主要污染物。

9.1.3.3 空气净化器和新风系统治理案例

(1) 案例一：HEPA空气净化器对学校室内颗粒物的净化效果研究

① 教室情况简介。北京市某所小学的教室内没有空调系统和机械通风设备，通过门窗的自然通风是引入新风的唯一方式。被测教室的基本信息如表9-10所示，被测小学教室内部情况如图9-19所示。

表 9-10　教室围护结构基本信息

类别	尺寸/m	数量/个
教室	8.5×6.0×3.1	—
外窗	1.5×1.9	3
内窗	1.1×0.75	1
门	2.1×0.9	2
窗墙比	0.32	

② 室内环境状况。参照《公共场所卫生检验方法　第 1 部分：物理因素》（GB/T 18204.1—2003）中的方法对室内新风量进行计算，计算结果显示，当门窗关闭时，教室内的自然通风量不足 $11m^3/(人·h)$，远低于《室内空气质量标准》（GB/T 18883—2022）中规定的最低限制。

测试期间，室外 $PM_{2.5}$ 浓度为 $17\sim87\mu g/m^3$。门窗打开时，教室内的 $PM_{2.5}$ 浓度接近室外浓度，门窗关闭时室内 $PM_{2.5}$ 浓度约为室外 $PM_{2.5}$ 浓度的 60%～70%。即使关闭门窗，教室围护结构对于阻止室外 $PM_{2.5}$ 进入室内的作用也是有限的，仅有 30%～40% 的室外 $PM_{2.5}$ 颗粒物可以被阻挡在室外，大部分 $PM_{2.5}$ 颗粒物可以通过围护结构渗透进入室内，造成教室室内空气污染。

③ 《室内空气质量标准》（GB/T 18883—2022）规定冬季采暖时室内温度为 16～24℃，相对湿度为 30%～60%，测试时段教室的平均温度在 22℃ 左右，平均湿度为 23% 左右，教室内的温度满足标准要求，但相对湿度较低。

通过对小学教室通风及室内空气品质的测试，可以发现室内新风量不足是小学教室面临的一个问题，无论门窗关闭与否，教室内都会受到相对严重的 $PM_{2.5}$ 污染。

图 9-19　被测小学教室内情况

④ 净化实验。在教室和寝室分组放置有 HEPA 或无 HEPA 的空气净化器，监测室内颗粒物（PM_{10}、$PM_{2.5}$、PM_1）浓度，评估空气净化器的净化效果。

在监测过程中，要求在学生进入教室或寝室前至少 1h 开启空气净化器，直至学生离开，但不强调门窗开关的状态，不干扰学生正常学习和生活。另外，该研究在监测室内和室外 $PM_{2.5}$ 的同时还监测 PM_{10} 和 PM_1 的浓度，可评估空气净化器对 $PM_{2.5}$、PM_{10} 和 PM_1 的净化效果。由于选择交叉干预设计，避免了室外污染浓度不一、室内人员和室内环境不一致对净化效果的影响。

a. 空气净化器的选择。根据《空气净化器》（GB/T 18801—2022），以洁净空气量

(clean-air delivery rate,CADR)、颗粒物的累积净化量(cumulate clean mass,CCM)和净化能效为基本参数,依照小学生所在班级和寝室面积,在教室和寝室统一配置符合要求的某品牌空气净化器。本研究选择的空气净化器的滤芯分为三层,第一层为初效滤网,主要去除空气中较粗的杂质、碎屑等;第二层为HEPA,主要去除颗粒物;第三层为活性炭滤网,主要去除空气中的甲醛。该空气净化器对$PM_{2.5}$净化的CADR为$500m^3/h$。

b. 空气净化器的干预实验。选择四五年级学生所在的班级和寝室,开展空气净化器净化效果的研究。四五年级分别位于教学楼的3层和4层,按年级及其所在楼层分为两组,其中4(1)班和5(1)班为A组,4(2)班和5(2)班为B组,所有教室面积均为$60m^2$,所有寝室面积均为$20m^2$(阳台除外),研究期间教室和寝室保持学生正常的学习和生活状态,记录门窗开关的时间和状态。

大气$PM_{2.5}$和PM_{10}的日均浓度收集自与学校直线距离4.7km的环保监测站点每日小时浓度数据。选择至少连续2d的$PM_{2.5}$日均浓度$>75\mu g/m^3$的天气进行空气净化器交叉干预。第一阶段,A组教室和对应寝室放置有HEPA的空气净化器,B组教室和寝室放置去除了HEPA的空气净化器,连续干预4d,经过1个月洗脱期后,两组交换放置空气净化器,进行第二阶段的干预研究。空气净化器放置于室内的中央位置,远离窗户和门。在研究期间,教室内空气净化器于上课前1h开启直至全天课程结束;寝室内空气净化器在学生回寝室前1h开启,直至第2天学生离开寝室。

c. 浓度监测。在空气净化器干预期间,分别放置在操场、教室和学生寝室。同一地点至少有3台颗粒物直读仪同时读取数据,每台仪器重复读取3次,其中,3台直读仪属于同一国产品牌。按照学生作息时间表,各时间段在干预组室内、非干预组室内和室外同时读取一次数据,晚上就寝后测定3次数据(21:30、24:00和次日06:30),计算时间段内平均值并记录。

d. 质量控制。所用空气净化器均为最新购置,现场干预试验开始前拆除滤芯外包装。所有颗粒物直读仪均经过统一校准,不同仪器读数偏差不超过5%。现场工作人员经过统一培训,了解研究目的,并负责教室和学生寝室空气净化器的放置和管理,避免学生误操作影响运行。

e. 净化效果与达标情况。空气净化器对$PM_{2.5}$、PM_{10}、PM_1的净化率分别为41.3%、40.7%、34.9%,整体而言,空气净化器对$PM_{2.5}$的净化率最高,对PM_1的净化率最低。使用空气净化器后,教室$PM_{2.5}$平均浓度为$28.5\mu g/m^3$,PM_{10}平均浓度为$60\mu g/m^3$,满足《室内空气质量标准》(GB/T 18883—2022)的要求($PM_{2.5}\leqslant50\mu g/m^3$,$PM_{10}\leqslant100\mu g/m^3$)。

(2)案例二:教室新风系统应用研究

① 教室情况简介。选取郑州市第九十六中学某一新风系统教室作为测试的对象,被测教室长9m、宽7.6m、净高3.2m,南外墙上有两扇长3.8m、宽1.3m的铝合金推拉外窗,外窗可开启一半面积,内墙与教学楼走廊相连,北内墙前后设有两个门方便学生出入,教室均装有分体式冬夏两用空调设备,共有学生48人,设有新风系统机械排风,送风方式为顶送风,排风口设置在教室的屋顶,教室内的平面布局如图9-20所示。

② 室内环境状况。本测试于2019年10月过渡季对教室空气质量进行测试,测试内容包括利用多功能环境测试仪测试教室内的CO_2浓度,利用空气测试仪测试教室室内外$PM_{2.5}$质量浓度。测点位置尽量避开门窗、分体空调出风口,将仪器放置在教室课桌上,不

图 9-20 教室平面布局图

妨碍学生正常的自由活动和学习。沿对教室的对角线方向均匀布置三个室内测点,取三个测点的平均数据作为室内测试的代表数据,教室外测试点布置在教室窗台外的背阴处,避免阳光直射导致测试数据不准。测试结果显示:

a. 当上课期间门窗关闭时,教室内的 CO_2 浓度会迅速上升,在第一节课后,CO_2 浓度由 0.05% 左右上升至 0.16% 左右。门窗关闭时,五节上课期间的 CO_2 平均浓度在 0.12%~0.20% 之间,均高于国家标准的规定限值(0.10%),测试中教室内 CO_2 浓度最高值达到 0.25%,超标现象相当严重。当教室内学生人数减少或者开门窗通风换气时,CO_2 的浓度明显下降,为保证教室内 CO_2 浓度不超标,应设置新风系统来维持教室良好的学习环境。

b. 在教室内无人、室内未开新风设备、门窗开启状况下,室内外 $PM_{2.5}$ 的质量浓度比达到 0.9 以上,教室内的 $PM_{2.5}$ 浓度显著地随着室外 $PM_{2.5}$ 浓度变化,但室内 $PM_{2.5}$ 浓度的水平始终低于室外水平,I/O 值始终小于 1。在门窗关闭的状态下,教室内外 $PM_{2.5}$ 的质量浓度比为 0.4~0.6,说明在门窗开启的条件下,$PM_{2.5}$ 的渗透能力很强,可以通过门窗缝隙的渗透进入教室,室外 $PM_{2.5}$ 可较大程度地影响室内 $PM_{2.5}$ 的浓度。在教室内有人、室内未开新风设备、门窗紧闭时,$PM_{2.5}$ 浓度在 $35\mu g/m^3$ 以上,超过《环境空气质量标准》(GB 3095—2012)中的一级标准,I/O 值在 0.6 以上,室内外 $PM_{2.5}$ 相关性较高,说明教室内 $PM_{2.5}$ 主要来源于室外环境。

③ 净化效果与达标情况。

a. 开启新风系统时,在第一节课的四十分钟内,CO_2 的浓度由 0.05% 上升至 0.10% 左右。整个上午上课测试期间,每节课的 CO_2 平均浓度在 0.08%~0.10% 之间,满足《室内空气质量标准》(GB/T 18883—2022)的要求。

b. 开启新风系统时,每节课 $PM_{2.5}$ 均值低于 $35\mu g/m^3$,I/O 值在 0.3 左右,受室外 $PM_{2.5}$ 浓度影响小,室内 $PM_{2.5}$ 浓度远低于室外,可以有效地减少教室内 $PM_{2.5}$ 的质量浓度。即使室外浓度较高的情况下,由于使用了新风系统,教室内 $PM_{2.5}$ 质量浓度也远低于室外,说明新风系统可以有效地降低室外 $PM_{2.5}$ 的渗透作用。在新风系统运行下,根据 $PM_{2.5}$ 质量平衡稳态模型计算全年教室室内 $PM_{2.5}$ 预测浓度值,由计算可知,学生在校上课时间为 278 天(扣除寒暑假),室内 $PM_{2.5}$ 质量浓度超标天数为 17 天,占全年上课总天数的 6%,比无新风系统运行下的超标天数减少 71%~86%,验证了新风系统可以有效地减少室内 $PM_{2.5}$ 质量浓度。

9.1.3.4 空调清洗消毒

根据学校的大小、类型和空调所应用的场景不同,目前市场上主流的学校空调有三种不同组合相互配合使用。

占地规模较大的学校例如大学、国际学校等可能使用集中式空调较多,中小学可能使用分体式空调或新风加盘管机较多,根据学校应用环境不同会有组合式空调安装方案。

(1) 中央空调清洗

① 空调通风系统的勘测。

a. 人员要求。工作人员应熟悉被检查的空调通风系统,具有室内环境采样操作的经验,并熟悉空调通风系统风管清洗程序及相关标准。

b. 实地勘测。查阅空调通风系统有关工程技术资料,对需要清洗和消毒的空调通风系统进行现场勘测和检查,了解和记录污染程度,确定适宜的清洗、消毒工具、设备和工作流程。

c. 环境安全防护。勘测和检查过程不能对室内环境造成损坏。在怀疑有污染发生时或少量的污染物危及敏感区域环境时,应采取环境控制措施。

d. 检查范围。应包括空调通风系统的风管、空气处理机组。系统中含有多个空气处理机组时,应至少对一个典型的机组进行检查,做好形象记录。

② 制订清洗、消毒计划。根据空调通风系统的实际情况,依据相关规范的技术要求,结合客户合同规定的时间和清洗、消毒质量要求,制订详细的清洗、消毒工作计划。施工方可根据委托方要求寻求第三方施工过程监控,并将其纳入工程计划。

③ 编制施工方案。

a. 施工方案。至少应包括项目概况、现场勘测情况、工程范围、施工时限、施工工作流程和人员配置、设备验证、清洗和消毒方法、清洗剂和消毒剂、质量控制措施、用户安全措施、环境保护措施、工程监控的文字和影像记录、工程验收方法等。

b. 操作规程。根据人员、设备、辅助工具、消毒试剂、质量控制的实际情况,及时修订质量、安全、技术操作规程,确保其现行有效。

集中空调实施清洗的部位主要包括风管、空调机组、风机盘管、风口等,清洗流程见表9-11 至表 9-14。

表 9-11 风管清洗操作流程

序号	操作流程	部件
1	现场区域保护工作、地面彩条布覆盖、台面保护布覆盖	施工区域
2	确定管道开孔位置	风管
3	开孔	风管
4	准备机器人,拍摄清洗前的风管录像及照片	风管
5	连接清洗设备	设备
6	使用清洗设备进行风管清洗,并拍摄清洗中的录像及照片	设备
7	确认管道清洗完毕后,对管道内部进行消毒	风管
8	使用机器人对清洗消毒完成后的管道进行拍摄及照片	风管
9	封孔,复原管道及外保温	风管
10	将清洗设备安置于空闲区域,安装空调部件等	零部件
11	撤离防护布等保护措施	防护
12	还原现场环境并施工区域卫生打扫	施工区域

表 9-12　机组清洗操作流程

序号	操作流程	部件
1	打开回风门,取出初效、中效过滤器	滤网
2	使用配比好的药剂对翅片进行喷洒并润湿 10 分钟左右	翅片
3	使用吸尘器或其他工具将机组箱体内的垃圾及灰尘清理掉	箱体内
4	清洁回风阀门	阀门
5	冲洗翅片及积水盘,两个面都要冲洗	翅片
6	用塑料袋或者保护布遮盖电机,使用高压水枪对箱体内部进行冲洗	电机
7	清洁蜗壳叶轮及电机以及接口处	蜗壳
8	用干净的抹布将箱体内外擦干净	箱体内外
9	将箱体内的地面擦干净	箱体内
10	消毒	箱体内
11	将清洗好的(或全新的)初效、中效过滤器安装回原来位置	滤网
12	开机试运行	

表 9-13　盘管清洗操作流程

序号	操作流程	部件
1	首先记录盘管使用中的参数,如风速、噪声、温度等,然后拆卸回风口	风口
2	取出过滤网	滤网
3	确认电源关闭后,将盘管电源线与主电源线拆分	电源
4	将盘管的电机部分面板与盘管分离,一般情况下拧去 5~6 颗螺钉即可(如有回风箱的盘管,可以直接拆卸电机底座和蜗壳螺钉)	盘管底座
5	盘管翅片部分露出后,用配比好的清洗液对翅片表面进行喷洒,一般情况下润湿 5 分钟即可	翅片
6	用水枪对翅片部分进行冲洗,尽量避免水平移动防止将翅片冲变形	翅片
7	翅片上的药剂冲干净后,表面基本恢复光泽,无明显污染物即可,冲洗后的水、泡沫基本清澈即代表药剂已经冲去	翅片
8	拧去积水盘靠近下水位置上的一颗螺钉,增加下水速度,待水基本流完后用干净的抹布擦拭积水盘内部,擦干净后复原即可(带回风箱的盘管无法进行此项操作,只需清洁下水口位置,确保畅通即可)	积水盘
9	将拆卸下来的回风口、过滤网、电机部分面板,运至特定的清洗区域	运输
10	首先清洗回风口和过滤网,可用药剂润湿或直接进行冲洗,视污染情况而定,洗干净后用干净的抹布将水渍擦干即可,也可晾干	风口
11	用塑料袋或干抹布包裹住电机后,对蜗壳和叶轮进行冲洗,洗好后将多余水渍擦去,并将电机上的灰尘擦去。也可以将蜗壳部分和电机分离后单独对蜗壳叶轮进行冲洗	电机部分
12	将干净的电机面板部分安装回原位	电机部分
13	将线路安装恢复,确认无误后开启电源试机	电源
14	将回风口和过滤网安装回原位,并记录相关运行参数,如风速、噪声、温度等	试机

表 9-14　风口清洗操作流程

序号	操作流程	部件
1	现场准备工作完成后,使用螺丝刀将风口卸下	风口
2	用记号笔做好标记	风口
3	运送至指定地点	风口
4	使用高压水枪冲洗风口	风口
5	喷洒清洗剂在风口两面	风口
6	润湿 5 分钟左右,使用高压水枪冲洗风口	风口

续表

序号	操作流程	部件
7	晾干或用干净的抹布擦干风口	风口
8	按照对应的记号将风口安装至原位	风口

（2）系统卫生指标

管理单位需检测的集中空调通风系统卫生指标包括：风管内表面积尘量、细菌总数、真菌总数；循环冷却水中嗜肺军团菌（夏季采用空调制冷工况时），每年不少于一次。凡在检测过程中发现卫生指标不符合表 9-15 的要求，应对集中空调通风系统进行清洗或消毒。

表 9-15　集中空调通风系统卫生标准值

项目		标准值
风管内表面	积尘量/(g/m^2)	≤20
	细菌总数/(CFU/cm^2)	≤100
	真菌总数/(CFU/cm^2)	≤100
送风	可吸入颗粒物(PM$_{10}$)/(mg/m^3)	≤0.12
	细菌总数/(CFU/m^3)	≤500
	真菌总数/(CFU/m^3)	≤500
	致病微生物	β-溶血性链球菌	不得检出
加湿设备水(采用蒸汽加湿的除外)	致病微生物	嗜肺军团菌	不得检出
冷凝水(夏季送风口、翅片、积水盘)		嗜肺军团菌	不得检出
冷却水		嗜肺军团菌	不得检出

① 集中空调通风系统清洗范围和频率的要求。

a. 管理单位应当按照下列要求对集中空调通风系统的设备设施进行日常维护和清洗：

送风口、回风口、新风口有污染情况需三个月清洗一次；空气过滤网、过滤器和净化器等每六个月清洗或者更换不少于一次；空气处理机组、表冷器、加热（湿）器、冷凝水盘等每年清洗不少于一次；

风管建议每年至少清洗一次。

建议找专业清洗机构对集中空调进行清洗。

b. 出现下列情况之一时，应对集中空调通风系统相应部位进行清洗消毒，经卫生学检测、评价合格后方可重新启用：

冷却水、冷凝水、加湿水中嗜肺军团菌或异养菌的检测结果不符合 WS 394、DB 31/T 405 要求；

风管内表面卫生质量的检测结果不符合 WS 394、DB 31/T 405 要求；

送风卫生质量的检测结果不符合 WS 394、DB 31/T 405 要求。

c. 特殊时期清洗消毒。发生空气传播性疾病流行、突发公共卫生事件时，应根据国家、地方、行业相关管理要求，提高清洗消毒频次。涉疫场所、涉事场所的集中空调通风系统，应在疾病预防控制部门指导下，进行强制消毒，经卫生学检测、评价合格后方可重新启用。

重大活动卫生保障时，宜对保障场所的集中空调通风系统进行预防性消毒。

d. 空调首次运行或重启。集中空调通风系统初次运行、停用半年及以上再次运行之前、冷热功能转换前，需按本标准表 9-11～表 9-15 的要求对其空气处理设备的风管、空气过滤器（网）、表冷器、加热（湿）器和冷凝水盘等部位开展全面检查，并根据检查结果进行清洗、消毒。

e. 特殊场所和空气传播性疾病。管理单位应制订集中空调通风系统预防空气传播性疾病的应急预案，当空气传播性疾病在本地区暴发流行时，装有集中空调通风系统的建筑内发现传染病患者或者疑似传染病患者，可能导致疾病传播的，管理单位应当根据相关法律法规进行对空调设备进行清洗。

② 消毒技术要求。

a. 风管消毒。宜采用化学消毒剂喷雾消毒。首选季铵盐类消毒剂，无明显污染物时，使用浓度为 1000mg/L 的季铵盐类消毒剂；有明显污染物时，使用浓度为 2000mg/L 的季铵盐类消毒剂。

b. 部件消毒。过滤网、过滤器、冷凝水盘消毒，宜采用浸泡消毒方法，部件过大不易浸泡时可采用擦拭或喷雾消毒方法。重复使用的部件首选季铵盐类消毒剂，使用浓度为 2000mg/L，浸泡 30min。不重复使用的部件可用含氯消毒剂浸泡或喷洒。

c. 净化器、风口、空气处理机组、表冷器、加热（湿）器消毒。宜采用擦拭或喷雾消毒。首选季铵盐类消毒剂，无明显污染物时，使用浓度为 1000mg/L 的季铵盐类消毒剂；有明显污染物时，使用浓度为 2000mg/L 的季铵盐类消毒剂。

d. 冷却水、冷却塔消毒。采用化学消毒时首选含氯消毒剂，将消毒剂加入冷却水，使冷却水中有效氯浓度约为 25mg/L，作用 4h 后排放。冷却水排放后，用有效氯浓度为 1000mg/L 的含氯消毒剂或腾灵牌消毒液 1 号对冷却塔内壁进行喷洒或擦拭消毒，作用 30min 后，擦洗冷却塔内壁。采用物理消毒时，可使用光催化剂、紫外线灯等，并保证冷却水不间断循环通过消毒装置。

e. 冷凝水消毒。使用含氯消毒剂或腾灵牌消毒液 1 号，将消毒剂加入冷凝水，作用 4h 后排放。

③ 实施消毒。风管、空气处理机组清洗后，使用消毒剂进行消毒。

a. 风管的消毒。专用消毒设备的使用，根据具体情况采用专用消毒设备/装置。对于消毒设备/装置无法进入的部位采用电动气溶胶喷雾器进行消毒。消毒剂的使用，金属管壁首选季铵盐类消毒剂，非金属管壁首选过氧化物类消毒剂，作用至规定时间。

b. 空气处理机组的消毒。在清洗过程中，当滤网、表冷器、空调箱、风叶、盘管组、积水盘等清洗晾干后，使用季铵盐类消毒剂，采用喷雾、擦拭或浸泡方法，使表面完全湿润，消毒作用至规定时间。

c. 清洗过程中用过的真空吸尘设备、清洗设备耗材的消毒。使用含氯消毒剂对真空吸尘设备、清洗设备耗材进行消毒，严格按使用说明书的作用浓度、时间与配制方法进行操作，可采用喷雾、擦拭、浸泡等方法，使表面完全湿润，作用至规定时间。消毒后用塑料布进行有效包裹后进行集中处理。在空调通风系统清洗全过程中，应采取适当的预防措施来控制施工造成空调通风系统的污染物释放至周边环境。

d. 其他消毒方式。无法按全新风运行的全空气空调系统，宜在空调送风总管内或其他合理部位安装紫外线灯、静电除菌装置、高效过滤器等消毒或过滤装置。

采用空气-水空调系统的场所，宜在出风口内安装紫外线灯或静电除菌装置、高效过滤器等消毒或过滤装置。

只采用独立空调器（机）的房间，宜在房间内放置循环空气消毒装置。

(3) 分类别进行消毒细分

家用空调消毒可分为高温蒸汽消毒和化学药剂消毒，家用空调消毒不建议频繁进行化学药剂消毒。

① 高温蒸汽消毒。原理是首先将水经过加热变成120℃高温蒸汽对空调进行去污杀菌，然后用蒸汽喷淋清洗机对清洗后的翅片进行高温杀菌、消毒、分解油渍。喷出的蒸汽在翅片表面迅速冷凝成水，再通过蒸汽压力迅速将污垢冲刷干净。蒸汽既可消毒，又可除污，同时又有很强的热降解物理特性，能迅速地化解泥沙和黏性污渍，污垢受热软化并在带有压力的蒸汽喷射下非常容易去除。定期进行蒸汽清洗可有效消除各种病原体，避免真菌和霉菌的产生。

② 化学药剂消毒。在必要的情况下需要用到化学药剂消毒，需使用有消毒备案的合规产品，如进入曾出现过传染病患者的家庭进行空调清洗消毒作业时务必注意先消毒后清洗再消毒。常规清洁消毒可使用250～500mg/L含氯（溴）或二氧化氯消毒液或腾灵牌消毒液1号、腾灵牌消毒液2号、腾灵牌消毒液3号中的任何一种，用低容量消毒喷雾机或常量消毒喷雾机对空调外壳、滤网等部件进行喷洒、浸泡或擦拭，作用10～30分钟。消毒后用水清洁、晾干。不适合用以上消毒剂的，如部分金属部件，可使用0.1%季铵盐类化合物或其他消毒剂。

9.1.3.5　桌椅办公用品净化治理

处于常温环境中，建筑材料与桌椅、柜子当中释放出的污染物主要分为甲醛、氨以及苯等物质，上述物质均为挥发性物质。室内尤其是教室的有害物质含量必须严格地控制，保证处于合理范围内，国家也对此制定了完善的法律法规以及规章制度。针对室内污染展开检测主要是为了能够利用相应检测技术来科学地检测与评估室内空气质量，进而研究家具造成的空气污染问题，从而制定针对性的防控措施。

根据现场测试数据结合专业治理产品及优秀的施工队伍，制订室内空气净化综合治理方案，以确保彻底消除因各种因素等散发的甲醛、苯、氨、TVOC等有毒气体，达到真正改善学校室内空气质量、净化环境、保障全体人员身体健康及提高工作效率的目的。

（1）治理内容

① 快速清除室内油漆、涂料、地毯等各种有害刺鼻异味；

② 持久清除室内甲醛、苯等有害物质；

③ 室内杀菌消毒、空气净化综合治理。

（2）治理标准

① 符合国家安全标准。治理采用安全无毒、无二次污染的产品，治理后应大幅度降低室内空气中的甲醛、苯、TVOC等有害物质的浓度，空气质量完全达到《室内空气质量标准》（GB 50325—2020）要求，即治理后甲醛浓度≤0.07mg/m^3，苯浓度≤0.06mg/m^3，TVOC浓度≤0.45mg/m^3。

② 治理后异味降解效果。治理后大幅度降低室内空气中的甲醛、苯、TVOC等有害物质的浓度，有效去除室内装修刺激性异味，在没有增添新污染源的情况下基本不会出现刺激的浓烈油漆味，可达到国家空间质量标准。

（3）施工原则

① 从高到低：施工时从高到低逐层治理。

② 从里到外：针对每一层楼，从最里面往外面施工。

③ 从小到大：针对每一层楼，在从里到外的施工基础上，先从小的教室开始，再到大

教室。

（4）治理方案

① 进行污染源现场勘测、污染程度现场采样测定，根据检测结果制订针对性施工方案。

② 根据净化治理施工方案（原则是先除异味后除甲醛，后建立无光纳米催化膜），建立室内自洁分解屏蔽层；使用催化剂对室内墙面、墙壁、桌椅等进行喷涂，使室内墙面形成一层永久的催化剂净化保护层，达到长期分解有害气体的净化功效；对室内墙面、天花吊顶、窗帘、桌椅等所有家具进行针对性、系统性的综合治理；采用低分子缩合酶等强力除醛产品进行处理，制剂里的低分子缩合酶超微纳米分子快速渗入人造板材内部，和尿醛树脂中的甲醛产生聚合反应，生成无毒无害的高分子化合物，可从根源上解决甲醛污染问题，且不会危害家具和人体健康。

③ 治理施工结束后，应进行复检验收，复检合格即可投入使用。

（5）治理流程

① 准备工作：施工的房间密闭时间为 12 个小时，门窗全部封闭，排风扇、空调要关掉；要把所有的桌椅全部打开；把所有植物、动物移出房间，食物也要移出房间，如果要施工的房间内灰尘较多，需提前清理。

② 初始甲醛浓度测定：房间密闭前测定初始甲醛浓度。

③ 处理前甲醛浓度测定：待房间温度保持在 23℃ 以上（温度不够时可提前打开空调或暖气 3~5 小时），密闭 12 小时后，检测房间内甲醛数据。

④ 方案制订：检测完甲醛，根据甲醛数据和现场污染源实物摆放位置计算出单位时间内甲醛的释放量，根据甲醛超标数据、污染源数量、墙壁和地板的材质、房间单间面积综合考虑制订一套有效实用的科学除甲醛方案。

⑤ 现场科学除甲醛施工：专业人员带好全部产品、方案、温馨提示，穿好工服、口罩、帽子、鞋套进现场科学除甲醛施工。

a. 第一道——生物酶：快速降解空气中的甲醛分子，使用喷瓶向空气中、橱柜中、墙壁喷洒生物酶，使其快速捕捉甲醛并与甲醛分子反应，反应时间为半小时以上。

b. 第二道——弱光光催化剂：长效清除家具中释放的甲醛，由催化剂源源不断释放的自由氢氧基和活性氧，对经过前面工序处理后释放浓度已经大大降低了的甲醛、苯等有害物质进行持久的分解净化处理。向墙壁、天花板、窗帘等大量喷洒弱光光催化剂，可使房间具有长期降解甲醛、苯等挥发性有机气体的功能。对于壁画、家具、密度板类喷涂时注意避让。重复喷涂一次或两次，直至配制的剂量喷涂完毕。

⑥ 处理后甲醛浓度测定：检测空气中的处理后的甲醛浓度是否达标。

⑦ 施工后期维护：施工完毕后为了保证施工效果及保护室内物品，一定要保持开窗通风，遇下雨天可临时关闭，但是雨天结束后要立即开窗通风。

⑧ 预约时间复检：关闭门窗 3 天，打开柜门及所有抽屉，3 天后开窗通风，复检前不要用水擦柜子，除甲醛产品不要随意变动位置。15~20 天左右提前一天约定时间，关闭房门及窗户 12 小时以上，由双方认可的第三方 CMA 权威空气检测机构进行复检。

（6）辅助手法

对于一些异味特别大的房间，先进行高温熏蒸，促使异味快速释放，同时具有杀菌消毒、清洁表面等功效。

对于一些通风效果不理想的空间，药物治理后开臭氧机或高能离子机进行杀菌消毒除味。

9.1.4 办公楼宇

9.1.4.1 环境特点

商业办公楼宇是城市集办公、娱乐、休闲等不同业态和功能于一体的建筑，其空气环境具有以下显著特点：

① 功能多样：商业楼宇功能多样，内有商业零售、商务办公、酒店餐饮、公寓住宅、综合娱乐等区域。

② 人群密集：商业综合体人流量较大，如某省 160 个城市商业综合体合计客流总量达到 178331 万人次。

③ 装修多样：商业楼宇内自营、联营商户等多种装修风格，导致各个区域内污染状况的多样化。

④ 污染严重：包括装修污染、货品污染、餐饮污染、人体新陈代谢、外界传输、中央空调污染等形成物理、化学、生物污染。

9.1.4.2 空调净化治理案例

（1）工程概况

对某办公楼共 5 幢楼面的空调通风（新风）回风口、出风口、空调内机滤网进行清洗消毒，对外机进行清洗，要求清洗消毒后，留存相关清洗消毒记录现场签字单据以备查验。

（2）施工内容

① 通风（新风）风口：对空调出风口、回风口、新风口进行清洗消毒。

② 室内机及分体机：对换热器铝鳍片、叶轮、接水盘、回风过滤网、回风箱、回风口、送风口等进行清洗及消毒。

③ 空调室外机：对机组的电气控制箱、风扇电机及扇叶、箱体进行清洁，对散热翅片进行清洗。

④ 空调箱、新风机及全热交换器：对换热器铝鳍片、叶轮、接水盘、回风过滤网、回风箱、回风口、送风口、Y 形过滤器等进行清洗及消毒。对新风机组内表面，加湿器，除湿器，盘管组件，风机，Y 形过滤器及室内送回风口等清洗及消毒。

（3）清洗要求及验收标准

① 清洗要求：

a. 清洗空调内机时保证污水不会随地乱流。

b. 风口拆卸后复位保证边框与吊顶结合严实。

c. 施工完成后将施工现场整理干净。

d. 若由施工单位清洗引起的系统故障，应修复并作相应赔偿。

e. 按办公楼性质及甲方要求，分时、分区域进行清洗。

f. 签订施工安全承诺书。

② 消毒剂、清洗剂主要参数：

a. 季铵盐表面消毒液或溶菌酶表面消毒剂或银离子表面消毒剂。用于一般环境物体表面，如空调滤网、中央空调风管风口等的预防性消毒，能杀灭大肠杆菌、金黄色葡萄球菌、铜绿假单胞菌、嗜肺军团菌等致病菌。

消毒剂应符合《中华人民共和国传染病防治法》和《消毒管理办法》的有关规定。

b. 清洗剂。用于空调风口、滤网及各种散热片系统的清洗。

应符合国家环保部门及其他相关部门制定的规范要求，pH值应为7.0～11。

③ 验收标准依据和需达到的卫生要求见表9-5至表9-8。

(4) 施工方案

① 施工准备工作。

a. 现场临时设施准备：

临时用电：安装临时用电，从指定的接线点接取电源。

临时用水：主要为风口及滤网的清洗用水，所用水源必须是指定的水源，其他未经同意使用的水源，禁止使用。

临时用房：主要为清洗工具及材料的堆放，在指定地点存放，禁止乱堆乱放。

清洗场地：在指定地点清洗风口及滤网，严禁使用厨房水池及卫生间水斗进行清洗工作。

b. 现场保护：

施工现场内所有物品均应做保护覆盖，覆盖物用塑料布或彩条布。

施工现场攀爬用梯子，不踩踏桌椅、柜台，现场设专人监护施工及看护物品。

② 清洗施工流程。

a. 风口清洗流程：关闭空调设备控制开关；拆下软连接和风管的连接，风口利用吸尘吸水机进行清洗。回风口滤网用专业清洗剂浸泡，然后清水清洁，毛巾擦干。待所有风口清洗完成，风干待安装前，对回风滤网进行消毒剂喷洒消毒。风口与软连接进行连接。风口安装需与吊顶严格密封。打开控制开关，打开门窗，开机运行通风模式。现场复位，清理污物，消毒后密封包装，按垃圾分类处理。

b. 室内机清洗流程：

尼龙过滤网用清水冲洗，如有特别难洗的污渍沾在上面，用中性洗涤液温水溶液浸泡，以彻底清除纤维上的污渍。过滤网框体用毛巾和洗涤液擦拭，再用清水冲洗干净。

金属丝网过滤器用清水冲洗，用尼龙板刷清除网格间的灰尘与污垢，如有油渍，则用弱碱性溶液刷洗，再用清水冲洗干净。

空调风机翅片清洗需要打开盘管段上盖板，在回风段过滤器取走清洗后，也可以看到翅片的侧面。目测翅片的脏污情况，如果翅片污染情况较轻，则用气枪套高压软管，从翅片顶部向下把高压气体送入到翅片间，高压气体的反作用力导致高压软管在翅片缝隙间做无规则运动，同时，黏附在翅片上的灰尘也被高压气体吹走或被吹松动，然后再用水从翅片顶部向下冲洗，吹走或松动的灰尘顺水流流向凝水槽，污水排至排水管，逐根翅片反复清洗。用同样的方法，在翅片的侧面进行清洗。

如果翅片积尘情况较为严重，则在上述清洗过程之后，再用铝翅片清洗剂溶液对翅片进行喷洒，喷洒后3～5min用清水冲洗，冲洗后翅现出金属光泽。

③ 室外机清洗工艺。

a. 电气控制箱清洁。切断外机电源，打开外机控制箱门，用万用表检测机组电源，确认电源断开后，用软毛刷扫除电气控制箱箱体内的灰尘，以及接触器、继电器等的灰尘；电脑板及控制板用吹风机吹风进行灰尘清扫，然后用吸尘器进行吸尘。

b. 风扇清洗。拆卸风扇罩壳，用软毛刷刷去扇叶表面浮尘，用湿毛巾拭擦扇叶的正反表面，直至清洁。

c. 翅片清洗。同室内机翅片清洗。

d. 箱体清洁。空调机内部箱体清洗主要用水擦洗，在擦洗时要保护好箱体内的所有电路。在清洗空调机组外部箱体时，先把堆积在箱体上的杂物移走，再用吸尘器把壳体上的灰尘清除干净，最后用抹布擦拭一遍箱体外部。较脏时使用清洗剂清洗。密封好电气控制箱和电机部分，防止水分进入导致设备故障。

e. 善后处理。清洗完成后，进行设备复位，现场清理，将清理出来的污物消毒后，密封包装，按垃圾分类处理。

（5）注意事项

① 消毒方式。消毒技术采用高压气泵与喷嘴结合，利用空气动力学原理，产生雾状气体，喷洒后，通过喷嘴吹干，不留异味。

② 消毒剂。应采用疾控部门认可，并有国家卫生部许可证的消毒剂，在全国消毒产品网上备案信息服务平台备案。

③ 清洗过程中用过的真空吸尘设备在改变位置或者从系统中卸下时都应预先密封。空气负压机过滤器的清理，必须在除污房进行清理，严禁露天清理。清理后的除污房内的污物经消毒后放入垃圾箱处理，设备及时消毒。

④ 每次清理出积尘后应对密封集尘袋内外及时消毒，使用有效氯浓度为1000mg/L的含氯消毒剂消毒，直接在积尘上浇洒至完全湿润为止；这既有利于防止积尘污染环境，也有利于消毒剂浇洒均匀，避免遗漏。空调系统清洗出的积尘应该消毒后再按垃圾分类处理。

9.1.5 居家环境

不同居家环境间差异较大，这种差异不仅体现在面积大小上，也表现在居住人口数量、层高、是否有院落、商品房与自建房等方面，上述因素均会对室内空气产生影响。

进行居家空气环境治理的关键是要认识到改善空气质量，不只是做到环境中没有甲醛、苯、$PM_{2.5}$等污染物和异味即可，这些只是居家环境空气治理的最基本要求。真正衡量居家室内空气质量的好坏，还应该考虑合理的温度、湿度、洁净度，以及足够的换气频次、换气量，确保空气质量始终保持在一个良好的水平。

9.1.5.1 居家环境空调系统净化治理

空调系统分类一般分为集中空调和分体式空调。居家环境常用的空调系统一般为分体空调设备，但在一些别墅类型的建筑中也有使用集中空调系统。分体式空调由室内机和室外机组成，分别安装在室内和室外，中间通过管路和电线连接。分体式空调根据空调末端设备置放方式可以分为挂壁式空调、立柜式空调、落地式空调、家用中央空调四大类。家用中央空调系统具有统一的冷热源，通过空调末端设备将冷热源输送到所需的房间，独立服务于每户家庭，可以分为吊顶式中央空调和风机盘管中央空调。别墅类型建筑则会使用水冷机组集中送风或者是风机盘管加新风的方式运行。下面以分体式空调为例介绍其清洗流程。

（1）空调清洗前准备

在清洗前对空调进行试机运行测试，并做好粉尘测试记录。所用清洗设备应满足表9-

16中的技术指标要求。

表 9-16 分体空调清洗设备的技术指标

项目	指标
所有清洗设备	应有出厂检验合格证书；电器应有3C认证
	应在设备明显位置设置产品标牌，标牌上应有设备名称、型号、生产厂名称、出厂编号及生产日期；设备应完好无损，无明显缺陷，各零部件连接可靠，各操作键（钮）灵活有效；设备显示仪表的数字（刻度）应清晰
高压水枪清洗设备	应采用50V以下安全电压水泵设备
	枪头出水压不低于3.5kgf
高温杀菌装置	应采用自来水或纯净水
	蒸汽高温达100℃以上
设备清洗接水漏斗	应是环保材质，承压能力不低于6kg
清洗去污药剂	应采用国家认证环保级专用药剂
操作人员着装	应采用成套安全卫生防护措施
环境防尘布置	应采用环保级现场环境保护和防护材料
登高梯	应使用具有检验合格证书的梯子

在施工前，做好作业区地面防护性工作，并用一次性防护工具对不易移动的物品和设备等进行铺垫和覆盖，例如墙面、沙发、电视机等，防止二次污染损坏。

（2）空调清洗操作步骤

① 有序拆卸。断电并有序拆卸面板、过滤网、百叶、空调外壳等。

② 化学去污。使用专用环保药剂对空调的翅片、风轮、水槽进行化学去污。

③ 零部件清洗。在作业区清洗面板、过滤网、百叶、空调外壳等，防止对周围环境造成二次污染。

④ 高温清洗。用高温蒸汽对表面、翅片、风轮及其零部件进行去污杀菌清洗。

⑤ 高压冲洗。用高压水枪对翅片、风轮、水槽及其零部件进行深度去污冲洗。

⑥ 排污处理。把空调清洗的污水倒在指定排污口，并对排污周围进行擦洗。

⑦ 干燥处理。用毛巾对空调外壳的水渍进行干处理，防止水渍滴落。

⑧ 有序安装。各零部件达到表9-17所列卫生指标后，即可有序安装空调外壳、百叶、过滤网、面板等。

表 9-17 家用分体空调部位卫生指标

部位或部件	卫生指标
过滤网	无结垢、积尘和霉斑
外壳、百叶	无结垢、积尘和霉斑
出风组件	无结垢、积尘和霉斑
排水管	保持通畅，无漏水、堵塞
接水盘	无漏水、污染物、结垢、积尘和霉斑
蒸发器	无污染物、结垢、积尘和霉斑
风轮	无污染物、结垢、积尘和霉斑
送风口、回风口和排风口	无漏水、污染物、结垢、积尘和霉斑

（3）空调清洗后检测

① 试机检测。开机运行试机，并测试空调的粉尘浓度是否达标。

② 清洗完毕。贴上清洗标签，并进行验收。

③ 装备撤离。撤除一次性防护并有序收拾清洗设备。

9.1.5.2　家具等净化治理

新装修人居室内空间,如新房住宅、别墅、公寓等场所,或添加新家具、部分区域重新装修,这类场所室内空气经采样检测发现甲醛等有害气体指标超出国家规定限值,且室内有明显异味,需进行以下净化治理措施:

① 快速清除室内油漆、涂料、地毯等各种有害刺鼻异味;
② 持久清除室内甲醛、苯等有害物质;
③ 室内杀菌消毒、空气净化综合治理。

治理应采用安全无毒、无二次污染的产品,治理后室内空气中的甲醛、苯、TVOC等有害物质浓度应大幅度降低,空气质量应达到《室内空气质量标准》(GB 50325—2020)的要求,即治理后甲醛浓度$\leqslant 0.07 mg/m^3$,苯浓度$\leqslant 0.06 mg/m^3$,TVOC浓度$\leqslant 0.45 mg/m^3$。

治理后应有效去除室内装修刺激性异味,在没有增添新污染源的情况下基本不会出现刺激的浓烈油漆味,达到国家室内空气质量标准。

(1) 治理方案

① 第一步:进行污染源现场勘测,现场采样测定污染程度,根据检测结果制订针对性施工方案。

② 第二步:根据净化治理施工方案(原则是先除异味后除甲醛,后建立无光纳米催化膜),对室内墙面、天花吊顶、窗帘、沙发、床垫以及家具柜子(衣柜、鞋柜、橱柜、电视柜、书柜、酒柜等)、床、桌椅等所有家具进行针对性、系统性的综合治理。

a. 各种木制品柜子处理:柜子的材质主要分为人造板和实木(含红木)。人造板柜子等家具是室内甲醛的主要污染源,同时也是长期污染源。

对人造板柜子,我们采用低分子缩合酶等强力除醛产品进行处理,制剂里的低分子缩合酶超微纳米分子可快速渗入人造板材内部,和尿醛树脂中的甲醛产生聚合反应,生成无毒无害的高分子化合物,从而从根源上解决甲醛污染问题,且不会危害家具和人体健康。在去除甲醛的同时,人造板的一些异味也能够大幅度地下降。

对实木家具,如果有油漆异味,则通过喷涂生物催化剂处理,可快速、高效去除难闻的油漆异味。

b. 床、床垫的治理:床和床垫也是室内甲醛的一大污染源。

床的材质分为实木和人造板,处理方法和柜子基本相同。

床垫是和人体"亲密"接触的家具,一旦床垫出现甲醛超标问题,对人体健康的危害会更大。对床垫棕芯部位我们采用低分子缩合酶处理,可有效去除床垫所含的甲醛等有害物质,并能大幅度去除床垫异味,同时具有杀菌消毒等功效。

c. 窗帘、壁纸、布艺沙发异味处理:窗帘、壁纸、布艺沙发往往是造成室内异味的来源之一,其释放的VOC会危害人体健康,部分窗帘和壁纸还会释放甲醛。

d. 皮革沙发、皮革床、皮革座椅的治理:皮革沙发采用低分子缩合酶、生物催化剂等产品进行处理,可大幅度降解皮革异味,并能去除甲醛、苯系物等有害物质。

e. 墙面、天花板的治理:墙面、天花板喷涂低分子缩合酶进行处理,有墙纸的则先用生物催化剂处理再喷涂低分子缩合酶。低分子缩合酶具有除醛净味、杀菌消毒、净化空气等功效,无毒无害、无二次污染,效果持久。

f. 其他治理：根据实际情况进行其他针对性治理。

③ 第三步：治理施工结束后，进行复检验收，复检合格即可入住。

(2) 治理流程

① 准备工作：施工的房间密闭 12h，门窗全部封闭，关闭排风扇、空调；要把所有的桌椅全部打开；把所有植物、动物移出房间，食物也要移出房间，如果要施工的房间内灰尘较多，需提前清理。

② 初始甲醛浓度测定：房间密闭前首先测定初始甲醛浓度。

③ 处理前甲醛浓度测定：待房间温度保持在 23℃ 以上（温度不够时可提前打开空调或暖气 3~5h），密闭 12h 后，检测房间内甲醛数据。

④ 方案制订：检测完甲醛，根据甲醛数据和现场污染源实物位置计算出单位时间内甲醛的释放量，根据甲醛超标数据、污染源数量、墙壁和地板的装修材质、房间单间面积，综合考虑制订一套有效实用的科学除甲醛方案。

⑤ 现场科学除甲醛施工：专业人员带好全部产品、方案，穿好工服、口罩、帽子、鞋套进现场科学除甲醛施工。

(3) 辅助手法

对于一些异味特别大的房间，先进行高温熏蒸，促使异味快速释放，同时具有杀菌消毒、清洁表面等功效。

对于一些通风效果不理想的空间，药物治理后开臭氧机或高能离子机进行杀菌消毒除味。

9.2 半封闭空间室内空气污染治理

9.2.1 地下商场

9.2.1.1 治理环境与污染物特点

随着我国经济和城市建设的发展，地下空间的开发利用越来越受重视。商用地下建筑包括地下旅馆、地下商场、地下娱乐场所、地下影剧院等。

地下建筑被土壤或岩石包围，其自然条件（包括温度、湿度和通风状况等）与地面建筑存在显著差异。尤其是地下建筑自然通风不足或者缺失，易造成污染物质累积。生活或工作在这种地下建筑之中，容易出现头痛、嗜睡、过敏、眼睛和上呼吸道感染等病态建筑综合征症状，严重时还会引发健康安全事故。因此，维系商用地下建筑价值的一个关键是空气质量有保障。

商用地下建筑的主要空气污染物是潮气、霉菌等微生物、氡及其子体、二氧化碳、可吸入颗粒物、挥发性有机物、甲醛和氨等。

为了全面了解商用地下建筑室内空气污染状况，自 20 世纪 90 年代末期开始，我国科学工作者分别在气候具有代表性的北京、南京、成都、西安、哈尔滨、大连等地对大量不同功能的商用地下建筑进行了空气污染物检测，取得了大量数据，得到如下结论：

① 与人防工程民用化初期的商用地下建筑相比，各类不同功能商用地下建筑的热舒适状况有明显改善，但仍有较多商用地下建筑的湿度大，尤其是夏季和黄梅天，湿度大多维持

在80%左右。

② 由于设置了通风空调系统，大多数商用地下建筑空气中的CO_2浓度可维持在0.10%左右。

③ 商用地下建筑的尘埃和细菌污染较严重，含尘浓度普遍超过容许浓度，大多数调查场所细菌总数大大高于标准。

④ 由于装修和装饰过程大量使用树脂泡沫塑料、胶合板和胶黏剂，再加上抽烟散发的甲醛，致使不少商用地下建筑存在甲醛污染。

⑤ 部分商用地下建筑中的挥发性有机物浓度较高，会造成人员出现嗅觉异味、头昏、疲倦、烦躁等症状。

⑥ 商用地下建筑的放射性危害普遍高于地面建筑，其危害已引起人们的高度关注。对北京、辽宁、湖北、湖南、河南等地商用地下建筑的调查结果显示，80%左右测试点的当量氡浓度小于$100Bq/m^3$，超过$200Bq/m^3$的约占10%左右，大于$400Bq/m^3$的检测点不足5%。可以看出，少数商用地下建筑的氡浓度非常高，必须引起足够的重视。

地下建筑自然通风不畅，因而相对地上建筑，其空气污染程度通常更高。地下建筑由岩石、土壤等围挡而成，且埋深较大，这使得其放射性污染水平偏高；湿度高则导致微生物类污染水平偏高。为了保障商用地下建筑空气质量，同样要从源头控制、通风释放和空气净化三方面入手。就源头控制而言，不宜在放射性污染水平太高的地下建设商用地下建筑。就通风而言，合理的气流组织和足够的新风量是维系商用地下建筑空气质量的基础，同时还要特别防止出现通风死角。就空气净化而言，要做到颗粒物、化学污染物和微生物兼顾，尤其要注意采用紫外线、臭氧或过滤协同紫外线（或臭氧）等技术手段及时消杀病原微生物。

9.2.1.2 空调净化治理

随着城市地下商场的不断发展，半封闭式的地下商场空气质量对公共卫生安全也产生了重要的影响，因此对地下商场通风和空调系统提出了更高的卫生要求。本书遵照国家相关规定要求，根据地下商场的建筑环境特点，结合行业规范标准，提出集中空调系统净化治理的相关作业标准、工艺流程、综合措施以及现代空调新技术的运用，以促进地下商场空调系统公共卫生环境更加规范标准和健康安全。

（1）地下商场空调结构环境及运用情况

一般地下商场呈半封闭状态、人流聚散变化较大、空气混浊，湿度相对也大。因此，对地下商场空调系统的空气净化治理要求，相对于地面公共场所的空调系统更加特殊。

空调送风的动力设备，除了AHU组合式空调箱和PAU新风机外，还配置了一定数量的送/排风机、消防排烟机、加压风机和新风全热交换器，并且空调系统的各类主风管（送/回/排风、新风）的口径（扁宽型）较大，送风方式为散流器顶送集中回风，以此来改善地下空间环境的新风质量（图9-21）。

然而，由于土壤的蓄热特性，以及环境具有一定的温度调节能力，使得地下商场全年的室温波动幅度相对较小，空气的自然流通性较差。因此，地下商场必须全年实行全新风方式运作，须有足够的环境空气换气次数（10~15次/h），即在全年营业日期间，不间断进行环境通风换气，并定期进行环境和空调设施的净化、消毒与检测。

图 9-21 空调环境下的地下商场

(2) 地下商场空调的净化治理

地下商场空调的净化治理工作由两方面组成：其一，净化工作，即空调通风系统的定期清洗消毒以及卫生效果检测；其二，治理工作，即空调环境的空气质量管理措施。主要内容由净化工作方法、治理措施等两部分组成。

① 净化工作。地下商场空调的净化应根据国家相关法规要求执行，针对空调系统的卫生状态，进行清洗消毒，以确保地下商业环境空气清新卫生，具体净化工作内容和见表9-18。

表 9-18 清洗的主要内容

项目	机组	风管	风口	风机盘管
设备设施类目	空调箱 新风机 排风机 送风机* 全热交换器*	送风管 回风管 排风管 风机盘管送风管	送风口散流器 回风口格栅 排风口格栅	有回风箱 无回风箱
清洗消毒内容	空调类机组： 表冷器翅片、冷凝水积水盘、加湿(热)器、箱体内壁、风机涡轮壳、电机表面、空气过滤器、进风阀等。 送排风类机组： 空气过滤器、涡轮涡壳、箱体内表面、电机表面等	主风管内表面及其风阀，主风管上的消音器，支风管内表面及其风阀，风机盘管送风管，铝箔软风管，全热交换器空气滤芯	格栅及其空气过滤网片，散流体及其送风调节阀片	表冷气，冷凝水积水盘，风机涡轮，回风箱内表面

注：表内标注"*"的设备，都是空调环境的送排风设备。

空调的送排风设备一般不列入空调通风系统清洗消毒范围。但对于地下商场环境，它们都用于调节地下空间的新风质量，此外，从空调系统的防疫抗疫的医学角度考虑，也都有必要进行清洗消毒。

各部件清洗基本流程见表9-19至表9-22。

表 9-19 机组清洗的基本流程

序号	项目/设备/洗化剂	清洗流程
1	①清洗项目： 空调箱 新风机 ②清洗设备 高压水泵清洗机、电动消毒机、气压喷壶。 ③洗化剂： 空调翅片清洗剂、季铵盐消毒剂。	①清洗进风过滤器和风阀：拆卸冲洗，并且冲洗进风阀的积尘。 ②清洗表冷器：用清洗剂喷洒翅片5~8min后用高压清水冲洗污垢。 ③清洗涡轮风机：打开涡壳底部泄水孔，高压清水冲洗涡壳内的涡轮，直到冲洗后的水变清澈。 ④清洗湿(热)器：表面喷洒清洗剂后5~8min高压清水冲洗表面积尘。 ⑤清洗电机表面：擦拭表面霉斑污垢。 ⑥清洗箱体内壁和冷凝水积盘：高压清水冲洗积灰后，擦拭干净。 ⑦空调机组消毒：用电动消毒机将季铵盐消毒剂喷洒至表冷器翅片、整个机箱内部各部件，关闭箱门实施30min熏蒸消毒
2	①清洗项目： 送/排风机 ②清洗设备 工业吸尘机、电动消毒机 ③洗化剂： 季铵盐消毒剂	①清洗风机机组：打开检修舱门，用吸尘机清理清扫箱内积灰积垢。 ②风机机组消毒：同空调机组消毒
3	①清洗项目： 新风系统全热交换器 ②清洗设备 工业吸尘机、电动消毒机 ③洗化剂 季铵盐消毒剂	①清洗新风系统全热交换器：拆卸四个风口的风管，用吸尘机清扫四个风口积灰。 ②用吸尘清扫机热交换芯积灰，或者更换热交换芯。 ③全热交换器消毒：用电动消毒机向每个风口喷洒季铵盐类消毒剂

表 9-20 风管清洗的基本流程

序号	项目/设备/洗化剂	清洗流程
1	①清洗项目： 送/排/回风主管 ②清洗设备： 清洗/消毒机器人 负压机 消毒机器人 ③消毒剂： 金属风管用季铵盐消毒剂 非金属风管用过氧化类消毒剂	①清洗顺序：当完成该风管的支管清洗后，沿送/排/回风方向清洗。 ②清洗准备：拆卸散流器，主风管清洗段头尾开孔，所有风口用塑膜临时封闭，主风管清洗段两头用气囊或海绵封堵。 ③主风管内施加负压：在风管清洗段尾孔用4000~8000m³/h负压机给主风管清洗段施加负压。 ④清洗主风管：清洗风管前，清洗机器人沿清洗方向视频勘察现状，然后机器人在视频监控下，清洗风管直至风管表面洁净。 ⑤消毒主风管：主风管清洗后，消毒机器人在视频监控下，沿清洗方向对风管内壁喷洒消毒剂。 ⑥收工：上述工序按段作业。完成主风管清洗后，将开孔封闭、保温处理、安装散流器格栅(已清洗消毒)，清理、复原现场
2	①清洗项目： 支风管 ②清洗设备： 吸尘式软轴机、电动消毒机 ③消毒剂： 金属风管用季铵盐消毒剂 非金属风管用过氧化类消毒剂	①清洗顺序：从风口向主风管方向清洗。 ②清洗准备：负压机给主风管施加负压，并拆卸所有支管的风口散流器格栅。 ③清洗支风管：用吸尘式软轴机从风口向主风管方向往复清洗直至管内洁净。 ④消毒支风管：清洗支风管后，用电动消毒机从风口向里喷洒消毒剂。 ⑤清洗收工：主风管上每根支管，均按上述工序作业，完成主风管上的所有支管的清洗后，安装散流器格栅(已清洗消毒)，清理、复原现场
3	①清洗项目： 风机盘管送风管 ②清洗设备： 吸尘式软轴机 电动消毒机 ③消毒剂： 金属风管用季铵盐消毒剂 非金属风管用过氧化类消毒剂	①清洗顺序：从风管末端向风机盘管方向清洗。 ②清洗准备：拆卸散流器，如风管上不止一个散流器，将远端散流器孔作为清洗孔，其他风口用塑膜临时封闭。 ③清洗风管：用吸尘式软轴机从风口向风机盘管方向往复清洗直至管内洁净。 ④消毒风管：清洗风机盘管风管后，用电动消毒机从风口向里喷洒消毒剂。 清洗收工：安装、复原散流器

表 9-21 风口、空气过滤器清洗的基本流程

序号	项目/设备/洗化剂	清洗流程
1	①清洗项目： 散流器 回风格栅及其滤网 ②清洗设备 高压水泵清洗机 ③消毒剂： 金属用季铵盐类消毒剂 非金属用过氧化类消毒剂	①拆卸散流器格栅及其网片； ②用高压水泵清洗机冲洗污垢直至洁净； ③浸泡在规定配比的消毒液中10min； ④清水冲洗消毒液残迹并晾干； ⑤安装复原风口散流器格栅
2	①清洗项目： 空气过滤器 ②清洗设备 高压水泵清洗机 工业吸尘机 电动消毒机 ③消毒剂：过氧化类消毒剂	①拆卸过滤器（机组）； ②采用干式清洗方式，用工业吸尘器去除空气过滤器表面污染物； ③对于污染严重而清洗效果不良的，应更换过滤器； ④用电动消毒机对过滤器喷洒消毒液； ⑤安装复原过滤器

表 9-22 风机盘管清洗的基本流程

项目/设备/洗化剂	清洗流程
①清洗项目： 风机盘管（湿式清洗） ②清洗设备： 高压泵清洗机 吸水机 ③洗化剂： 季铵盐消毒剂 酸（中）性清洗剂	①拆卸风机、表冷器和积水盘； ②堵塞积水盘落水孔； ③在表冷器翅片上喷洒酸性或中性清洗剂，放置3~5min； ④用小毛刷和低压清水冲刷清洗翅片直至翅片洁净通透，再刷洗水盘，清除水垢水藻沉积物，然后用吸水机吸干擦净，最后将回风箱内壁擦干净； ⑤翅片和回风箱内壁喷洒消毒液静置10min； ⑥防水措施保护电机，用高压清水冲洗风机涡轮，直至洁净无污，并晾干； ⑦安装清洗后的风机、表冷器和积水盘并调试正常

② 治理措施。集中空调通风系统虽经过清洗消毒，但地下商场的人流会造成尘埃浓度较高，而灰尘是细菌的载体，其会助推病毒细菌的传播和扩散，造成空气中的病毒细菌浓度相应提高。因此，在集中空调通风系统清洗消毒的基础上，还应采取一些对应的治理措施，以进一步改善和提升空调系统的卫生安全运行效果。

那么，地下商场空调系统治理措施应有哪些呢？在空调清洗消毒取得良好效果的基础上，空调治理的针对性，应该重点落实到气流控制和强化空气过滤等方面：

a. 气流控制治理措施。

地下商场的空调系统一般都是全空气空调系统。图9-22所示的是全空气空调系统的细菌病毒通过空调风管传播的过程。空调系统的气流属空调循环风，细菌病毒可以通过循环风从局部很快地传播到全部。阻断隔离空调循环风中病毒细菌污染的具体措施如下：

污染程度较低的场所应以最大新风量运行，并尽量关小回风；污染程度较高的场所应关闭回风（详见图9-23）。

空调机组具有混风结构的，开启前应关闭系统的混风组件，停止混风模式。

启动所有排风机组（包括消防排烟机）排风，促使室外新风大量进入，起到快速改善地下商场环境空气质量的效果。

关闭回风阀或者回风组件是控制空调气流的一种方法,从图 9-23 可看出,该方法是阻断原先循环的空调气流,形成单向的空调气流,即空调机组不断从室外引入新风,经过空调处理后,又由排风机组不断从室内排放到室外。这样单向流动的地下环境空气,可以保持地下商场环境空气一定程度的清新舒爽,但要提升环境空气的卫生质量,还需进一步提升空调的高效除尘灭菌效果。

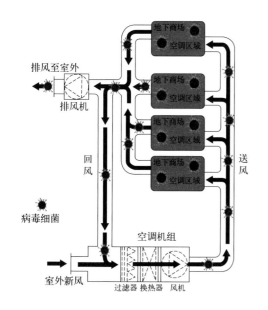

图 9-22　空气空调病菌传播过程　　　　图 9-23　隔离空调循环风

b. 强化空气过滤的治理措施。

地下商场环境的自然通风较差,空气浑浊湿霉,人流聚散频繁,空气中的 PM_{10}、$PM_{2.5}$ 颗粒物及其气溶胶飞沫等自然浓度较高,致使地下商场的环境空气质量会低于其他公共场所。根据《室内空气质量标准》(GB/T 18883—2022),与空调系统有关的室内空气质量指标限值见表 9-23。

表 9-23　空调系统指标

序号	分类	指标名称	计量单位	限值
1	物理性	温度	℃	夏 22~28,冬 16~24
2		相对湿度	%	夏 40~80,冬 30~60
3		空气流速	m/s	0.3~0.2
4		新风量	$m^3/(h·人)$	≥30
5	化学性	可吸入颗粒物(PM_{10})	$\mu g/m^3$	≤150
6	生物性	细菌总数	CFU/m^3	≤1500

从表 9-23 中数据看,现代空调技术完全有能力达到物理性指标,而其中化学性和生物性指标,就需要在空调通风系统内加装净化消毒装置。这种净化过滤装置的技术功能,不仅风阻小、病毒细菌杀灭性强,而且空气过滤系统属于高效以上等级,用来净化治理地下商场空调系统送风的卫生质量颇为理想。

有关空调设备上加装空气净化消毒装置,提高空调送风洁净程度的相应方式如下。

在空调机组上加装新风净化消毒过滤装置。如图 9-24 所示,在空调机组中安装新风净化消毒过滤装置后,空调环境中的病毒细菌就会随空调循环气流进入空调机组内,被净化消毒过滤装置阻挡消杀,进而大大提升空调新风的卫生质量。

在新风全热交换器上加装新风净化消毒过滤装置。全热交换器工作时,室内排风和室外新风分别呈正交叉方式流经全热交换器的换热器芯体,两股气流通过分隔板呈现热交换现象。在夏季运行时,新风从空调排风获得冷量,温度降低,同时被空调风干燥,含湿量降低;在冬季运行时,新风从空调室排风获得热量,温度升高。全热交换器在地下商场和地下停车场中是常用的新风设备。

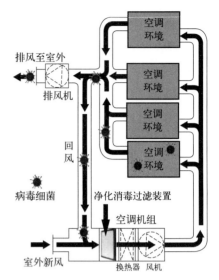

图 9-24　空调机组加装新风净化消毒装置

当在全热交换器的排风入口和新风入口分别加装新风净化消毒装置(详见图 9-25)时,如果空调环境(地下商场内)有传染性疾病的病毒细菌,那么这些病毒细菌便随着空调气流,被排风口的净化消毒装置阻断消杀。同样,当室外带有病毒细菌的新风进入全热交换器新风进口时,也会被净化消毒装置阻断消杀。最终卫生安全的新风进入空调系统(地下商场)。

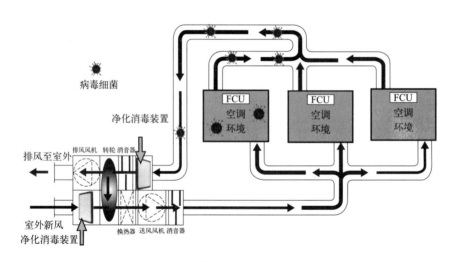

图 9-25　新风全热交换器加装净化消毒装置

在风机盘管回风箱内加装净化消毒装置。在风机盘管运行的空调环境中,送风与回风形成循环气流。如在回风箱内加装净化消毒装置(详见图 9-26)后,即便病毒细菌混入回风,进入回风箱也会被箱内加装的净化消毒装置阻挡杀灭,从而确保风机盘管的送风卫生质量。根据风机盘管的拆洗和维保修理需要,在回风箱底部应该设有一个检修舱门。

综上所述,为确保地下商场公共卫生的空气质量规范达标,从规范的综合治理和新科技运用角度,结合地下商场公共场所空气质量的特点,提出集中空调系统净化治理的作业标准、工艺流程以及现代空调新技术运用的对策措施,旨在进一步适应公共卫生健康安全的要求及时代的发展,使地下商场空调系统公共卫生环境的净化与治理更具科学性、先进性。

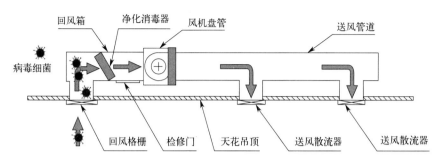

图 9-26　风机盘管加装净化消毒装置

9.2.1.3　桌椅等净化治理

(1) 现场勘验

按照指定地点与时间,进行现场勘验,确定治理位置、治理面积、治理步骤与其他特殊治理要求。

(2) 空气净化前初测

净化处理工作开始前,应根据 GB 50325—2010 对相应指标进行抽样自测,并向客户方出具空气质量初测结果。

(3) 终端净化产品的现场调配

将光催化剂系列产品与一定质量的水进行现场调配,配制空气净化服务所需的终端净化产品。用于调配用途的水的种类,包括但不限于去离子水、超纯水和自来水。

(4) 终端净化产品的喷涂

使用空气压缩机、空气喷枪等设备对现场装饰物内外表面与家具内外表面进行终端净化产品的喷涂。根据墙面所用建材制订具体实施方案,如墙面为硅藻泥涂料,吸水性较好;地板所用建材为瓷砖,吸水性较差。具体喷涂流程为:

① 对天花板、墙面表面进行喷涂处理;

② 对家具内外表面进行喷涂处理;

③ 对地面表面进行喷涂处理,并离开治理区域。

对治理区域所有建材表面进行喷涂处理后,保持喷涂现场通风至所喷涂产品中水分完全挥发。视现场具体情况,对空气净化后的现场进行 12~24h 的通风处理。

(5) 空气净化后复测

空气净化服务完成后 30 日内,安排自检复测流程,对场地内进行全面抽样检测,验收的基本流程跟初次检测相同,如复测后存在部分区域不达标,则应对未达标区域进行强化治理,直至达标。

(6) 项目验收

完成空气净化后复测后,进行验收工作。验收标准为《民用建筑工程室内环境污染控制标准》(GB 50325—2020),各类污染物浓度限值见表 9-24。

表 9-24　GB 50325—2025 规定的民用建筑工程室内环境污染物浓度限量

污染物	Ⅰ类民用建筑工程	Ⅱ类民用建筑工程
甲醛	≤0.08	≤0.10
苯	≤0.09	≤0.09
TVOC	≤0.5	≤0.6

注：Ⅰ类民用建筑工程包括住宅、医院、幼儿园、老年建筑、学校教室等民用建筑工程；
　　Ⅱ类民用建筑工程包括酒店、旅店、文化娱乐场所、书店、图书馆、展览馆、体育馆、商场（店）、公共交通工具等候室、医院候诊室、饭馆、理发店等公共建筑。

纵观国内外成功的地下空间内部环境设计，要创造一个健康、舒适、节能、安全的内部环境，必须根据地下工程内部环境的特点，建立地下工程内部环境质量控制体系，科学地配置空气环境保障系统，运用内部环境保障的新技术，使地下空间具有舒适的湿热环境和听觉环境，空气质量达到一定的卫生标准，氡和异味得到有效控制；同时，一个良好的地下空间内部环境既要重视生理和物理环境的设计，又要重视与建筑心理环境密切配合。

9.2.2　地下停车库

随着经济的发展和人民生活水平的不断提高，城市汽车保有量正在飞速增长，停留在街道上或人行道上的车辆不仅导致交通不畅，也会遮挡室外空间视野，占用活动场地及绿地。因此，地下停车场成为住宅和各类公共建筑物的必备配套设施。地下停车场与工作、生活的关系越来越密切，其空气质量如何、对人们的生活和身体健康有何影响、如何提高地下停车场的空气质量等问题越来越受到重视。

目前大气环境污染引起较多关注，许多研究关注污染物的来源解析和健康评估，研究对象多为住宅、办公区和医院学校等公共场所，而具有半封闭结构的地下停车场，因不属于室内环境，较少受到关注。地下停车场靠自然通风很难达到充分换气的目的，需要辅之以机械通风，但机械通风装置往往因能耗问题处于关闭状态，大量机动车集中排放污染物，导致污染累积，从而危害人群健康。同时也有研究表明，停车场内污染物可能通过通风系统进一步影响室内空气质量，导致人群更长时间暴露于污染之中，因此，地下停车库中的污染物净化治理是大气污染治理中不容忽视的问题。

9.2.2.1　治理环境污染物特点

（1）地下停车库环境空气污染物来源

地下停车库内往往停放大量机动车，污染物主要通过尾气和蒸发集中排放，同时地下停车库又是部分居民每天的必经之路，既是污染排放源头，也是对人群健康产生危害的污染严重区域。地下停车库内汽车排放的有害物主要是一氧化碳（CO）、氮氧化物（NO_x）、碳氢化合物（C_mH_n）、烟尘颗粒、VOCs 等，除此之外，氡（Rn）污染同样是一个不容忽视的因素。它们来源于汽车的燃油箱、化油器及排气系统等。有的汽油内加有四乙基铅作抗爆剂，致使排出的尾气中含有大量铅成分，其毒性比有机铅大 100 倍，对人体的健康和安全危害很大。根据车辆使用过程，在停车场内发生的蒸发排放主要有三种：①车辆开入停车场过程中的油气挥发，称为运行损失；②车辆熄火后，因油路系统高温引起的热浸排放；③机动车静置状态下，油路系统随着环境温度变化产生的昼间排放。

（2）地下停车库净化的特殊性

① 大气污染的影响。一氧化碳（CO）是最易中毒且中毒情况最多的一种气体，它是碳

不完全燃烧的产物。一氧化碳被吸入人体后，经肺吸收进入血液。一氧化碳与血红蛋白的亲和能力比氧气大 210 倍，因而很快形成碳氧血色素，阻碍血色素输送氧气，导致人严重缺氧，发生中毒现象。

碳氢化合物（C_mH_n）主要是燃油蒸发及不完全燃烧的产物，有 200 多种不同的组分，含有致癌物质，属挥发性有机物，容易在阳光照射下形成光化学烟雾。各种牌号的汽油内芳香族 46 碳氢化合物的含量一般为 2%~16%，汽油蒸气进入人体后，会引起特殊的刺激；严重时会导致人丧失知觉，并引起痉挛。

氮氧化合物（NO_x）是在燃烧室高温高压条件下，由氮和氧化合而成，主要是指 NO、NO_2，高浓度的 NO_x 是引起酸雨和光化学污染的因素之一，会造成粮食作物和山林大规模枯萎，浸蚀工程建筑和机器设备，排到空气中也易使人中毒，对黏膜、神经系统、造血系统造成损害。

氡气是一种放射性气体，其质量比空气大 7.5 倍，主要来自岩石、土壤、地下水、建筑材料和室外空气。氡气无色无味，目前还没有专业检测方法，难以探测。氡与人体脂肪具有高度的亲和力，可以广泛存在于脂肪组织、神经系统和血液中。特别是进入呼吸系统后，衰变会释放出 α 射线，从而引发肺癌。

烟尘颗粒、VOCs 等也会对人体健康造成威胁。此外，许多有害物还有易燃易爆危险。汽油发爆极限为下限 2.5%，上限为 4.8%；空气中一氧化碳的含量达到 15%~75% 时，也会发生爆炸。

② 空气洁净度。地下停车场的主要污染来源就是汽车尾气，其空气洁净度必须考虑到使用者的舒适性和健康性，但是对于具有半封闭结构的地下停车场而言，其环境标准还不够完善，通常的做法是借鉴其他标准来进行地下停车库环境空气质量的评价，鉴于居民进入地下停车场不属于职业性接触，因此可以参考我国有衡量室内空气质量的标准《室内空气质量标准》（GB/T 18883—2022），这套标准衡量了室内清洁度和室内舒适度，都有不同的参数，地下的停车场环境舒适度可以达到这个标准的要求，但是对整个室内环境清洁度评分影响较大。

对于地下停车场，适当的温度和不超过标准规定的 CO 浓度是衡量地下停车场空气质量的两个主要指标。地下停车场的温度要求为不低于 5℃，由于地下停车场处于土壤包围之中，而土壤具有较好的热稳定性，受大气温度变化的影响不大。因此，在我国的大部分地区，这个温度都能够达到。不过，也正是因为地下停车场处于土壤包围之中，自然通风换气不足可能导致较严重的空气污染问题。

地下停车场最主要的污染源是汽车尾气，与之相关的污染物主要包括 CO、氮氧化物和总烃。其中，CO 具有稳定、易检测等特征，通常作为地下停车场的指示性污染物加以研究。

9.2.2.2 环境净化治理

地下停车场空气污染主要通过通风来控制，调查研究发现，只要地下停车场的通风系统设计合理，并且正常运行，空气质量就能够符合有关规定。一般来说，新风系统和排气系统可以让地下停车库保持更好的空气质量。但调查发现部分地下停车库通风设计中的新风量明显不足甚至无通风设计，排风量过小甚至无排风设计，无法充分稀释和消散空气中的污染物。此外，也存在为了减少能源消耗，人为地减少送风量的情况，这会使室内的换气次数减少，无法充分稀释污染物，影响室内空气质量。地下停车场的污染物净化治理情况如下：

① 污染物排放浓度标准。对于一氧化碳（CO），《公共建筑节能设计标准》（GB 50189—2015）规定，地下停车库的通风系统宜根据使用情况对通风机设置定时启停（台数）控制或根据车库内的CO浓度进行自动运行控制，停车库中CO容许浓度规定为$(3\sim5)\times10^{-6}\ m^3/m^3$。《民用建筑供暖通风与空气调节设计规范》（GB 50736—2012）指出车库内自然通风不能满足CO最高允许浓度应不大于$30mg/m^3$的标准时应设机械通风系统。

在怠速状态下，CO、C_mH_n、NO_x三种有害物散发量的比例大约为7∶1.5∶0.2，CO占主要部分，根据《工业企业设计卫生标准》（GBZ 1—2010），需要提供充足的新鲜空气，将空气中的CO浓度稀释到该标准规定的范围以下，C_mH_n、NO_x才能满足该标准的要求。

氡被世界卫生组织（WHO）列为19种主要环境致癌物之一，我国的《公共地下建筑及地热水应用中氡的放射防护要求》（WS/T 668—2019）规定地下建筑中平均氡浓度的参考水平为$400Bq/m^3$。

② 污染物源强分析。在环评工作中车辆尾气排放源强的计算一般采用类比预测法及经验公式法，可按以下两种常用的经验公式进行预测计算。

a. 经验公式一：汽车废气污染物排放量按式(9-1)和式(9-2)计算。

$$D=\frac{QT(K+1)A}{1.29} \tag{9-1}$$

式中，D为废气排放量，m^3/h；Q为汽车车流量，辆/h；T为车辆在车库运行时间，min；K为空燃比；A为燃油耗量，kg/min。

$$G=DCF \tag{9-2}$$

式中，G为污染物排放速率，kg/h；C为排放废气中污染物的体积分数，10^{-6}；F为体积与质量换算系数。

按停车库体积及单位时间换气次数计算单位时间废气排放量，再按照污染物排放速率计算各停车库的排放污染物质量浓度，计算方法如下：

$$C=\frac{G\times10^6}{Q} \tag{9-3}$$

$$Q=nV \tag{9-4}$$

式中，n为单位时间换气次数；V为停车库体积，m^3；G为污染物排放速率，kg/h；C为排放污染物质量浓度，mg/m^3。

汽车废气中主要污染物的体积分数见表9-25。汽车耗油量与汽车状态有关，根据统计资料及类比调查，车辆进出车库（车速<5km/h）平均耗油量为0.2L/min，即0.15kg/min。当汽车进出停车库时，平均空燃比约为12∶1。

表9-25 机动车怠速和正常行驶时主要污染物排放

车辆类别	行驶状态	$\varphi(CO)/\%$	$\varphi(C_mH_n)$（以正戊烷计）$/10^{-6}$	$\varphi(NO_x)$（以NO_2计）$/10^{-6}$
小型车（汽油）	怠速行驶（<5km/h）	4.07	1200	600
	正常行驶（≥5km/h）	2	400	1000
大型车（柴油）	怠速行驶（<5km/h）	2.4	1500	30
	正常行驶（≥5km/h）	0.54	400	240

b. 经验公式二：地下车库尾气中CO排放量比C_mH_n、NO_x大，只要将CO浓度稀释

至规定的标准范围内，那么其他两种污染物浓度也将降低至标准范围内。因此一般估算地下车库汽车尾气排放量，仅计算 CO 的排放量即可。地下车库有害物散发量按式(9-5)计算：

$$Q=\frac{ABCD}{E} \tag{9-5}$$

式中，Q 为单位地面面积汽车排放的 CO 量，$mg/(m^2 \cdot h)$；A 为地下车库单位地面面积车位数，m^{-2}；B 为地下车库汽车出入频度，h^{-1}，一般由调查类比确定；C 为汽车发动机在车库内的平均运行时间，s；D 为某类汽车单位时间内 CO 的排放量，mg/s；E 为 CO 的排放量占汽车总排放量的百分比，0.98%。

③ 监测。空气中 CO 的测量方法主要有非分散红外法（不分光红外线法）、气相色谱法、电化学法等。二氧化氮的测定方法主要有改进的 Saltzman 法和化学发光法等。甲醛的测定可使用填充了涂渍 2,4-二硝基苯肼（DNPH）的采样管采集一定体积的空气样品，样品中的甲醛经强酸催化与涂渍于硅胶上的 DNPH 反应，生成稳定有颜色的甲醛-2,4-二硝基苯腙，经乙腈洗脱后，使用具有紫外检测器或二极管阵列检测器的高效液相色谱仪进行分析，外标法定量。TVOC 的测定可用采样管采集室内空气中的挥发性有机物，将采样管置于热解吸池中解吸，经气相色谱分离，使用质谱检测器进行分析，外标法定量。可吸入颗粒物和细颗粒物的测定分别通过具有一定切割特性的采样器，以恒速抽取定量体积空气，使室内空气中的 PM_{10} 和 $PM_{2.5}$ 被截留在已知质量的滤膜上，根据采样前后滤膜的质量差和采样体积，计算出 PM_{10} 和 $PM_{2.5}$ 浓度。氡气通过扩散进入采样盒，氡及其衰变产物发射的 α 粒子打到固定在采样盒内的固体核径迹探测器，形成原子尺度的潜径迹，然后将探测器进行化学或电化学蚀制，潜径迹会扩大成用显微镜等装置可观测的永久性径迹，径迹密度与氡累积暴露量成正比，最后可根据观测到的径迹密度、采样时间和刻度系数计算室内空气中的平均氡浓度。

④ 净化技术。近年来，主要通过污染源控制、通风稀释和复合净化等方法，对地下停车场空气污染问题进行治理，具有良好的应用效果。

污染源控制是最根本的手段。但是，城市化背景下，机动车数量逐年增加，简单地采用该种净化处理方法，难以对地下停车场污染物进行全面净化，仍然存在很多遗漏之处。以该方式去除污染物最常用的方法为定期对风管以及过滤器进行清洗，以清除其内部因系统长期运行造成的积灰和细菌污染源。此外通过堵塞缝隙、在墙壁和地面涂防氡涂料亦是通过控制污染源的方式降低室内氡浓度。

通风稀释是通过清洁空气进行稀释与混合的方式来降低地下停车场内污染物浓度。可以根据室内要求的洁净度或污染物的排放量，来确定供给空气的洁净水平和换气次数等。虽然使用这个方法可以获得较好的效果，但是有可能会出现因气流紊乱而导致污染物在室内反复循环的情况，所以在洁净度要求很高的洁净室中，需要对人员和设备进行合理的分配和布局。另外，如果室内环境比较差，增加新风量反而会使地下停车场内的污染问题加剧。

复合净化是指现有通风系统形式和主要运行参数保持不变，在通风系统中，对复合净化单元进行有效设置，或者将复合净化器单独设置在地下停车场内。所谓复合净化并不是净化技术的简单叠加，而是通过不同净化技术的有机组合实现优势互补，最大程度地发挥每种净化技术优势的同时，还能互相弥补各自的不足。具体实践中，要采用正确的方式对复合净化单元的使用过程进行严格控制，依据实际污染物处理要求，对各功能处理段进行合理设置，使其顺序正确，以对地下停车场内的各类污染物进行单独处理或联合处理，依据标准要求，对污染物浓度进行合理控制，使其在限值范围内。

此外，换气方式的选择对通风稀释和复合净化效果以及能源的有效利用具有很大的影响，有机械换气和自然换气两种方式。机械换气为通过送风机的给排气作用来进行换气的方法。使用这种方法时，室内空气的压力很容易取得平衡，所以无论是正压还是负压都能够方便地实现。也可使用送风机等进行给气，而排气则通过排气口自然排出（自然排气）。如果排气口设置得当，那么可以确保室内维持正压状态。另外一种方法是通过给气口自然给气，使用送风机进行排气。如果给气口设置得当，可以确保室内维持负压状态，该法特别适用于工厂等环境中有害物质的完全排出，或是避免厕所等产生的臭气出现泄漏等情况。

目前，针对地下停车场内各类污染物的净化方法主要有静电除尘、等离子、光催化等等。各种净化技术的主要技术特点如表 9-26 所示。

表 9-26 空气污染物常用净化技术及其特点

净化技术	可净化污染物种类	优点	缺点
纤维过滤	PM_{10}、$PM_{2.5}$、氡	价格低廉、安装方便	阻力与净化效率相关，中、高效过滤器阻力相对较大
静电除尘	PM_{10}、$PM_{2.5}$	除尘效率高、除尘粒径范围广、压力损失小	投资高、集尘后放电效率下降、电场易击穿等
紫外线杀菌	微生物	杀菌效率高、安全方便、无残留毒性、无污染环境、阻力小	动态杀菌效果相对较差
活性炭吸附	CO、C_mH_n、NO_x、甲醛、氡等	来源广泛、污染物净化范围较大、不易造成二次污染	存在饱和再生问题，阻力相对较大，无机物处理效果不好
等离子	室内所有污染物	污染物净化范围较大	往往不能彻底降解污染物，会产生其他副产物
负离子	PM_{10}、$PM_{2.5}$、微生物	能加速新陈代谢、强化细胞机能、对一些疾病有治疗功效	会产生大量臭氧，导致二次污染；沉积的尘埃污染墙壁
光催化	TVOC、微生物、CO、NO_x 等	净化范围广、反应条件温和、不存在吸附饱和现象、寿命长	相对于活性炭吸附技术而言，净化速率较慢；反应不完全易造成二次污染

由于地下停车场内存在的污染物质的种类相对较多，所以在治理的过程中采用相对较为单一的净化技术很难对该些污染物进行有效的处理，要想使各种类型的污染物浓度达到净化的标准以及控制净化过程中的成本，并且使净化系统的运行维护相对较为方便，在运行过程中保持长期稳定的运行状态，在其日常运行过程中不会造成环境的二次污染等，应当结合现阶段空气净化技术的主要特点展开多项技术的集成研究，换言之就是对地下停车场内的机动车尾气的污染物处理工艺和相关技术手段进行有机的结合，从而建立起一个科学合理、安全绿色的机动车尾气净化处理系统。

⑤ 相关案例。

a. 案例一：公共建筑项目地下停车库。

车库位于重庆市九龙坡高新区某公共建筑项目西南角的 $10^{\#}$ 楼地下部分，项目四周为市政道路，周边无遮挡；$10^{\#}$ 楼东侧为 4 层高的公共建筑，南、北和西面三面均为园区内道路,如图 9-27,车库出入口位于北侧,车库层建筑面积 2854.07m²,层高 3.9m。该项目地下车库面积大于 1000m²,根据《汽车库、修车库、停车场设计防火规范》(GB 50067—2014)的要求,建筑面积大于 1000m² 的地下一层汽车库应设置排烟设施,故在设计初期,该地下车库的通风排烟方式为机械通风方式。

考虑到机械通风方式的弊端,如后期建筑运行时,若通风系统不运行或未严格按照设计要求规范运行,后期车库室内空气品质将较差,无法满足改善室内空气品质的初衷。为此,进一步考虑优化设计,在项目西侧增设下沉庭院,下沉庭院标高与车库标高平齐,利用下沉庭院作为通风入口,同时在项目的东侧挡土墙区域设置一部分采光天井,兼做通风出口。通过下沉庭院侧墙开窗,采光天井侧墙开窗,结合车库出入口合理组织地下车库内的气流,对该绿色建筑地下车库进行自然通风设计,如图 9-28 所示。

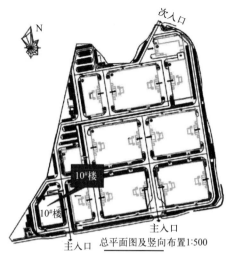

图 9-27 项目情况示意图

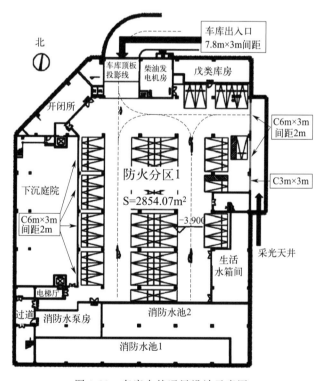

图 9-28 车库自然通风设计示意图

通过数值模拟分析,车库室内平均风速在 0.25~1.65m/s 之间,平均风速约为 0.75m/s,通风效果较好,自然通风条件下,地下车库的速度分布较为明显,自然通风效果较好。污染面源附近一氧化碳浓度最高,大于 30mg/m³;由于室外空气对室内 CO 的稀释作用,使得其余地方的一氧化碳浓度值较为均匀,约为 11.25mg/m³,小于 30mg/m³,处于《工作场所有害因素职业接触限值 第1部分：化学有害因素》（GBZ 2.1—2019）规定的一氧化碳短时接触浓度限值范围内。

b. 案例二：商场地下停车库。

根据重庆市商场地下停车库利用的实际情况，选择沙坪坝商圈、观音桥商圈和解放碑商圈三个商圈的地下停车库进行空气质量研究，每个商圈选择5个地下车库，共15个地下车库，其中最大面积约为10500m^2，最小面积约为1500m^2，车位最多为500多个，最少的为100个左右。通过现场实地调查发现，重庆大多数商场地下停车库采用通风稀释的方法对污染物进行净化，其机械通风系统大部分时间处于关闭状态，只有少数地下车库的机械通风系统会在夏季使用。

考虑到CO被认为是地下车库的主要化学污染物以及目前对车库空气的温湿度、苯和甲醛浓度的研究较少，还有对使用人员舒适性的研究，故选择对甲醛、苯、CO_2、CO、温度和湿度6个测量项目进行测定。根据商场地下停车库汽车出行规律，测量时间安排在15：00至18：00。由于每天车库内的汽车数量是变化的，故车库内的污染物浓度也是变化的。若每个车库只测一次则数据的误差较大，故对每个地下停车库中CO_2浓度、CO浓度、温度和相对湿度各测5次，每天测量1次，连续测量5天，最后取5天测量数据的平均值。而车库中的苯和甲醛的浓度则选择两个车库来进行测量，每个车库测量1次。每个车库中的测量点应能够反映人员活动区域内的污染物分布特性。由于车库内的电梯处和主过道是人流出入频繁的区域，故采样点主要分布于车库的主过道和电梯口，测量点的高度是1.3m。

测试结果表明，在没有机械通风的条件下，苯和甲醛的最高浓度分别为1.911mg/m^3和0.143mg/m^3，CO和CO_2的最高浓度则分别为19.03×10^{-6}和1774×10^{-6}，根据标准GBZ 2.1—2019，重庆主城区商场地下停车库在没有机械通风的条件下，车库中的CO浓度、CO_2浓度、苯和甲醛的浓度均未超标。从污染物的浓度限值来看，可以完全利用自然通风来降低车库内各污染物的浓度，使其达标。

9.2.2.3 空调净化治理

地下停车场的空调及通风系统形式多样，设计标准高的地下停车库配置了空调系统，大部分地下停车库的空调系统是采用电梯厅空调系统的冷热量外溢，通过导流风机的送排风气流形式引导，以达到缓解环境温度过高或过低的目的。

地下停车库相对其他建筑结构来说属于气流交换组织较差的环境，在现阶段的新冠疫情之下，这是一个极易形成新污染源的地方。需要进行定期清洗和消毒通风设备以及空调设备设施，确保地下停车库通风环境的卫生安全。

地下停车场的空调系统一般分为新风加风机盘管系统，新风及管道处于车库大空间内，而盘管一般置于电梯厅。大部分地下停车库采用电梯厅空调效果外溢加导流风机形式进行通风。按照规范要求对系统进行清洗消毒工作时，应从污染源的起点向末端进行清洗，包含新风机的清洗消毒、新风管的清洗消毒、风机盘管的清洗消毒、导流风机的清洗消毒等。

(1) 室外新风口清洗

① 施工人员做好防护，穿上防尘服、戴上防护口罩、护目镜。

② 施工人员利用雾化消毒装置对新风口及其附近区域喷洒消毒液进行杀菌消毒。

③ 满足消毒作用时间后拆卸新风口。

④ 利用清洗液和大型浸泡桶浸泡新风口。

⑤ 利用高压水枪等清洗设备对浸泡后的新风口进行清洗并晾干。
⑥ 安装新风口并喷洒消毒剂对新风口进行灭菌、消毒。

（2）消声器清洗
① 施工人员做好防护，穿上防尘服，戴上防护口罩、护目镜。
② 施工人员利用雾化消毒装置对消声器及其内部区域喷洒消毒液进行杀菌消毒。
③ 拆卸消声器检查消声纤维或玻璃棉污损情况，以便做出更换或其他处理决定。
④ 利用吸尘器对消声器内部进行吸尘处理，部分区域采用擦拭法进行清洁。
⑤ 喷洒消毒剂对消声纤维进行灭菌、消毒。
⑥ 检测合格后安装复原。

（3）新风机组清洗：
① 断开新风机组电源，并在电源控制箱上上锁挂牌。
② 具备密闭空间施工操作证的施工人员做好个人防护，穿上防尘服，戴上防护口罩、护目镜。
③ 施工人员利用雾化消毒装置对新风机及其内部区域喷洒消毒液进行杀菌消毒。
④ 拆下新风机组的过滤网，如过滤网为尼龙或金属材质，则用清洗剂清洗，如过滤网为无纺布或纸质材质，则用吸尘器进行除尘清扫。
⑤ 在回风滤网上喷洒季铵盐类消毒剂消毒并晾干。
⑥ 封堵积水盘冷凝水出水口，用清洗液专用喷壶将翅片清洗剂均匀地喷洒在翅片上，待充分浸泡后，再用压力水枪冲洗翅片，将清洗剂及污垢完全冲洗干净，目视翅片表面及翅片槽干净无污垢，用吸水机吸除污水，注意冲洗时要确保药剂无残留，以免清洗药剂对翅片产生损伤。
清洗箱体内其余部件，如风机叶轮、电机、机箱内表面等区域，确保擦拭无灰尘。
⑦ 用压力水枪冲洗积水盘，并用毛巾将积水盘擦拭干净。
⑧ 取下积水盘冷凝水出水口的封堵物，检查下水管是否通畅，如堵塞则用吸水机或高压水枪疏通，在积水盘中加入杀菌灭藻片。
⑨ 在翅片、滤网上喷洒季铵盐类消毒剂。
⑩ 用吸尘器清除新风机箱体表面灰尘。
⑪ 用清水（或辅助清洗剂）对箱体表面擦洗，擦洗时对箱体内的电路做保护。
⑫ 在箱体内外表面喷洒季铵盐类无腐蚀性消毒剂。

（4）新风风管清洗
① 管道开作业孔。根据现场实际情况，找到合适的开孔位置（原则上充分利用风道原有的风口），尽量做到少开孔，在开孔部位下方及周围铺设防尘布，所有施工工具均整齐放置在防尘布上，防止划伤施工区域的地面和墙壁；用钢板尺和记号笔分别在保温棉和风道表面划线，确定开孔的位置及尺寸（一般情况下，主管道开孔不小于 350mm×350mm，支管道开孔不小于 150mm×150mm）；用美工刀根据划线标记将保温棉切割取下并保存；用手枪钻根据划线标记的合适位置打一个切割孔（孔径 12mm），用开孔器沿标记切割开孔；在完成开孔后的管道边缘设置挡板，防止划伤施工人员和线缆；在空调风管平面图上标注开孔位置。
② 作业孔复原。将准备好的补板（每边比原工艺孔至少大 15mm，材料与所开工艺孔的材质相同）四边贴上密封胶条防止漏风，用枪钻螺钉固定；然后用铝箔胶带将补板缝隙密

封；将原切割下的保温棉用胶水牢固地粘贴在补板上。

③ 单边（宽或高）在200mm以下的管道用旋转刷清洗。关闭清洗区域的空调机组电源（如环控机房没有电源控制箱，则把控制旋钮切换至停止位置），并悬挂"禁止合闸"警示牌。

清洗作业开始前，施工人员用雾化消毒装置对新风管及其内部区域喷洒消毒液进行杀菌消毒；待消毒结束后，将检测机器人放入风管内做清洗前检测，并记录影像资料；把封堵气囊放入不清洗的风管一端，隔离清洗区域和非清洗区域；把清洗设备通过已拆卸的风口位置或已开好的作业孔位置放入待清洗管道；集尘器吸尘软管与吸尘口紧密连接；使用旋转刷清除风管内的积尘，清洗设备必须从放入点逐渐向吸尘口推进；用检测机器人记录清洗过程及清洗结果；清洗结果以目视无积尘为合格，如有抽样自检需求则自行采用擦拭法抽样带回实验室进行称重确认是否合格；在管道内用消毒喷洒机进行杀菌消毒作业。

④ 单边（宽或高）200mm以上的管道采用清扫机器人清洗。确认清洗区域空调机组已关闭，电源控制箱上锁挂牌；施工前，施工人员利用雾化消毒装置对新风管及其内部区域喷洒消毒液进行杀菌消毒；待消毒结束后，将检测机器人放入风管内做清洗前检测，并记录影像资料。把封堵气囊放入不清洗的风管一端，隔离清洗区和非清洗区；把清扫机器人通过已拆卸的风口或已开好的作业孔位置放入待清洗的管道；将集尘器软管与吸尘口紧密连接；开启清扫机器人电源，在控制台监视屏上监控清扫机器人的作业情况，并操控清扫机器人向吸尘口移动；用检测机器人记录清洗过程及清洗结果；清洗结果以目视无积尘为合格，如有抽样自检需求则自行采用擦拭法抽样带回实验室进行称重确认是否合格；在管道内用消毒喷洒机进行杀菌消毒作业。

（5）风阀清洗

① 拆开防火阀门外保温层。

② 拆卸防火阀门，使用吸尘器清洗防火阀门正反面。

③ 拆卸传动机构连接件，检查是否损坏（如发现防火阀门传动机构损坏，则应立即调换，确保防火安全），对连接件进行除锈、加注润滑油保养。

④ 安装复原，外保温层复原。

（6）送回风口清洗

① 拆卸所有送、回风口之前，施工人员利用雾化消毒装置对风口外表面喷洒消毒液进行杀菌消毒，然后拆卸风口并在风口背面做好标记，运至指定清洗地点。

② 将各类拆下的风口放入浸泡容器内，用清洗剂浸泡3～5min，然后用专用清洗设备进行清洗，并用毛巾擦拭干净，喷洒季铵盐类消毒剂静置，待晾干后按标记装回原位。

③ 对不易拆卸（距离地面较高或特殊安装）的送、回风口采用吸尘器除尘、毛巾擦拭表面的方式进行清洗，清洗完成后喷洒季铵盐类消毒剂。

④ 风口清洗后目测表面无灰尘、无污垢、无油污为合格。

⑤ 风口安装完毕后，开启所属新风机组，顺送风系统走向巡视，检查风口安装是否整齐、牢固。

（7）风机盘管清洗

① 施工人员做好防护，穿上防尘服，戴上防护口罩、护目镜。

② 施工人员利用雾化消毒装置对风机盘管及其附近区域喷洒消毒液进行杀菌消毒。

③ 拆卸风机盘管的送回风口参照风口清洗消毒原则进行工作。

④ 拆卸风机盘管电机叶轮，送至指定清洗点对叶轮进行清洗消毒，对电机外表面采用擦拭法进行清洁。

⑤ 利用专用喷洒装置对风机盘管的翅片进行药剂喷洒浸泡，待浸泡完全后利用专用清洗设备对翅片进行冲洗，冲洗过程需确保药剂无残留。以免药剂对翅片造成损伤。清洗后对托水盘进行清洗杀菌操作。确保冷凝水排水通畅。

⑥ 视盘管的管道材质、大小和长短采用不同的清洗方式对风机盘管配套风管进行清洗，最简单的方式是擦拭法，根据管道的情况可选择旋转刷清洗法和机器人震动鞭清洗法进行施工。

⑦ 全部部件清洗完毕后安装风机盘管电机和叶轮。

⑧ 施工人员利用雾化消毒装置对风机盘管内部及其附近区域喷洒消毒液进行杀菌消毒。

（8）导流风机清洗

① 施工人员做好防护，穿上防尘服，戴上防护口罩、护目镜。

② 施工人员利用雾化消毒装置对导流风机及其附近区域喷洒消毒液进行杀菌消毒。

③ 给导流风机断电，确保施工环节不带电工作。

④ 利用擦拭法对导流风机的内外表面进行清洁。

⑤ 确认擦拭清洁后，施工人员利用雾化消毒装置对导流风机内外部及其附近区域喷洒消毒液进行杀菌消毒。

9.2.3 地铁

地铁是在城市中修建的快速、大运量、用电力牵引的轨道交通。地铁在全封闭的线路上运行，位于中心城区的线路基本设在地下隧道内。随着城市轨道交通的迅速发展，地铁已经成为城市居民出行的重要交通工具。截至 2022 年，我国累计有 53 个城市建成并投运城市轨道线路，总通行里程 9584 公里，运行车站 5609 个，日运送旅客超过 5000 万人次，完成客运量 14.2 亿人次。据统计，在建有地铁线路的城市中，市民选乘地铁出行的比例占整个公共出行方式的 80% 以上，地铁是现代化城市最重要的公众出行交通方式。

地铁轨道交通作为一个人工封闭的环境，建在地面层以下（地面线、高架线除外），基本与外界空气隔绝，室内空气仅依靠车站出入口、列车隧道上部的通风竖井以及隧道洞口与室外环境相连接。地铁车厢作为重要载体，是一个人流密集、相对封闭、人员密度大、流动性强的特殊空间。地铁具有运行区间短、乘客在站内逗留时间短、流动性大等特点，人们对车内温湿度的敏感度往往较高，而对空气质量的敏感度相对较低。因此，在设计地铁列车通风空调系统时，温度和湿度通常作为主要的考虑因素，而空气质量往往被轻视。然而，随着地铁运营时间和客流量的增大，地铁车厢内污染源增多，造成污染物长期累积不易消散，当地铁车厢空气污染物浓度达到较高水平时，将威胁乘客和工作人员的身体健康。地铁因其方便快捷以及载客量大的优点已经成为人们日常出行必不可少的交通工具，在一定程度上，地铁车厢已成为"移动的建筑物"，其空气质量问题也逐渐受到各方面的关注和重视。

9.2.3.1 地铁车厢空气污染物及其来源

（1）地铁车厢主要污染物

地铁车厢空气污染物种类繁多，包括可吸入颗粒物、VOCs、CO_2、细菌和霉菌等微生物,可吸入颗粒物和CO_2是地铁车厢最主要的空气污染物,其中CO_2指标可反映地铁车厢内空气状况,是地铁车厢污染程度最主要的评价标准之一。目前,尚没有专门针对地铁车厢的空气质量标准,主要参考《室内空气质量标准》(GB/T 18883—2002)和《旅客列车卫生及检测技术规定》(TB/T 1932—2014)等。近几年,部分地方标准对地铁车厢的CO_2指标做出明确要求,如上海市地方标准《城市轨道交通合理通风技术管理要求》(DB31/T 596—2021)。

① CO_2。地铁车厢中,CO_2是最主要的污染物之一,主要来源于人体呼吸,其浓度受人数及人的活动量影响。如在满员的状态下,车厢内CO_2浓度会很快升高。在设计和运行过程中,地铁车厢CO_2浓度也反映了车厢内通风换气状况。我国的地铁空气环境污染物来源有着明显的区域特征,其中北方干燥寒冷,空气污染受外界颗粒物来源影响较大;南方潮湿温暖,空气污染物中各类细菌、病毒和挥发性气体占比较大。

② 可吸入颗粒物。TB/T 1932—2014中要求列车车厢内PM_{10}的浓度不高于0.25mg/m^3,尚未对$PM_{2.5}$的浓度做出要求。研究发现,相比于地面轻轨,地下地铁车厢中$PM_{2.5}$和PM_{10}浓度更高;地铁车厢的$PM_{2.5}$和PM_{10}浓度均高于站台,地下站台高于地面站台。北京、西安、上海、香港等地车厢内$PM_{2.5}$和PM_{10}存在较大差异,这与地铁车厢人群密度以及城市环境空气质量、制动系统的类型、空调通风系统和车站深度等密切相关。

③ 微生物。地铁车厢属于人群密度大、活动频繁的公共场所。地铁车厢内主要为光滑地面,虽然不是微生物生存和繁殖的适宜场所,但是由外界带入的微生物却可以悬浮在空中达很长时间,主要包括病原微生物,如细菌、病毒、真菌孢子等。地铁车厢内座椅底部、车厢壁、空调风道等部位往往也是卫生死角,可能有微生物大量聚集。生物性污染物传播速度快,能够引起一些过敏反应,如咳嗽、气喘等。例如,尘螨常生长在座椅底部和车厢壁等卫生死角或悬浮于空气中,春秋两季是尘螨生长、繁殖最旺盛时期,是一种主要过敏原。除人员从外界带入之外,微生物也可能随空调系统的冷凝水和冷却塔的水雾进入地铁车厢内。

④ 氨。地铁车厢内NH_3的主要来源为人体呼吸与汗液排放,此外,建筑物混凝土也会挥发NH_3。研究表明,人体呼吸排出NH_3为3.64g/(人·a),人体汗液排出NH_3为17g/(人·a)。当地铁内乘车人数增加,尤其是出现拥挤时,人体汗液的NH_3排放量也会有所提高。

(2)地铁车厢空气污染的主要来源

与其他常用交通工具微环境相比,地铁车厢具有人员密集、环境相对封闭、空气流通量有限、气流组织固定等特点,地铁车厢空气污染来源呈多样化,污染源包括人体及人类活动、内饰及装修材料、空调及列车等。此外由于地铁车厢在地下,故地下隧道也是污染源之一。

① 人类活动。人群自身携带和释放的污染物包括二氧化碳、可吸入颗粒物、氨、细菌、病毒等。一方面,地铁乘客可将外源性大气颗粒物污染带入地铁车厢;另一方面,乘坐过程中,呼出CO_2、散发异味也是主要的污染源。实际上,每个人的一举一动都会产生大量微尘,如皮屑、飞沫、衣服上的纤维和鞋底的扬尘等,乘客本身衣物及所携带的物品也是可吸入性颗粒物的来源。这些污染物缺乏有效排出途径,所散发的味道长期在车厢内循环,对空气质量有着恶劣的影响。

② 内饰及装修材料。装饰材料和保温材料释放出的化学污染物包括醛类、苯系物等挥发性有机物。装饰材料和保温材料包括胶合板、泡沫填料、涂料、密封胶、车厢内广告等。这些有害物质会引起头疼、乏力等症状,长时间置身于这类挥发性有机物浓度较高的空气

中,有致癌的危险。同时座椅底部和车厢壁等卫生死角也容易滋生细菌。

③ 空调。车辆空调的运用满足了旅客对热舒适的要求,但出于节能考虑,一般地铁普遍采用部分新风系统的集中式中央空调系统,充分的通风换气往往受到限制,使得CO_2等有害气体浓度升高。且空气的处理大多只是传统的袋式过滤器进行初效处理,对可吸入颗粒物的净化效率极低,不具备杀菌、消毒的功能。

④ 隧道及列车。研究发现,地铁隧道内粒径较小的颗粒物主要是来源于地面。另外由于地铁采用轨道方式运行,运行过程中车轮和钢轨间的机械磨损、制动系统摩擦都会产生大量可吸入颗粒物,并导致隧道内重金属离子水平偏高。隧道内相对封闭的空间及车辆运行引起的活塞风使得可吸入颗粒物、微生物等有害物借助空气快速蔓延和传播。这些污染物通过空调系统的空气循环或车门开关时的空气交换进入车厢。

9.2.3.2 地铁车厢空气污染控制措施

针对地铁车厢空气污染物的类型、来源和空气污染影响因素,控制地铁车厢空气污染的方法主要包括以下几个方面。

(1) 控制污染源

地铁车厢内饰材料是一个较大的污染源,因此,首先应该使用低污染或者无污染的环保材料,以减少污染物释放量;其次应及时清理可能沉积污染物的部位,包括空调系统组件(如过滤网、冷凝器、通风管道等),防止灰尘等污染物积聚和细菌滋生。此外,定期对回到车库的车厢进行清洗和消毒处理。

(2) 增大新风量并合理组织通风气流

降低车厢空气污染物浓度、改善空气质量的根本方法是增大新风量。提高新风量设计值固然是可行的方法,但更需要采用先进的调风量技术,以快速响应车厢客流量的变化。此外,需要基于先进的理论分析、数值模拟与工程实践经验相结合的手段,实现通风气流的合理组织,确保送风气流到达所需的任何位置,不会出现死角、短路等不合理的气流现象。

(3) 采用空气净化技术

地铁车厢通常配备粗中效过滤器,净化细颗粒物和气态污染物的能力有限。伴随人们对于安全健康要求的提高,加装空气净化和杀菌装置的呼声不断增多。在部分地铁空调系统中,也已经计划实施或正在实施以下举措:加装活性炭吸附净化挥发性有机物,利用静电或纤维过滤高效除尘,利用紫外或低温等离子体杀菌等净化地铁车厢和站台空气。另外,维护好空气净化设施,确保其正常工作也至关重要,甚至是其能否充分发挥作用的关键。

2018年7月,北京地铁6号线全线喷涂光催化剂,以消除车厢异味,为乘客创造健康、舒适的出行环境,获得了乘客的一致好评。

(4) 在线监测地铁车厢空气质量

地铁运营站点与站点之间的距离相对较短,车厢内的乘客数量和人员位置变动频繁,这使得车厢空气污染物的浓度变化幅度较大。为了更好地掌握车厢空气污染的情况,建议在地铁车厢内设置空气质量在线监测体系。

(5) 合理管控地铁客流

采用分流和缩短列车间隔时间等方式,避免车厢超员超载;加强宣传引导,提高乘客主动维护地铁环境的意识,都是防止地铁车厢空气质量恶化的有效方法。例如,早晚高峰期间乘客佩戴口罩可在一定程度减少飞沫传播病原微生物的概率，乘坐地铁时尽可能不用手触碰面部可减少接触感染疾病的概率，此外，为了最大限度地躲避车轮和轨道摩擦产生的污染颗粒物，在地铁进站和出站时，尽可能离站台远一些。

9.2.3.3 空调净化治理

地铁站台中央空调一般有两组空调系统，即站台站厅空调系统（以下简称为大系统）和工作用房空调系统（以下简称为小系统）。空调净化治理主要包括风井、消声器、静压室、空调机组、送回风管、风阀、送回风口等的清洗消毒。大致的清洗消毒作业步骤如下。

（1）风井清洗

① 施工人员做好防护，穿上防尘服，戴上防护口罩、护目镜。

② 用扫把扫除风井墙面及地面的树叶、垃圾、灰尘等其他杂物。

③ 喷洒消毒剂对风井进行灭菌、消毒。

（2）消声器清洗

① 施工人员做好防护，穿上防尘服，戴上防护口罩、护目镜。

② 拆卸消声器，检查消声栓及消声纤维风化情况，及时修理或更换。

③ 用吸尘器对每道消声道进行干吸除尘清洗。

④ 喷洒消毒剂对消声纤维进行灭菌、消毒。

⑤ 对消声箱材料及消声段消声折射吸声进行检测。

⑥ 检测合格后安装复原。

（3）静压室清洗

① 施工人员做好防护，穿上防尘服，戴上防护口罩、护目镜。

② 用吸尘器对静压室墙面及地面进行吸尘清洗。

③ 清扫吸尘空调机组进风口滤网。

④ 喷洒消毒剂对静压室进行灭菌、消毒。

（4）空调机组清洗

① 断开空调机组电源，并在电源控制箱上悬挂"禁止合闸"的警示牌。

② 施工人员做好防护，穿上防尘服、戴上防护口罩、护目镜。

③ 拆下机组的过滤网，如过滤网为尼龙或金属材质，则用清洗剂清洗；如过滤网为无纺布或纸质材质，则用吸尘器除尘清扫。

④ 安装清洗干净的回风滤网。

⑤ 在回风滤网上喷洒季铵盐类消毒剂。

⑥ 封堵积水盘冷凝水出水口，用喷壶将翅片清洗剂均匀地喷洒在翅片上，待15分钟后，再用压力水枪冲洗翅片，将清洗剂及污垢完全冲洗干净，目视翅片表面及翅片槽干净无污垢，用吸水机吸除污水。

⑦ 用翅片刷整理倒伏、歪斜的翅片。

⑧ 在翅片上喷洒季铵盐类消毒剂。

⑨ 用压力水枪冲洗积水盘，并用毛巾将积水盘擦拭干净。

⑩ 取下积水盘冷凝水出水口的封堵物，检查下水管是否通畅，如堵塞则用吸水机或高压水枪疏通。

⑪ 在积水盘中加入杀菌灭藻片。

⑫ 风机、电机开机检测风机分贝。

⑬ 拆卸风机出风口软接布管，拆卸整体风机、叶轮。用吸尘器将风机叶轮表面、电机外壳清洁干净。

⑭ 喷洒季铵盐类消毒剂。

⑮ 对清洗风机涡壳内外部进行清洗消毒。

⑯ 清除堆积在箱体周边的杂物。

⑰ 用吸尘器清除箱体表面灰尘。

⑱ 用清水（或辅助清洗剂）擦洗箱体表面，擦洗时对箱体内的电路做保护措施。

⑲ 在箱体内外表面喷洒季铵盐类消毒剂。

（5）送回风管清洗

① 管道开作业孔。根据现场实际情况，找到合适的开孔位置（原则上充分利用风道原有的风口），尽量做到少开孔，所有开孔位置必须由项目负责人最后确认并记录。在开孔部位下方及周围铺设防尘布，所有施工工具均整齐放置在防尘布上，防止划伤施工区域的地面和墙壁。用钢板尺和记号笔分别在保温棉和风道表面划线，确定开孔的位置及尺寸（一般情况下，主管道开孔不小于350mm×350mm，支管道开孔不小于150mm×150mm）。用美工刀根据划线标记将保温棉切割取下并保存。用手枪钻根据划线标记的合适位置打一个切割孔（孔径12mm），用开孔器沿标记切割开孔。在完成开孔后的管道边缘设置挡板，防止划伤施工人员和线缆。在空调风管平面图上标注开孔位置。

② 作业孔复原。将准备好的补板（每边比原工艺孔至少大15mm，材料与所开工艺孔的材质相同）四边贴上密封胶条防止漏风，用枪钻螺钉固定。然后用铝箔胶带将补板缝隙密封。将原切割下的保温棉用胶水牢固地粘贴在补板上。

③ 单边（宽或高）在200mm以下的管道用旋转刷清洗。关闭清洗区域的空调机组电源（如环控机房没有电源控制箱，则把控制旋钮切换至停止位置），并悬挂"禁止合闸"警示牌。作业开始前，将检测机器人放入风管内做清洗前检测，并记录影像资料。把阻断设备放入不清洗的风管一端，隔离清洗区域和非清洗区域。把清洗设备通过已拆卸的风口位置或已开好的作业孔位置放入待清洗管道。将集尘器吸尘软管与吸尘口紧密连接。使用旋转刷清除风管内的积尘，清洗设备必须从放入点逐渐向吸尘口推进。用检测机器人记录清洗过程及清洗结果。清洗结果以目视无积尘为合格。最后在管道内用消毒喷洒机进行杀菌消毒作业。

④ 单边（宽或高）200mm以上的管道采用清扫机器人清洗。确认清洗区域空调机组已关闭。施工前将检测机器人放入风管内做清洗前检测，并记录影像资料。把阻断设备放入不清洗的风管一端，隔离清洗区域和非清洗区。把清扫机器人通过已拆卸的风口或已开好的作业孔位置放入待清洗的管道。将集尘器软管与吸尘口紧密连接。开启清扫机器人电源，在控制台监视屏上监控清扫机器人的作业情况，并操控清扫机器人向吸尘口移动。用检测机器人记录清洗过程及清洗结果。清洗结果以目视无积尘为合格。最后在管道内用消毒喷洒机进行杀菌消毒作业。

（6）风阀清洗

① 拆开防火阀门外保温。

② 拆卸防火阀门，使用吸尘器清洗防火阀门的正反面。

③ 拆卸传动机构连接件，检查有无损坏（如发现防火阀门传动机构损坏，应及时调换，确保防火安全），对连接件进行除锈、加注润滑油保养。

④ 安装复原，外保温复原。

（7）送回风口清洗

① 拆卸所有送、回风口，在背面做好标记，运至指定清洗地点。

② 将各类拆下的风口放入容器内，用清洗剂浸泡 3～5 分钟，然后用高压水枪冲洗，用毛巾擦拭干净，喷洒季铵盐类消毒剂静置，待晾干后按标记装回原位。

③ 对不易拆卸（距离地面较高或特殊安装）的送、回风口采用吸尘器除尘、毛巾擦拭表面的方式进行清洗，清洗完成后喷洒季铵盐类消毒剂。

④ 风口清洗后目测表面无灰尘、无污垢、无油污为合格。

⑤ 风口安装完毕后，开启所属送风空调机组，顺送风系统走向巡视，检查风口安装是否整齐、牢固。

9.2.3.4 其他部分净化治理

地铁空间是空气质量较差的场所，遇到早晚高峰期时，人群拥挤，会释放大量的 CO_2 和异味，再加上地铁的通风性不好，日光不足，很容易滋生细菌并进行传播。另外，地铁车辆为保证车体密封性及车内装饰和节能的要求，在车厢内使用了大量装饰材料和保温材料。这些材料会直接向车厢释放多种化学污染物。因此，须有效去除各类颗粒物、微生物等空气污染物，以保持地铁空间良好的空气品质。

9.2.4 楼梯走道和电梯

9.2.4.1 治理环境与污染物特点

随着城市的建设和发展，高楼大厦随处可见，作为楼栋中必不可少的横向和纵向的连接，楼梯走道以及电梯的必要性及重要性不言而喻。

在住宅、办公楼宇、商业或公共建筑中，电梯或步行楼梯通常是楼栋中空气流通不好的地方。尤其是电梯，虽然停留时间较短，但是电梯轿厢空间小、使用频率高、人员拥挤，容易受污染而且通风不良，在传染病流行期间很容易传播细菌病毒。

电梯轿厢内存在多种空气污染物，主要包含病毒、致病菌、$PM_{2.5}$、螨虫和甲醛等。在轿厢内，近距离人员呼吸咳嗽等行为会加大飞沫、气溶胶的传播风险，对居民的健康产生威胁。所以在传染病流行期间，需要加强对电梯的消毒频次。

9.2.4.2 环境净化治理

首先开展调查研究，调研楼梯走道的结构、通风情况和使用频率；楼梯走道中可能存在的污染源，如烟雾、颗粒物等；分析楼梯走道内污染物的浓度和种类。典型的楼道环境可以分为电梯、安全通道和楼道局部结构（转弯休息场所等）的空气质量保障。

针对电梯环境空气的改善主要集中在异味的和病菌的治理。

一是改善通风方式：电梯的通风包括轿厢通风、井道通风、机房通风三个环节。电梯轿厢通风普遍采用轿厢顶部的横流风机从井道取风，再利用轿厢的缝隙或者底部排风口向井道排风的方式。井道通风系统设计非常关键。建筑物的结构不同，电梯井道送风系统也就不同，实际上只要对井道进行机械送风让井道保持正压状态，通过电梯门缝以及井道的空洞等就可以实现向井道外排风的目的。需要做到每天检查轿厢风机工作情况，维修更换存在异常和噪声的风机,保证轿厢正常通风换气。正常情况下,电梯轿厢配备的风机风量(air volume)约 $5m^3/min$,以载重 1000kg 的电梯轿厢容积 $5.5m^3$($1.6m\times1.5m\times2.3m$)计算,理想工况下每分钟换气接近一次,能够保证电梯轿厢内的通风,从而实现空气的不断流通与自然净化。每日对电梯轿厢清扫、消毒,保持轿厢通风口和排风口的清洁,保证空气洁净;采用置顶空调系统的电梯轿厢,处于制冷模式时要定期检查多重雾化蒸发效果,保证无空调凝结水,避免滋生细菌。必要时停止系统使用,改为井道取风方式。

二是有条件的情况下,安装电梯空调,通过空调实现循环空气的方式,将电梯内部的空气排出去,同时将新鲜的空气引入电梯内部,改善电梯内部的空气质量;同时可以调节电梯内部的湿度,让空气更加干燥,保证人体的舒适度和健康。

三是设置空气净化和消毒设备,比如光催化、等离子体等净化设备的选择,净化井道、电梯内空气。电梯轿厢的消毒系统也不断推陈出新,出现了紫外线、负离子消毒。负离子在具有净化空气、消毒杀菌的双重净化功效,还可使血中含氧量增加,提高人体免疫能力。负离子空气净化器可以有效对轿厢内部空间净化除味、灭菌抑菌,为电梯乘客提供安全保障。

9.2.5 农贸市场

9.2.5.1 治理环境与污染物特点

农贸市场(agriculture product market)是指以食用农产品现货零售交易为主,为买卖双方提供经常性的公开固定的交易场地、配套设施和服务的零售场所。农贸市场是城市的"菜篮子",是城市不可或缺的重要组成部分。目前我国共有农贸市场 4.4 万家,2019 年全国批发市场交易额达到 5.7 万亿元,约七成农产品经由批发市场分销,农贸市场仍然是农产品流通的主渠道。

农贸市场往往人流密集、交通拥堵、外埠商户较多,环境污染较为严重,主要分为室内交易市场和敞开式大棚市场两种类型。敞开式大棚市场空气流动性较封闭式、半封闭式好,空气中污染物的扩散速度快。另外,在一些城市受租金高等因素影响,有些市场将水产品、肉类等鲜活农产品的经营放到了地下,如果通风、清洁不到位,更容易滋生细菌,对健康造成危害。

调查显示农贸市场的空气污染物主要是生物性污染物,比如来源于被交易的活禽或水产品的粪便等,来源于人员活动的 CO_2、细菌、病毒等,或来源于各类垃圾伴随而生的蚊蝇鼠蟑以及腐烂产生的细菌、病毒等。农贸市场的空气污染物还可能来自环境,比如机动车尾气以及餐饮业和作坊排放的油烟等。

其中比较受关注的是活禽交易区。活禽交易区家禽密集,其环境类似于畜舍,空气流动性较差,湿度大且缺乏阳光直接照射,家禽活动及排出粪便,废物堆积发酵,加之活禽的现场宰杀,使得活禽交易区空气污染严重,给居民的健康造成潜在威胁。有研究表明空气微生物以活禽交易区为中心,按二次方程扩散模式向外传播。另有研究表明活禽交易区的 PM_{10} 浓度分别是市场外和市场中央的 5.5 倍和 3.8 倍,NH_3 的浓度是市场外和市场中央的 35 倍和 4.7 倍。

9.2.5.2 环境净化治理

农贸市场通常处于人员密集、货物频繁运输和储存的环境下,会产生大量的有害气体和颗粒物，导致空气质量受到严重污染。农贸市场中的货物和人员活动会产生大量的颗粒物，包括 $PM_{2.5}$ 和 PM_{10} 等。这些颗粒物会在空气中悬浮较长时间，对人体健康造成较大的危害，例如导致呼吸系统疾病、心血管疾病等；农贸市场中的货物、装修材料和人员活动等会产生大量的甲醛、苯、氨等有害气体，对人体健康造成较大的危害，例如导致头痛、喉咙疼痛、眼部刺激等；农贸市场中的货物、燃料和人员活动等会产生大量的氮氧化物，这些污染物是大气中酸雨的主要组成部分，会对环境造成严重危害。此外，氮氧化物还会与其他污染物反应，形成臭氧和细颗粒物等二次污染物，对人体健康和环境造成更严重的影响。因此，需要采取有效的空气净化措施来解决这些问题。

异味重、病菌传染、蚊蝇滋生等等是困扰农贸市场环境质量的"顽疾"。某些地区的农贸市场改造升级，加装了 HPC 光催化空气净化灯，这款光催化空气净化灯能持续高效分解室内空气中的有害气体，同时具有高效杀菌作用。据国家室内环境与室内环保产品质量监督检测中心检测，对室内甲醛、氨、菌落总数的去除效果在 90% 以上。

了解农贸市场的空气质量状况，首先需要对农贸市场内部的空气质量进行测试和评估，了解当前的污染源、污染物种类、污染物浓度等情况。通常情况下，农贸市场中的污染物种类较多，包括 $PM_{2.5}$、甲醛、氨气等。因此需要根据空气质量测试结果和农贸市场的需求制订适合的净化方案。可以采用空气净化设备、通风系统、植物净化等多种方式进行治理。在制订方案时，需要考虑成本、使用寿命、能耗等因素，以确保方案的实施可行性。

根据制订的空气净化方案，进行空气净化设备的安装和调试。在安装过程中需要注意设备的接线、固定和检查等细节，同时根据设备的使用说明进行调试和优化，确保设备能够达到预期的净化效果。在安装空气净化设备时，需要考虑设备的位置和数量，以确保农贸市场的整体净化效果。

农贸市场的通风系统也是净化空气的重要部分。需要检查通风系统的运行状态，确保通风系统能够正常运行，同时优化通风系统的设计，以提高通风效果和净化效果。在农贸市场设计中，为了达到良好的通风效果，保证室内的空气新鲜不刺鼻，可以合理地设置通风系统，将自然通风和机械通风、独立通风结合起来，以此来提升通风效果。

植物净化可以有效地去除空气中的污染物，同时具有美化环境和提高空气湿度的作用。可以在农贸市场内部种植具有净化作用的植物，以增强空气净化效果。

农贸市场的空气净化设备需要定期进行维护和保养，确保设备的正常运行和净化效果。维护和保养内容包括更换过滤器、清洗设备、检查设备运行状态等。

农贸市场需要定期监测空气质量和净化效果，检查设备的运行状态。

9.2.6 其他环境

9.2.6.1 治理环境与污染物特点

随着社会的发展和生活水平的日益提高，人们接触的公共环境也越来越多种多样，其中室内半封闭环境空气流通较差且几乎没有阳光直射，如人流量较大，往往空气质量不佳。

公共交通以其人均污染物排放少、集约节约用地的优势成为了城市和交通发展的优先选择。虽然近年来由于经济水平的提升，私家车占有量不断加大，同时共享自行车等新的形式分流了部分公共交通客运量，但公共交通仍是部分人出行通勤的首选，据报道 2019 年我国城市公共交通客运量为 1279.17 亿人。在很多城市，许多人每天甚至需花费 1~2 小时在公共交通上，交通工具内的空气质量会对人健康产生重要的影响。但公共交通工具由于客流量大，载客人员复杂，聚集了各种传染源，也是疾病的主要传播途径之一。有研究表明，公共交通工具空气合格率并不高；空气细菌污染程度方面，长途客运高于公交车高于出租车；空气细菌总数随着乘客出行人数及时间有显著性差异，夏秋季节的公交车细菌总数检测合格率高于冬春季节。

另外部分车间厂房、仓库等也是半封闭环境，这类环境同样的空气流通较差，主要依靠机械方式进行通风。但这类环境中人流量较少，主要影响其中的工作人员。空气污染物主要来源为环境中的家具、存放的物料以及人员活动等。

9.2.6.2 净化治理原则

典型的公共交通工具有公交车、出租车、轨道交通、乘用车等。这些公共交通工具室内污染来自交通能源（汽油、柴油蒸发和燃烧的尾气排放）、车内装饰材料（车体材料、胶粘材料等）的排放、乘客自身的污染释放。轨道交通是个特殊的室内环境，室内污染包括站台内部环境污染和车厢内环境污染，轨道交通主要是电驱动，因此典型的污染来源是室外空气口带来的地面交通污染以及车站餐饮的贡献。基于全过程控制的理念，基本的净化原则如下。

（1）源头控制原则

源头控制是公共交通工具空气净化的基本原则之一，通过采取措施减少或消除污染源，有效降低空气污染物的排放。一是燃料的清洁化，推广使用清洁能源车辆，如电动车、混合动力车等，减少汽油和柴油蒸发和燃烧尾气排放的有害物质。二是禁止公共场所的吸烟行为，严格执行国家的禁烟规定。三是选择清洁的材料，车辆内部的油漆、胶黏剂和清洗剂均使用更环保的材料，从源头上降低污染物的释放。四是对交通工具的技术进行改进，比如轨道交通的研究发现径向沟槽对制动盘在减少磨损碎片方面的积极作用。刹车片材料的选择对颗粒的排放率和所排放的物质都有影响。而且电动制动器减少了机械制动的使用，从而也能减少颗粒物的排放。

（2）采用屏蔽或隔断原则

隔断原则是将污染源与室内环境人群隔断、避免接触。比如针对轨道交通的控制，站台屏蔽门（PSD）被认为是改善地铁空气质量的有效措施。韩国学者在PSD系统安装前后连续监测PM_{10}和$PM_{2.5}$浓度，安装后平均PM_{10}浓度与前期相比，明显减少了16%~30%。近年来，在新建的地铁平台上，PSD安装较为普遍。

（3）强化通风和过滤原则

通风是公共交通工具空气净化的重要手段，通过加强通风系统的设计和运行，可以实现空气的循环和新风的补充，有效降低室内有害污染物浓度。确保车辆通风系统的设计合理、运行正常，提高空气流通的效果；加强过滤技术，安装高效过滤器能够有效去除颗粒物、花粉和其他污染物，提高空气质量；调整通风系统，增加新鲜空气的供给，保持空气流动，减少有害气体和异味的滞留。以轨道交通为例，轨道交通的新风口需要安装过滤设施以提高新风的质量。

（4）应用空气净化设备原则

在公共交通工具中安装空气净化设备是提高空气质量的有效手段之一，通过净化器去除空气中的有害物质和异味，提供清新舒适的环境。安装颗粒物净化器能够过滤和捕捉空气中的颗粒物，如灰尘、细菌、花粉等；活性炭净化器采用活性炭吸附技术，能够有效去除有害气体，如甲醛、苯等；紫外线杀菌器利用紫外线照射，可杀死空气中的细菌和病毒，减少传播风险；负离子发生器可释放负离子，改善空气中的静电场，减少粉尘悬浮，提供清新空气。

针对轨道交通车厢来说，采用适当的过滤系统是减少封闭环境中颗粒物暴露的一种有效方法。在韩国新研制的地铁列车车厢顶棚内安装空气净化器后，两个地铁线路的PM_{10}浓度分别从 132.8μg/m³、154.4μg/m³ 下降到 112.2μg/m³（下降效率 15.5％）、114.2μg/m³（下降效率 26.0％）。除了过滤之外，还需要考虑对 VOCs 的净化，有人采用吸附剂组合的方法，对高流量、低浓度地铁环境中的挥发性有机物（苯系物）进行了去除研究，研究发现去除效果取决于活性炭的量和性能。但是光催化等技术应用于 VOCs 治理还需要考虑二次污染的预防和控制技术。

(5) 定期清洁和维护原则

定期清洁和维护是确保公共交通工具空气质量的关键环节，通过定期的清洁和维护措施，可有效控制污染物的积聚和滋生。

① 定期清洁车辆内部：定期对座椅、地板、墙壁等进行清洁，防止灰尘、污垢的积累。

② 更换过滤器：定期更换和清洁空气净化设备中的过滤器，保证其正常工作效果。

③ 维护通风系统：定期检查和维护通风系统，确保其畅通和高效运行。

④ 控制异味和污染源：对车辆内部可能产生异味和污染的源头进行控制和处理，如清洁剂、垃圾等。

(6) 宣传和教育原则

公共交通工具空气净化治理需要乘客的积极参与和理解，宣传和教育是重要的推动因素。

① 提供信息宣传：在车厢内、车站等地方张贴宣传海报，向乘客普及空气净化的重要性和方法。

② 增加公众参与：鼓励乘客关注和参与公共交通空气净化治理，建立投诉反馈机制。

③ 组织培训和讲座：定期邀请专家进行培训和讲座，向车辆管理人员和乘务人员传授相关知识和技能。

④ 倡导文明乘车：提倡乘客文明乘车行为，如不乱丢垃圾等，共同维护公共交通环境的整洁和舒适。

参考文献

[1] 岳仁亮，张静. 2018 年室内环境行业发展概述及发展展望 [J]. 中国环保产业，2019 (03)：17-18.
[2] 中国新闻网. 室内污染与否谁说了算？https：//www.chinanews.com.cn/ny/2014/10-21/6699320.shtmL.
[3] 程亮，陈鹏，刘双柳，等. 中国环境保护投资进展与展望 [J]. 中国环境管理，2021，13 (5)：119-126.
[4] 吕培军. 室内空气环境污染及环境监测分析 [J]. 资源节约与环保，2023 (04)：59-62.
[5] 吴志华. 城市环境空气自动监测站的质量管理与维护 [J]. 能源与环境，2020 (06)：110-111.
[6] 王显波. 论室内污染致害的环境侵权责任属性 [C]. 中国法学会环境资源法学研究会文集. 2020：8.
[7] 袁琦文. 室内环境空气污染对人体的危害及其防治 [J]. 资源节约与环保，2020 (06)：103.
[8] 欧阳辉. 室内环境空气污染现状及防治策略探讨 [J]. 节能与环保，2020 (Z1)：36-37.

[9] 高永文．室内环境污染的危害以及应该如何防治［J］．家庭生活指南，2020（05）：137．

[10] 许晓东，许潇，晓东．室内环境净化治理行业走入新时代［N］．消费日报，2004-11-24，（T00）．

[11] 室内环境控制与健康行业．2019年发展报告［C］．中国环境保护产业发展报告，2020：254-271．

[12] 赵晨凯．我国北方某城市空气污染颗粒物毒性组成特征分析［C］．中国毒理学会，中国医科大学，2018．

[13] 王巍．兰州市室内空气重金属污染水平与健康风险评价［J］．环境生态学，2022，4（Z1）：76-82．

[14] 曾涛，沈倩．电感耦合等离子体质谱法（ICP-MS）应用进展及展望［J］．广东化工，2018，45（18）：116-119．

[15] 王良，王查月，周景山，等．先进高强钢激光焊接技术研究进展［J］．焊接技术，2021，50（04）：1-4．

[16] 秦银举，崔瑞霞，张耀东，等．原子荧光光谱法测定食品中总砷的方法验证报告［J］．食品安全导刊，2022（06）：57-59．

[17] 李秋芳．环境监测质量管理现状及发展对策探析［J］．环境与发展，2020，32（06）：164-166．

[18] 刘小平，段正奎．离子色谱法测定水中4种无机阴离子的研究［J］．黑龙江环境通报，2023，36（04）：150-152．

[19] 张洪信．IC-8600型离子色谱仪在水环境监测中的应用研究［J］．皮革制作与环保科技，2022，3（03）：49-51．

[20] 梅红兵，黄田，彭剑平，等．能量色散X射线荧光光谱分析仪测定环境空气中无机元素［J］．环境科学导刊，2021，40（03）：88-91．

[21] 孙泽航．小型多金属矿山周边土壤及作物重金属污染及居民潜在健康风险评估［D］．北京：中国科学院大学，2020．

[22] 宝泉，包沙日勒敖都，马俊杰，等．高效液相色谱仪在食品检测中的应用［J］．现代食品，2023，29（16）：42-44．

[23] 李单单．高效液相色谱法快速测定腊肉中苯并芘的含量［J］．肉类工业，2021（05）：25-29．

[24] 沙吾列·阿曼塔依，范丽华．离子色谱法测定环境空气中Na^+、K^+、Mg^{2+}、Ca^{2+}四种水溶性阳离子［J］．化学工程与装备，2021（11）：220-221．

[25] HJ 657—2013．空气和废气 颗粒物中铅等金属元素的测定 电感耦合等离子体质谱法［S］．

[26] HJ 1133—2020．环境空气和废气 颗粒物中砷、硒、铋、锑的测定 原子荧光法［S］．

[27] HJ 829—2017．环境空气 颗粒物中无机元素的测定 能量色散X射线荧光光谱法［S］．

[28] GB/T 18883—2022．室内空气质量标准［S］．

[29] 王磊．大气中有机污染物分析测试方法集成研究［D］．北京：华北电力大学，2018．

[30] 程鹏．环境影响评价大气污染物源强核算要点分析［J］．低碳世界，2021，11（09）：23-24．

[31] GB 50325—2020．民用建筑工程室内环境污染控制标准［S］．

[32] HJ/T 167—2004．室内环境空气质量监测技术规范［S］．

[33] GB 37488—2019．公共场所卫生指标及限值要求［S］．

[34] GB/T 18204.2—2014．公共场所卫生检验方法 第2部分：化学污染物［S］．

[35] GB/T 17216—2012．人防工程平时使用环境卫生要求［S］．

[36] T/CAQI 27—2017．中小学教室控制质量规范［S］．

[37] T/CAQI 26—2017．中小学教室空气质量测试方法［S］．

[38] 张蓓，陈畅，胡朋举，等．空气净化用活性炭甲醛净化性能研究［J］．环境科技，2018，31（3）：28-31．

[39] 范张姣．空气清新剂研究现状［J］．科技信息，2012（2）：206．

[40] 白珍，冯强．空气净化的园林植物配置方法研究［J］．环境科学与管理，2022，47（1）：55-59．

[41] 郑详．中国环保行业可持续发展战略研究报告（室内空气净化卷）［M］．中国人民大学出版社，2018．

[42] 马玉琴．浅谈室内新型装饰材料工艺应用——硅藻泥涂料［J］．建材发展导向（下），2018，16（3）：82-83．

[43] 林杰赐，陈炳耀，陈明毅．空气净化涂料的研究进展［J］．山东化工，2021，50（3）：93-98．

[44] 谷伟，彭章娥．中小学教室内空气污染物来源及其质量评估［J］．应用技术学报，2020，20（03）：237-241．

[45] 胡旌钰，李茹，冯燕．室内空气污染物分类及净化技术研究进展［J］．当代化工，2022，51（02）：418-422．

[46] C M B, Declan M, Lusine T, et al. Iron-Ozone Catalytic Oxidation Reactive Filtration of Municipal Wastewater at Field Pilot and Full-Scale with High-Efficiency Pollutant Removal and Potential Negative CO$_2$e with Biochar [J]. Water environment research: a research publication of the Water Environment Federation, 2023, 95(5): e10876.

[47] 侯跃飞．应用窗式净化通风器改善小学教室通风状况的研究［D］．天津：天津大学，2016．

[48] 阳晓燕,温勃,孔建,等.HEPA空气净化器对学校室内颗粒物的净化效果研究[J].环境科学研究,2021,34(01):235-244.
[49] 刘雅楠.郑州地区中小学教室新风系统的应用与优化研究[D].郑州:郑州大学,2020.
[50] 李文倬.基于机动车排放模型的地下车库污染物排放量研究[D].哈尔滨:哈尔滨工业大学,2017.
[51] Maximilian N, Hannes H, Kathrin M, et al. Thermal impact of underground car parks on urban groundwater [J]. The Science of the total environment, 2023, 903:166572.
[52] Wangbin L, Yankun J, Beidong Z, et al. Numerical study on effects of EGR on combustion and NOx emissions of gasoline blended dissociated methanol gas engine [J]. Energy Reports, 2023, 9 (S12):245-249.
[53] 白文艳.城市商业建筑地下车库气态污染物污染特性及其影响因素研究[D].西安:长安大学,2021.
[54] Environmental Science and Technology; Researchers from MeadWestvaco Corp. Report Recent Findings in Environmental Science and Technology (VOC from Vehicular Evaporation Emissions: Status and Control Strategy) [J]. Ecology Environment Conservation, 2016.
[55] 熊卫东,向亦华.汽车尾气排放控制现状与对策建议[J].绿色科技,2020(22):42.
[56] 杨强,单敏.地下车库汽车尾气污染源强计算浅析[J].环境科学与管理,2006(05):75-77.
[57] 陈刚.地下车库通风量的确定与控制[J].暖通空调,2002(01):62-63,69.
[58] 张寅平,张立志,刘晓华,等.建筑环境传质学[M].北京:中国建筑工业出版社,2006.
[59] 韩宗伟,王嘉,邵晓亮,等.城市典型地下空间的空气污染特征及其净化对策[J].暖通空调,2009,39(11):21-30.
[60] 朱洪波.地铁地下停车场设计探讨[J].铁道标准设计,2017,61(05):167-171.
[61] 叶艳.绿色建筑地下车库自然通风设计研究[J].重庆建筑,2018,17(02):14-17.
[62] 陈俊,刘其鑫,蒋斌,等.重庆商场地下停车库空气品质研究[J].建筑热能通风空调,2017,36(10):32-37.
[63] 陈伟.环境法典中的生态环境标准:属性、问题和体例.法学评论,2023,41(1):164-175.
[64] 端木亭亭.室内空气状况及污染防治措施[J].云南化工,2019,46(01):145-146.
[65] 刘文华.空气净化技术及其应用的对比分析[J].洁净与空调技术,2022,(01):25-29.
[66] 郭丽岩.公共建筑空气净化应用分析.中国建材科技,2019,28(04):157-158.
[67] 王志勇,徐昭炜,李剑东,等.公共建筑室内空气净化设备应用及实际运行效果分析.净化与空调技术,2016(01):24-27.
[68] 王鹏飞,刘荣华,符建文.电梯轿厢空气品质及改善方案[J].建筑热能通风空调,2008,27(5):86-87.
[69] 黄宇,李荣,崔龙,等.轨道交通列车内空气质量研究现状与展望[J].地球环境学报,2020,11(4):345-363.

致谢

在本书出版之际，特对本书出版作出重大贡献的五位专家和两个协会致以衷心的感谢！

五位专家分别是何丹农、朱仁义、修光利、林琳和徐小威，他（她）们分别为本书的编写做了大量的工作。何丹农老师参与了本书的策划、内容确定等工作。朱仁义、修光利、林琳和徐小威四位老师带领各自的团队编写了自第1章到第8章的主要内容。

两个协会分别是上海健康促进协会、上海市空调清洗行业协会。

上海市健康促进协会成立于1987年，是上海市民政局授予的A级社会组织。主要业务为有害生物防控，消毒服务的科学宣传，专业培训、信息交流，质量管理以及对从事有害生物防控、消毒服务的单位会员等级评估等。多年来，该协会积极参与世博会、历届进口博览会的保障工作，承担多个政府健康促进项目，参与了非典、新冠等突发疫情的防控工作，并为本书推荐了多位行业内专家。

上海空调清洗行业协会成立于2007年，是实行行业服务和自律管理的非营利行业性社会团体法人。主要业务为空调清洗、消毒、水处理、净化、节能检测、维修服务、制订行规行约、质量规范技术规范、服务标准、组织行业培训。该协会积极开展国内外经济技术交流与合作，举办国内外空调清洗技术研讨会，专题论坛、高峰论坛，参与有关行业发展改革的政府决策论坛，以及国家地方有关行业产品标准的制定和修改工作，并为本书提供了多个清洗治理案例。

特致谢！

邓细贵
上海腾灵建设集团有限公司董事长